KB041087

곤충 도감

세밀화로 그린 보리 큰도감
곤충 도감

초판 펴낸 날 2002년 1월 4일
개정증보판 1판 1쇄 펴낸 날 2019년 1월 31일 | **1판 4쇄 펴낸 날** 2023년 6월 2일

그림 권혁도
글 김진일, 신유항, 김성수, 김태우, 최득수, 이건휘, 차진열, 변봉규, 장용준, 신이현
이만영, 전동준, 황정훈, 보리 편집부
감수 김진일, 이건휘, 김성수, 배연재, 이흥식, 이만영, 신이현, 이영준, 최득수, 김태우
도와주신 분 김동순, 김호철, 김희정, 노환철, 서금룡, 양병모, 이순원, 조영복, 조찬준, 최재두, 최준열

초판 편집 김용란, 김종현, 노정임, 류미영, 박정훈, 심조원, 유현미, 이대경, 전광진
개정증보판 편집 김소영, 김용란
디자인 이안디자인
제작 심준엽
영업 나길훈, 안명선, 양병희, 조진향
새사업팀 조서연
경영 지원 신종호, 임혜정, 한선희
인쇄 (주)로얄프로세스
제본 과성제책

펴낸이 유문숙
펴낸 곳 (주) 도서출판 보리
출판등록 1991년 8월 6일 제 9-279호
주소 경기도 파주시 직지길 492 (우편번호 10881)
전화 (031)955-3535 / **전송** (031)950-9501
누리집 www.boribook.com **전자우편** bori@boribook.com

값 80,000원
보리는 나무 한 그루를 베어 낼 가치가 있는지 생각하며 책을 만듭니다.

ISBN 979-11-6314-027-6 06490 978-89-8428-832-4 (세트)
이 도서의 국립중앙도서관 출판예정도서목록(CIP)은 서지정보유통지원시스템 홈페이지(http://seoji.nl.go.kr)와 국가자료공동목록시스템(http://www.nl.go.kr/kolisnet)에서
이용하실 수 있습니다. (CIP 제어번호 : CIP2018043019)

곤충 도감

세밀화로 그린 보리 큰도감

우리나라에 사는 곤충 144종

그림 권혁도 / 글 김진일 외

보리

일러두기

1. 우리나라에 사는 곤충 가운데 흔히 볼 수 있는 곤충 144종을 실었다.
2. 이 책에는 세밀화 240점이 실려 있다. 세밀화는 곤충을 하나하나 취재해서 보고 그렸다.
3. 아이부터 어른까지 함께 볼 수 있도록 쉽게 썼다.
4. 이 책은 '우리 겨레와 곤충', '산과 들에 사는 곤충', '더 알아보기'로 구성하였다. '우리 겨레와 곤충'에는 곤충에 대해서 먼저 알아야 할 내용을 담았다. '산과 들에 사는 곤충'에는 곤충 한 종 한 종에 대한 자세한 설명 글과 세밀화가 실려 있다. '더 알아보기'에는 곤충의 분류와 분류별 특징에 대해서 풀어서 썼다. 곤충을 쉽게 찾아 볼 수 있게 '우리 이름 찾아보기', '학명 찾아보기', '분류 찾아보기'도 덧붙였다.
5. 곤충 이름, 학명, 분류는 《한국 곤충 총 목록》(백문기 외, 자연과 생태, 2010)을 따르고, 《2017년 국가생물종목록》(환경부 국립생물자원관), 국가표준곤충목록(국가생물종지식정보시스템)을 참고했다. 북녘에서 쓰는 이름은 《식물곤충사전》(백과사전출판사, 평양, 1991)을 따랐다. 북녘 이름은 '밤색깡충이[북]'같이 표시했다.
6. 그림이 실제 크기보다 얼마나 크고 작은지 세밀화 옆에 표시했다.
7. 곤충마다 다른 이름, 크기, 나오는 때, 먹이, 한살이를 한눈에 볼 수 있도록 정보상자를 따로 엮었다.
8. 맞춤법과 띄어쓰기는 《표준국어대사전》(국립국어원)을 따랐으나, 과명에 사이시옷은 적용하지 않았다.
   · 귀뚜라밋과 → 귀뚜라미과

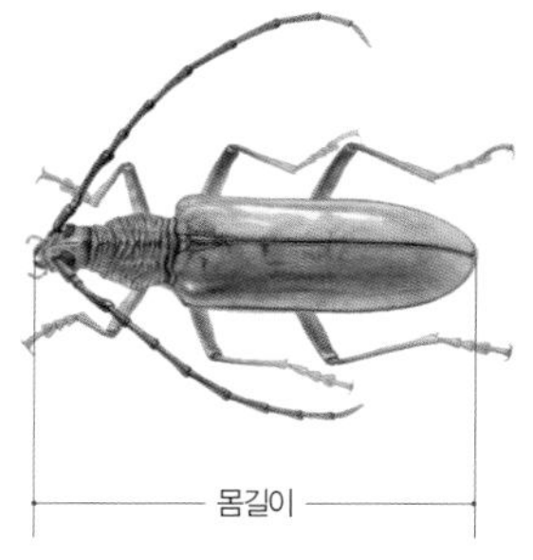

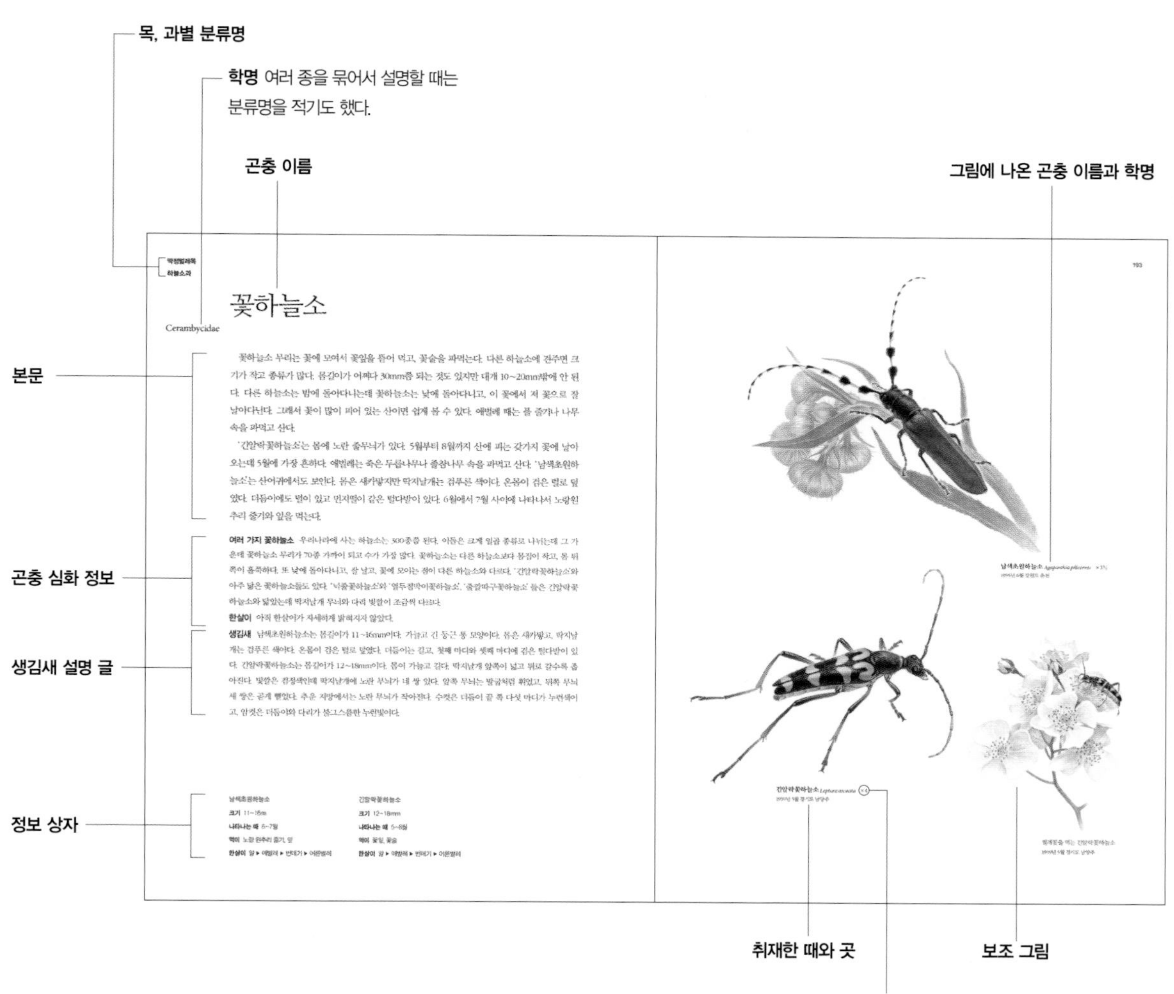
목, 과별 분류명
학명 여러 종을 묶어서 설명할 때는 분류명을 적기도 했다.
곤충 이름
그림에 나온 곤충 이름과 학명
본문
곤충 심화 정보
생김새 설명 글
정보 상자
취재한 때와 곳
보조 그림
크기 비율

차례

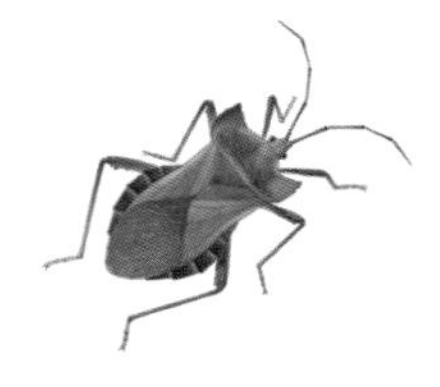

일러두기 4
그림으로 찾아보기 8

우리 겨레와 곤충

우리와 함께 사는 곤충
- 집에 사는 곤충 22
- 들에 사는 곤충 24
- 산에 사는 곤충 26
- 물에 사는 곤충 28

사람과 곤충
- 이로운 곤충 32
- 해로운 곤충 34
- 조심해야 할 곤충 36

곤충의 생태
- 생김새 40
- 한살이 42
- 짝짓기와 알 낳기 44
- 겨울나기 46

산과 들에 사는 곤충

하루살이목
하루살이 50

잠자리목
검은물잠자리 52
실잠자리 54
왕잠자리 56
노란측범잠자리 58
어리장수잠자리 60
밀잠자리 62
고추잠자리 64
된장잠자리 66

바퀴목
바퀴 68
사마귀 70

집게벌레목
집게벌레 72

메뚜기목
검은다리실베짱이 74
여치 76
갈색여치 78
왕귀뚜라미 80
땅강아지 82
섬서구메뚜기 84
우리벼메뚜기 86
방아깨비 88
콩중이 90
두꺼비메뚜기 92

대벌레목
대벌레 94

이목
이 96

노린재목
장구애비 98
게아재비 100
물자라 102
물장군 104
송장헤엄치게 106
소금쟁이 108
시골가시허리노린재 110
큰허리노린재 112
톱다리개미허리노린재 114
알락수염노린재 116
얼룩대장노린재 118
홍줄노린재 120
끝검은말매미충 122
벼멸구 124
말매미 126
유지매미 128
털매미 130
참매미 132
진딧물 134

풀잠자리목
풀잠자리 136
명주잠자리 138
노랑뿔잠자리 140

딱정벌레목
길앞잡이 142
홍단딱정벌레 144
물방개 146
물맴이 148
물땡땡이 150

송장벌레 152
넓적사슴벌레 154
톱사슴벌레 156
보라금풍뎅이 158
소똥구리 160
왕풍뎅이 162
장수풍뎅이 164
등얼룩풍뎅이 166
몽고청줄풍뎅이 168
점박이꽃무지 170
풀색꽃무지 172
방아벌레 174
홍반디 176
반딧불이 178
남생이무당벌레 180
칠성무당벌레 182
큰이십팔점박이무당벌레 184
홍날개 186
가뢰 188
톱하늘소 190
꽃하늘소 192
하늘소 194
무늬소주홍하늘소 196
우리목하늘소 198
뽕나무하늘소 200
털두꺼비하늘소 202
삼하늘소 204
잎벌레 206
왕벼룩잎벌레 208
거위벌레 210
쌀바구미 212
밤바구미 214
배자바구미 216

벌목
말총벌 218
맵시벌 220
배벌 222
일본왕개미 224
곰개미 226
호리병벌 228
말벌 230
땅벌 232
쌍살벌 234
나나니 236
꿀벌 238
호박벌 240

벼룩목
벼룩 242

파리목
각다귀 244
모기 246
왕소등에 248
파리매 250
빌로오도재니등에 252
호리꽃등에 254
꽃등에 256
노랑초파리 258
쉬파리 260
뒤영벌기생파리 262
중국별뚱보기생파리 264

날도래목
날도래 266

나비목
노랑쐐기나방 268
노랑띠알락가지나방 270
누에나방 272
밤나무산누에나방 274
가중나무고치나방 276
점갈고리박각시 278
작은검은꼬리박각시 280
매미나방 282
흰무늬왕불나방 284
얼룩나방 286
왕자팔랑나비 288
줄점팔랑나비 290
모시나비 292
애호랑나비 294
호랑나비 296
긴꼬리제비나비 298
각시멧노랑나비 300
노랑나비 302
배추흰나비 304
갈구리나비 306
남방부전나비 308
작은주홍부전나비 310
뿔나비 312
네발나비 314
왕오색나비 316
애기세줄나비 318

더 알아보기

곤충의 분류 322

우리 이름 찾아보기 336
학명 찾아보기 340
분류 찾아보기 342
저자 소개 344

그림으로 찾아보기

하루살이목

참납작하루살이 50

잠자리목

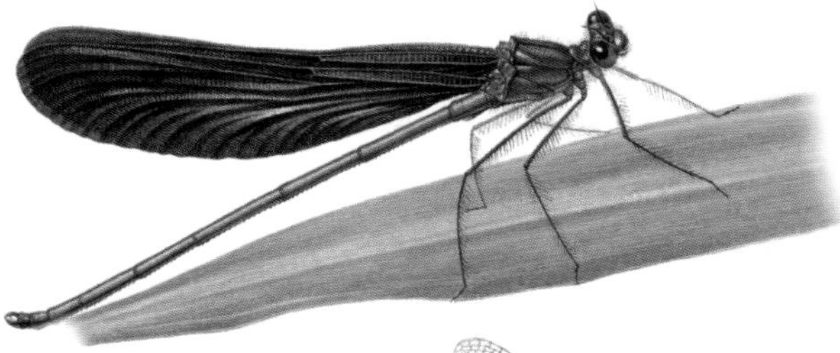

검은물잠자리 52

아시아실잠자리 54

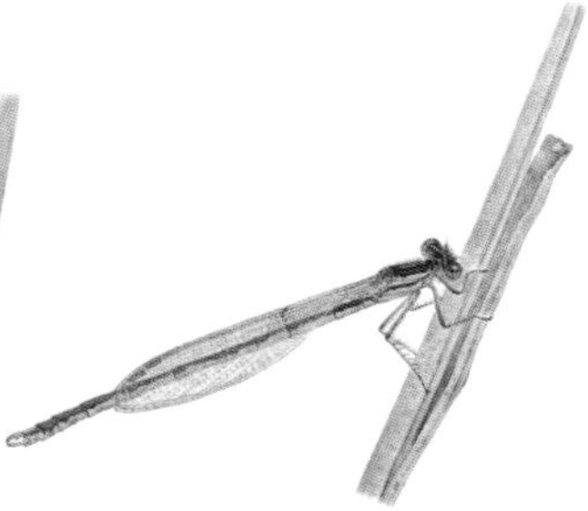

가는실잠자리 54

먹줄왕잠자리 56

노란측범잠자리 58

어리장수잠자리 60

밀잠자리 62

고추잠자리 64

두점박이좀잠자리 64

된장잠자리 66

바퀴목

독일바퀴 68

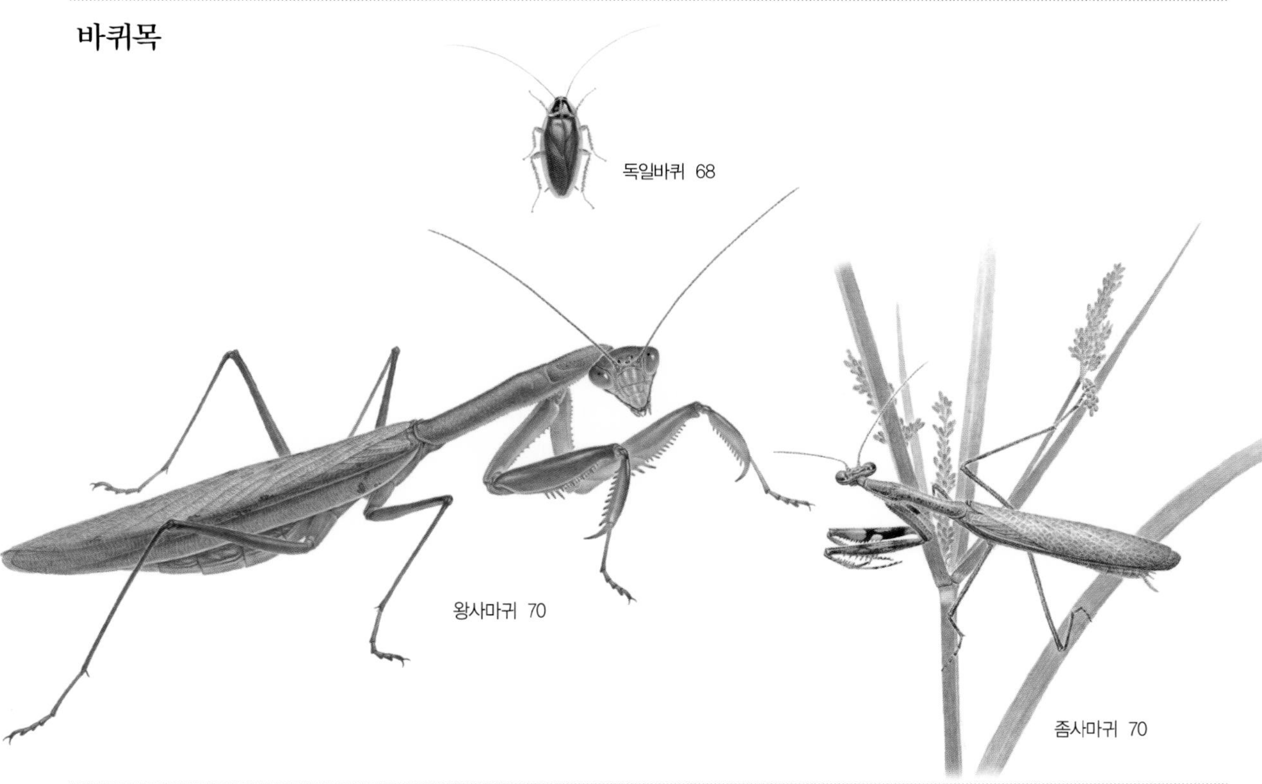

왕사마귀 70

좀사마귀 70

집게벌레목

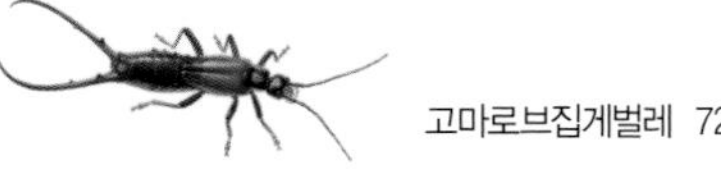

고마로브집게벌레 72

메뚜기목

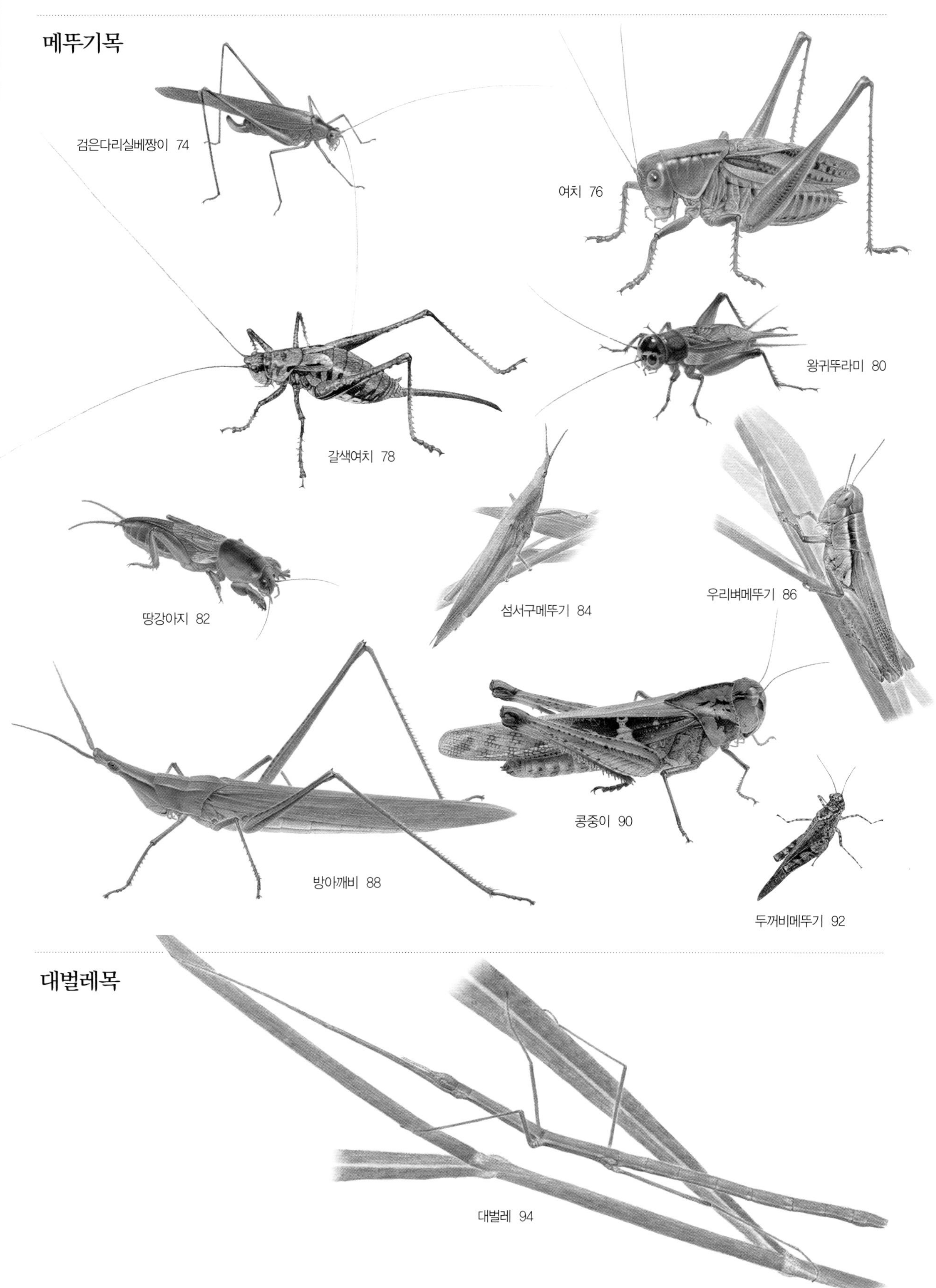

검은다리실베짱이 74
여치 76
왕귀뚜라미 80
갈색여치 78
땅강아지 82
섬서구메뚜기 84
우리벼메뚜기 86
콩중이 90
방아깨비 88
두꺼비메뚜기 92
대벌레목
대벌레 94

이목

노린재목

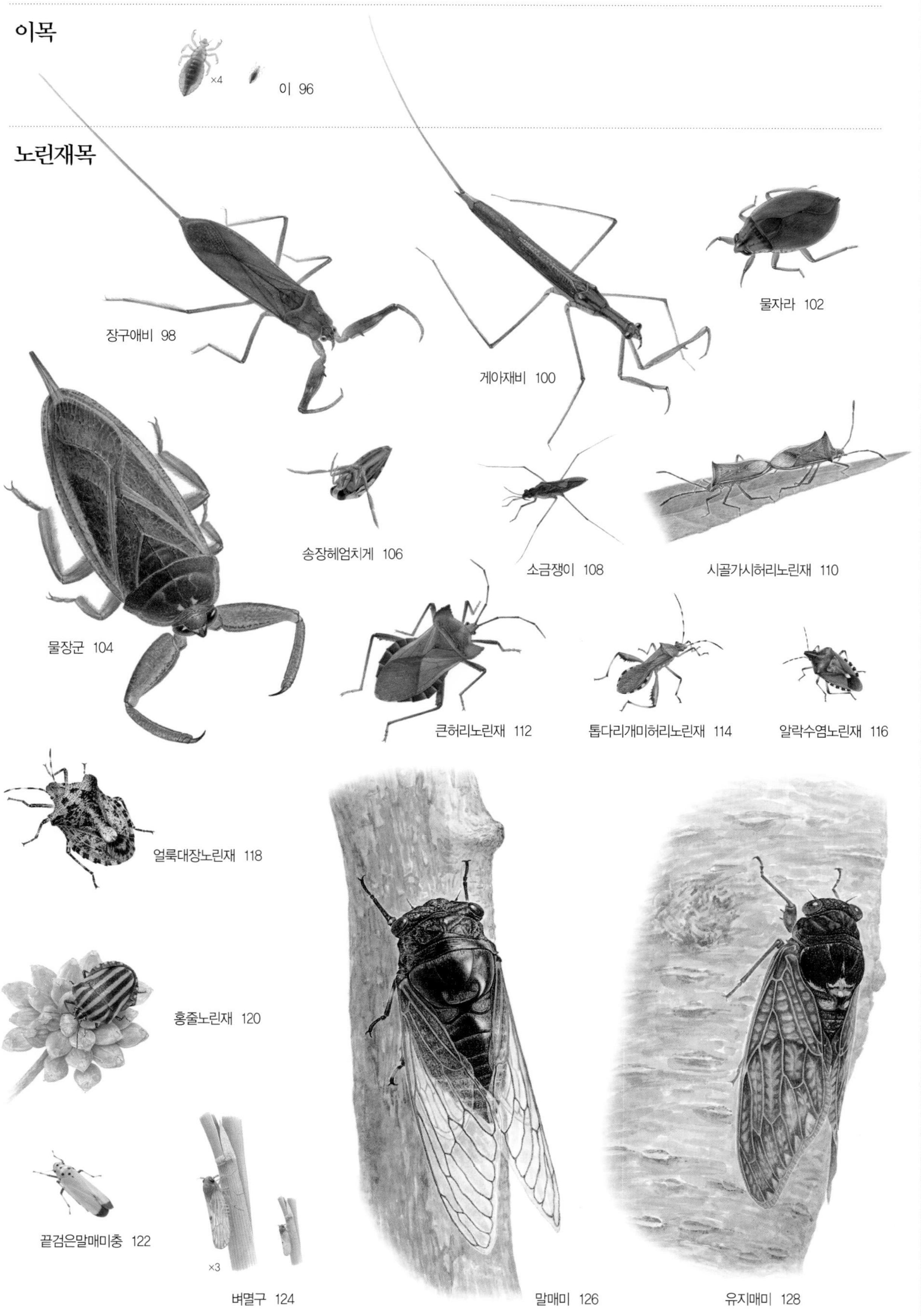
×4
이 96
장구애비 98
게아재비 100
물자라 102
물장군 104
송장헤엄치게 106
소금쟁이 108
시골가시허리노린재 110
큰허리노린재 112
톱다리개미허리노린재 114
알락수염노린재 116
얼룩대장노린재 118
홍줄노린재 120
끝검은말매미충 122
×3
벼멸구 124
말매미 126
유지매미 128

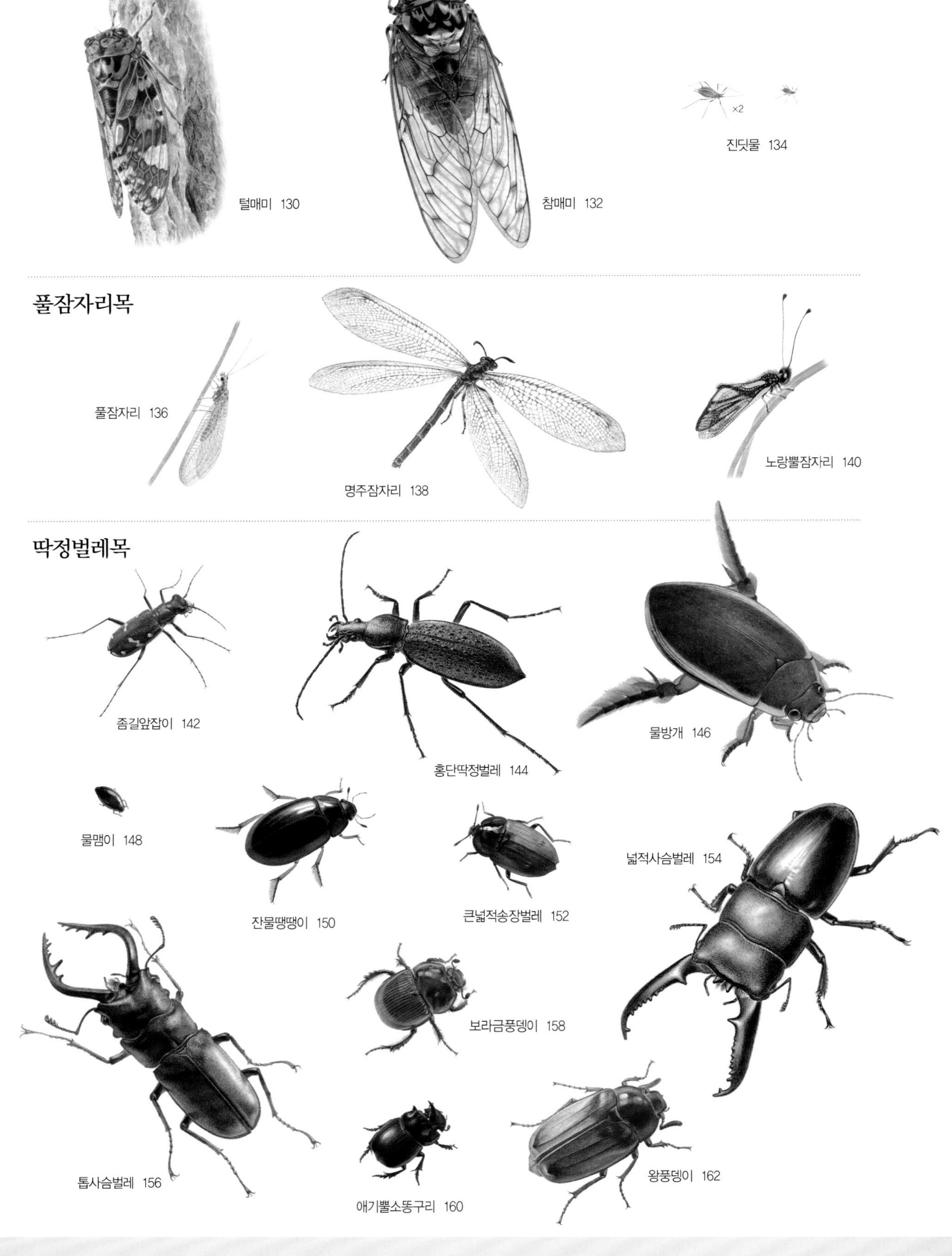
×2
진딧물 134
털매미 130
참매미 132
풀잠자리목
풀잠자리 136
명주잠자리 138
노랑뿔잠자리 140
딱정벌레목
좀길앞잡이 142
홍단딱정벌레 144
물방개 146
물맴이 148
잔물땡땡이 150
큰넓적송장벌레 152
넓적사슴벌레 154
톱사슴벌레 156
보라금풍뎅이 158
애기뿔소똥구리 160
왕풍뎅이 162

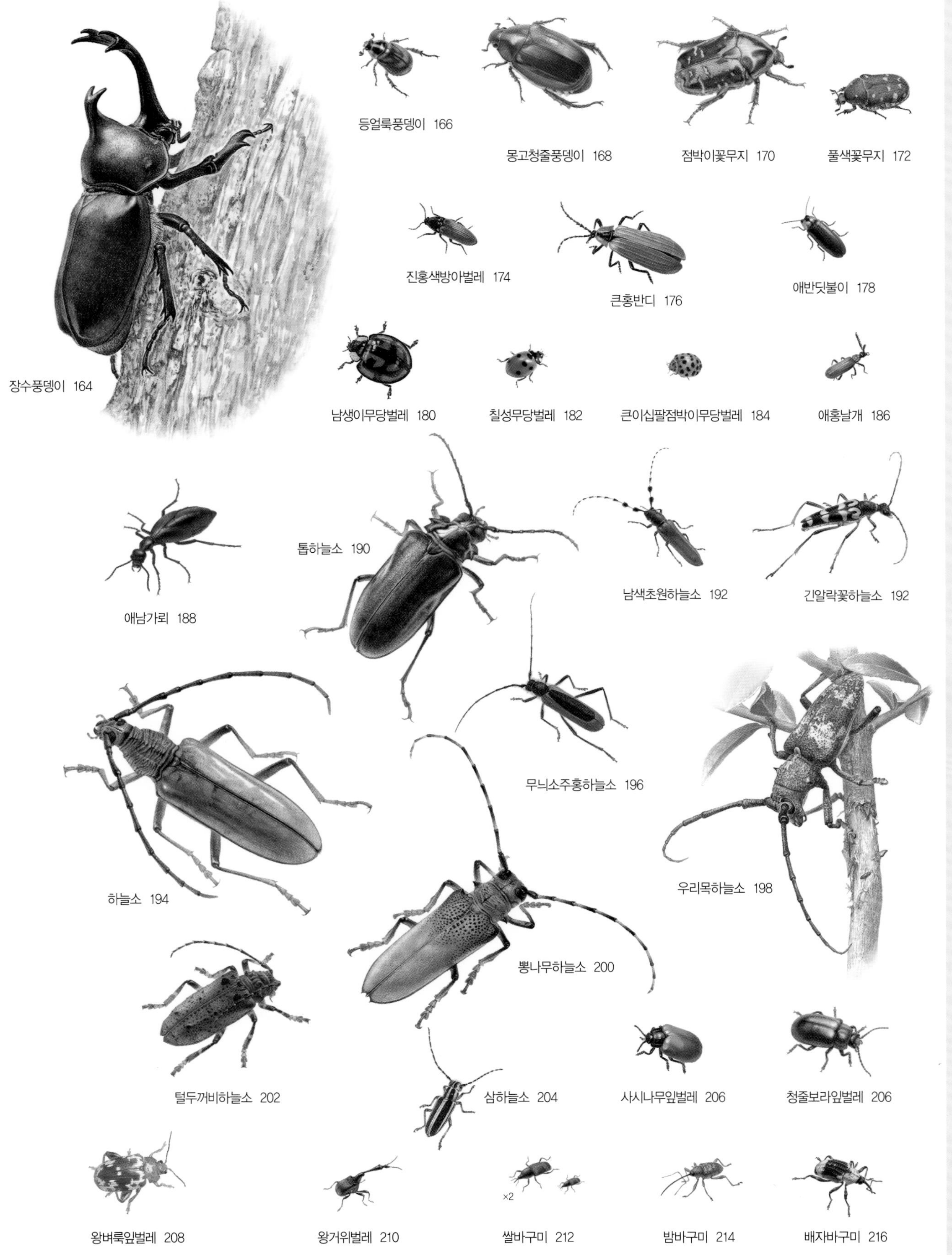

장수풍뎅이 164
등얼룩풍뎅이 166
몽고청줄풍뎅이 168
점박이꽃무지 170
풀색꽃무지 172
진홍색방아벌레 174
큰홍반디 176
애반딧불이 178
남생이무당벌레 180
칠성무당벌레 182
큰이십팔점박이무당벌레 184
애홍날개 186
애남가뢰 188
톱하늘소 190
남색초원하늘소 192
긴알락꽃하늘소 192
하늘소 194
무늬소주홍하늘소 196
우리목하늘소 198
뽕나무하늘소 200
털두꺼비하늘소 202
삼하늘소 204
사시나무잎벌레 206
청줄보라잎벌레 206
왕벼룩잎벌레 208
왕거위벌레 210
×2
쌀바구미 212
밤바구미 214
배자바구미 216

벌목

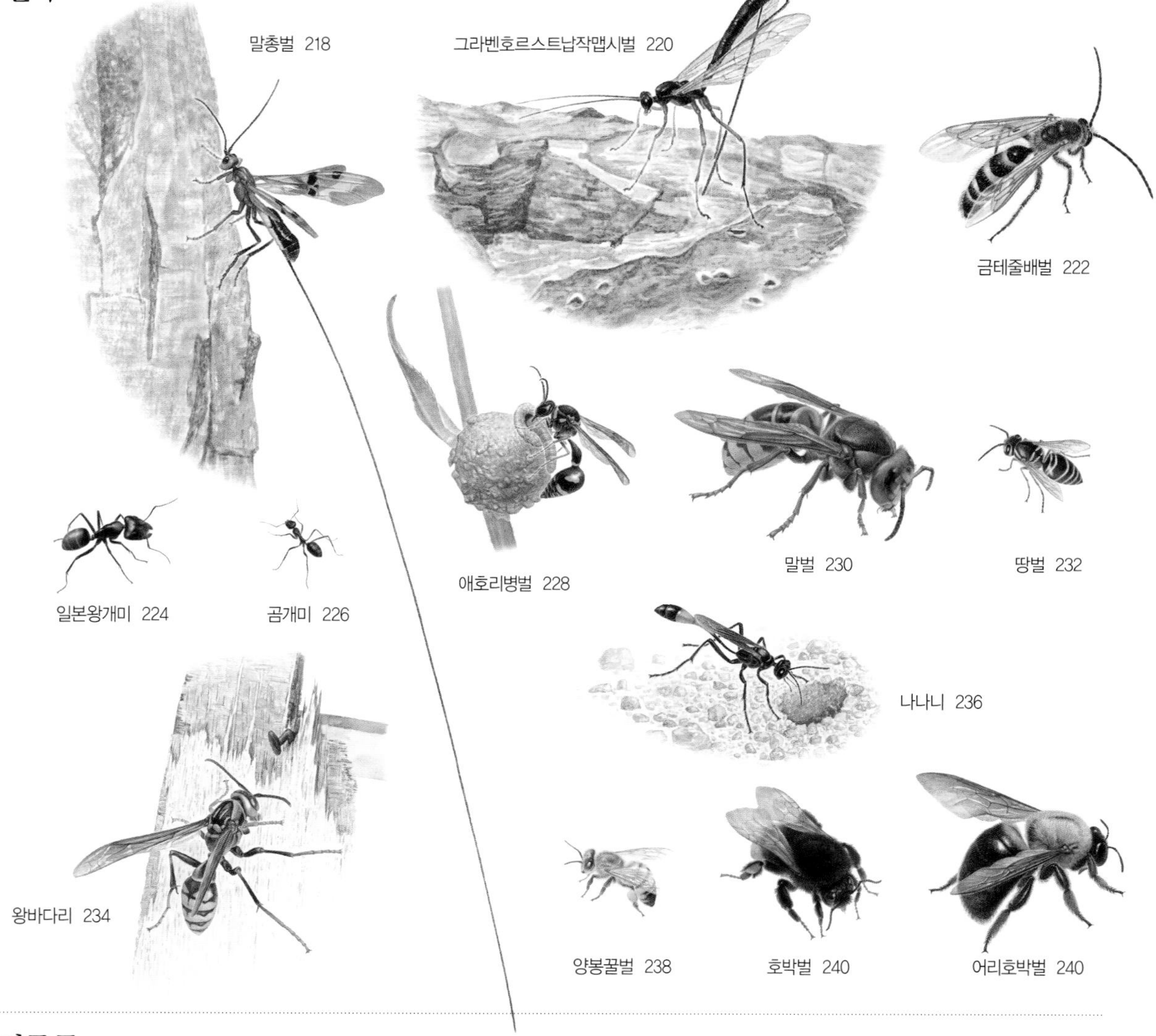

말총벌 218

그라벤호르스트납작맵시벌 220

금테줄배벌 222

일본왕개미 224

곰개미 226

애호리병벌 228

말벌 230

땅벌 232

왕바다리 234

나나니 236

양봉꿀벌 238

호박벌 240

어리호박벌 240

벼룩목

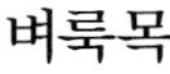

벼룩 242

파리목

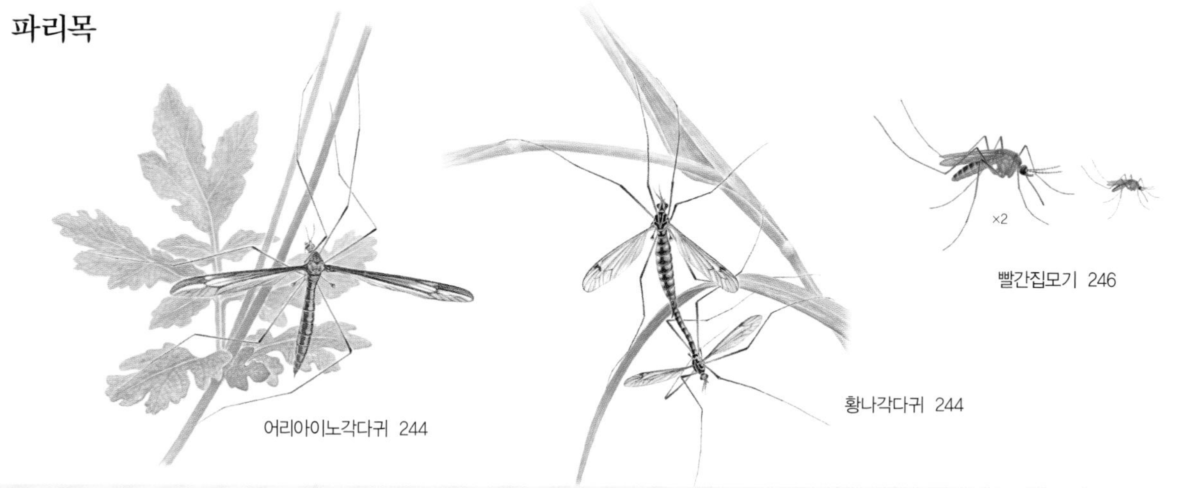

어리아이노각다귀 244

황나각다귀 244

빨간집모기 246

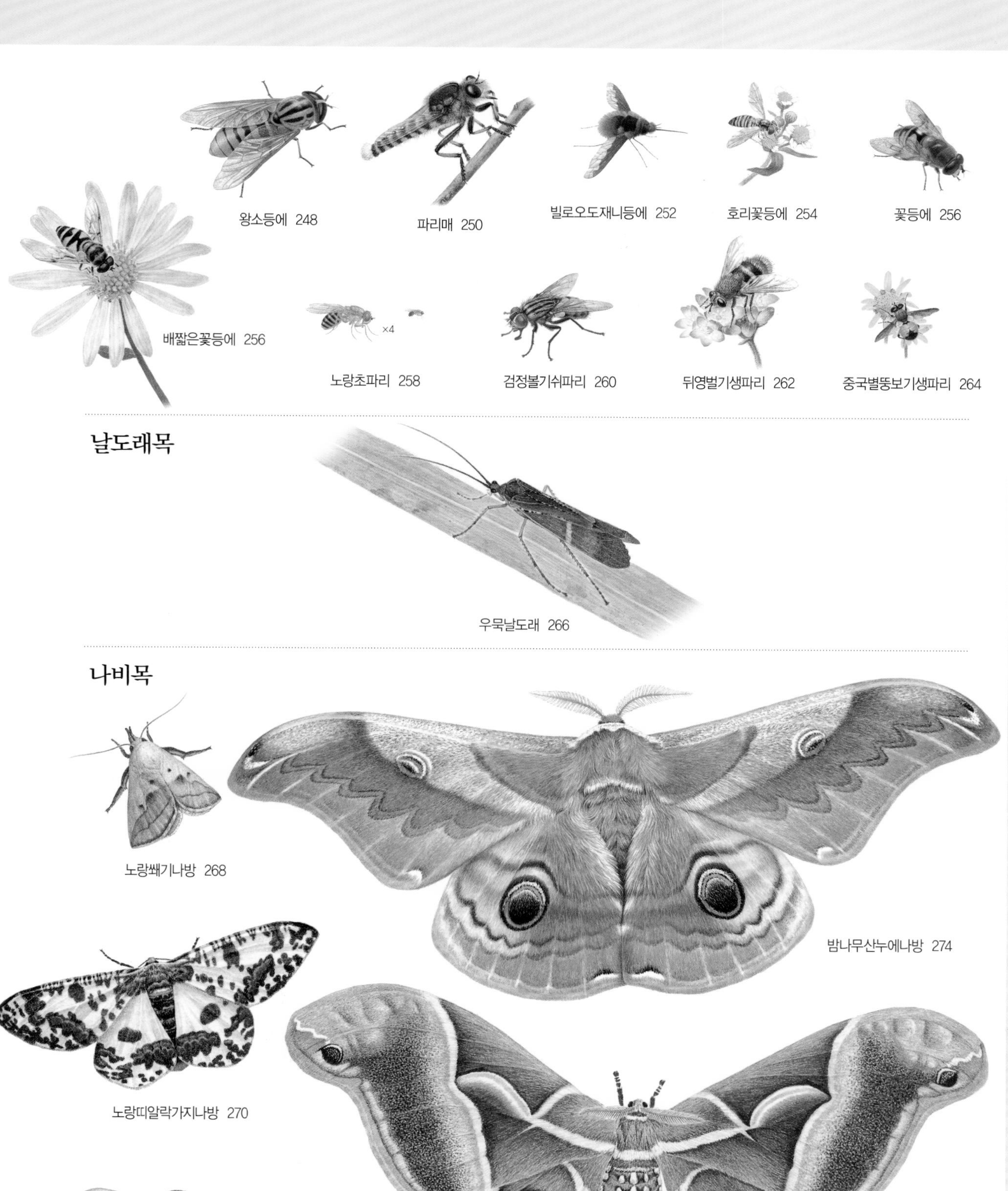
왕소등에 248
파리매 250
빌로오도재니등에 252
호리꽃등에 254
꽃등에 256
배짧은꽃등에 256
×4
노랑초파리 258
검정볼기쉬파리 260
뒤영벌기생파리 262
중국별뚱보기생파리 264
날도래목
우묵날도래 266
나비목
노랑쐐기나방 268
밤나무산누에나방 274
노랑띠알락가지나방 270
누에나방 272
가중나무고치나방 276

점갈고리박각시 278
작은검은꼬리박각시 280
매미나방 282
흰무늬왕불나방 284
얼룩나방 286
왕자팔랑나비 288
줄점팔랑나비 290
모시나비 292
애호랑나비 294
호랑나비 296

산호랑나비 296
긴꼬리제비나비 298
노랑나비 302
각시멧노랑나비 300
배추흰나비 304
작은주홍부전나비 310
남방부전나비 308
갈구리나비 306
뿔나비 312
왕오색나비 316
네발나비 314
애기세줄나비 318

우리 겨레와 곤충

우리와 함께 사는 곤충

우리가 사는 땅에는 어디에나 곤충이 살고 있다. 곤충은 풀섶 사이나 나뭇잎 뒤나 가랑잎 밑에 작은 몸을 숨기고 있어서 쉽게 눈에 띄지 않는다. 하지만 가만히 들여다보면 사람이 사는 집에서부터 논밭이나 산자락이나 물속까지 곤충이 안 사는 곳이 없다. 사람이 살지 못하는 곳에도 곤충은 살고 있다.

우리나라에는 곤충이 3만 종쯤 살고 있는데, 그 가운데 이름이 알려진 것은 1만2천 종도 안 된다. 이 땅에 살고 있는 곤충들은 오랜 세월 동안 기후나 풍토에 맞게 적응하며 살아온 것들이다.

집에 사는 곤충

집은 비바람이나 추위나 더위를 피해 편히 쉴 수 있는 곳이다. 식구끼리 모여 살면서 자식을 낳아 기르는 보금자리이기도 하다. 집은 사람이 살려고 만들었지만 사람뿐 아니라 여러 곤충들이 살기에도 알맞은 곳이다. 비나 눈을 피할 수 있을 뿐만 아니라 먹을 것도 있다. 또 천적을 피해서 몸을 숨길 수 있는 곳이 많다.

부엌을 들여다보자. 이곳에는 먹을 것이 있고 물기가 있다. 또 찬장처럼 숨어 있을 곳이 많아서 곤충들이 살기에 부족함이 없다. 부엌에 흔한 것이 집파리다. 집파리는 도시보다 시골에 많다. 거름 더미나 재래식 변소에 있는 똥오줌이 집파리 애벌레인 구더기의 먹이가 되기 때문이다. 집파리는 집 안 여기저기를 날아다니면서 음식에도 날아와 앉는다.

부엌이나 화장실에는 바퀴도 많이 산다. 바퀴는 찬장이나 싱크대 서랍 안에도 드나든다. 밝은 것을 싫어해서 낮에는 구석지고 어두운 곳에 있다가 밤이 되면 돌아다니는데 움직임이 빨라서 잡기도 어렵다. 바퀴는 파리와 달리 농촌보다 도시에 많다. 본디 열대 지방에 살던 곤충이어서 추위에 약하기 때문이다. 아파트는 난방이 잘 되어 있어서 바퀴가 살기에 좋다. 그러므로 바퀴는 도시에 사는 곤충이라 할 만하다. 하지만 날이 갈수록 시골집도 도시 집과 비슷해지면서 바퀴도 점점 시골과 도시를 가리지 않고 살게 되었다.

광이나 부엌에 갈무리해 둔 쌀이나 보리, 콩이나 팥 같은 곡식에도 곤충이 산다. 밀가루나 감자 가루 같은 여러 가지 곡식 가루에도 있다. 쌀독에서는 쌀바구미나 화랑곡나방이 나고 콩 자루에서는 콩바구미가 난다. 마른 명태나 오징어나 멸치 같은 건어물에서도 여러 가지 곤충들이 생겨난다. 건어물에서는 수시렁이 따위를 볼 수 있다. 벌레가 난 것을 그대로 내버려 두면 수가 많아져서 밖으로 기어 나오거나 날아다니기도 한다. 이렇게 밖으로 나올 정도면 곡식도 퍽 많이 축난 것이다.

벽장이나 옷장을 열면 조그만 나방이 날아서 나오는데 이것은 옷좀나방이다. 날개를 편 길이가 10~14㎜인 아주 작은 나방이다. 앞날개는 비단처럼 빛나고 가운데에 밤색 점무늬가 세 개 있다. 애벌레는 하얗고 몸길이가 7㎜ 안팎이다. 털실로 짠 옷이나 모피, 가죽옷을 갉아 먹는다.

개미

부엌이나 찬장 속이나 장판 틈에서 작은 개미들이 부지런히 움직이는 것을 볼 수 있는데 이 개미가 애집개미다. 몸길이가 2㎜쯤 되는 작은 개미인데 설탕 그릇이나 과자 부스러기가 있으면 바글바글 모여든다.

또 집에서 사는 곤충으로 흔한 것이 좀하고 빈대다. 좀은 광이나 책꽂이에 숨어 사는데 어쩌다가 방바닥으로 기어 나오기도 한다. 몸길이는 7㎜쯤이고 더듬이는 길고 몸은 은빛이 나며 퍽 빠르게 움직인다. 벽지 같은 종이나 벽지에 바른 풀 따위를 먹고 산다. 빈대는 벽, 벽지, 나무 기둥, 가구, 이불, 문틈에 숨어 있다가 밤에만 나와서 피를 빨아 먹는다. 몸길이가 6㎜ 안팎인데 짙은 밤색을 띠며 머리가 뾰족한 달걀 모양으로 생겼다. 몸에서는 퀴퀴한 냄새가 난다. 몸이 납작해서 좁은 틈새에도 숨을 수 있고 아무것도 먹지 않고도 오랫동안 산다. 1950년 이전에는 빈대가 많았지만 1950년대부터 디디티(DDT) 같은 살충제를 치기 시작하면서 점점 사라졌다. 옛말에 '세 칸 집이 다 타도 빈대가 죽어서 좋다.'고 했을 만큼 빈대는 아주 귀찮고 지긋지긋한 곤충이었다. 그렇지만 지금은 옛말에서나 나오는 곤충이 되었다.

들에 사는 곤충

들에는 논밭이 있고 짐승을 풀어놓을 만한 풀밭이 있다. 곤충은 논밭에도 있고 풀밭이나 땅속에도 산다. 짐승에 붙어살거나 똥을 먹고 사는 곤충도 있다.

철에 따라 풀이나 나무가 달라지고 나타나는 곤충도 다르다. 삼월 말쯤 되면 쌓였던 눈이 녹고 하루가 다르게 날이 따뜻해진다. 겨울 동안 움츠렸던 곤충들이 기지개를 켜고 날아다니기 시작한다. 밭둑이나 집 가까이에서는 번데기에서 갓 깨어난 배추흰나비가 날고, 산자락에 들어서면 갈구리나비와 호랑나비가 날아다닌다.

늦봄이 되면 밀잠자리가 풀밭을 날아다닌다. 알에서 갓 깨어난 사마귀 애벌레들은 풀잎 사이를 겁 없이 누비고 다닌다. 양지바른 곳에서는 무당벌레가 알록달록한 무늬를 자랑하며 풀 줄기를 오르내린다. 유채밭에서는 노랑나비가 꽃꿀을 찾아서 나풀나풀 날아다닌다. 양지꽃에서는 빌로오도재니등에가 제자리에서 날며 긴 주둥이로 꿀을 빤다. 민들레나 토끼풀 같은 온갖 봄꽃들이 피면 꿀벌들이 꿀을 모으느라 바쁘다.

여름이 오면 장맛비가 내리면서 날이 후텁지근해진다. 곤충들 가운데는 추위만큼이나 더위를 견디기 어려워하는 것들이 많다. 멧노랑나비나 각시멧노랑나비 같은 곤충들은 더위를 피하려고 여름잠을 잔다. 먹이를 찾아서 부지런히 다니는 곤충들도 많다. 자주색 엉겅퀴 꽃에서는 모시나비가 고운 날개를 뽐내며 꽃꿀을 빤다. 풀섶을 잘 들여다보면 풀잎에서 왕사마귀나 좀사마귀가 앞발을 들고 먹이가 다가오기를 끈질기게 기다리는 것을 볼 수 있다. 풀섶에서는 여치 울음소리도 들리고, 방아깨비와 섬서구메뚜기는 풀 줄기에서 쉬고 있다. 흙이 드러난 맨땅에서는 콩중이와 두꺼비메뚜기가 이리저리 뛰어다닌다. 장맛비가 갠 맑은 하늘에는 된장잠자리가 시원스럽게 난다. 파리매가 나비 애벌레를 잡아서 안고 집으로 나르고, 끝검은말매미충은 풀잎 뒤로 몸을 숨긴다. 소똥 무더기에서는 소똥구리가 자기 몸뚱이만 한 똥 경단을 만들어 열심히 굴리고 있다. 밭에서는 톱다리개미허리노린재가 콩꼬투리에 붙어서 즙을 빨고 이십팔점박이무당벌레가 가지 잎을 갉아 먹고 있다.

가을이 오면 하루가 다르게 날씨가 서늘해진다. 곡식이 여물고 과일이 익는다. 아침저녁으로는 쌀쌀하다가도 한낮에는 더워져서 일교차가 10도를 넘기도 한다.

풀밭에서는 왕귀뚜라미 울음소리가 들린다. 들판에 쑥부쟁이, 구절초, 참취 같은 가을꽃이 피어나면 네발나비는 꽃꿀을 빨면서 겨울을 날 준비를 한다. 몸이 실같이 가느다란 아시아실잠자리는 풀 줄기에 매달려 있다. 누렇게 물든 논에서는 벼메뚜기가 잎과 줄기에서 햇볕을 쬐이고 있다. 사마귀는 풀 줄기에 거꾸로 매달려 거품에 싸인 알을 낳는다. 모두 다가올 겨울을 준비하는 것이다. 이듬해 봄이 되면 들판에서 다시 곤충들이 깨어날 것이다.

산에 사는 곤충

우리나라에는 산이 아주 많다. 남북으로 길게 뻗은 산은 한대·온대·아열대의 기후대에 걸쳐 있어서 풀이나 나무도 퍽 다양하다. 식물을 먹고 사는 곤충도 가짓수가 많다. 땅 넓이에 견주어 보면 우리나라만큼 여러 곤충이 살고 있는 나라도 아주 드물다.

봄에 산길을 걷다 보면 가랑잎 위에 날개를 펴고 앉아 햇볕을 쪼이고 있는 뿔나비를 볼 수 있다. 어른벌레로 겨울을 나고 일찍 나온 것이다. 조금 지나면 깊은 산에 피어난 분홍빛 얼레지 꽃에 애호랑나비가 날아와서 꿀을 빤다. 산기슭마다 붉게 피어난 진달래꽃에는 호랑나비가 날아온다. 산자락 풀밭에서 모시나비가 천천히 미끄러지듯 날고, 왕자팔랑나비가 풀잎 사이를 빠르게 날아다닌다. 풀 줄기에는 더듬이가 유난히 긴 노랑뿔잠자리가 쉬고 있고, 긴꼬리제비나비가 빠르게 날아간다. 겨울을 난 각시멧노랑나비는 날개 색이 바랜 채 힘없이 숲속을 날아다닌다.

봄바람이 살랑거리는 산길을 오르다 보면 길앞잡이가 반갑게 맞이한다. 가까이 가면 저만치 앞으로 날아가 멈추고 다시 다가가면 또 날아가다가 멈추며 길잡이처럼 앞서간다. 사시나무 잎에는 사시나무잎벌레가 기어다닌다. 꽃잎이나 나무줄기에 붙어 있는 방아벌레를 건드리면 톡 튀어 오른다.

여름이 오면 산꼭대기 풀밭에서 산호랑나비가 날고 산자락에서는 애기세줄나비가 낮게 날아다닌다. 개망초 꽃에서는 작은주홍부전나비가 꿀을 빤다. 아까시나무나 참나무 같은 넓은잎나무 잎을 찬찬히 들여다보면 나뭇가지처럼 생긴 대벌레가 잎을 갉아 먹고 있다. 줄기에는 고마로브집게벌레가 집게를 치켜들고 인기척에 놀랐는지 어디론가 바쁘게 도망친다. 산길 옆에 쌓아 둔 나무토막 사이에서 털두꺼비하늘소가 걸어다닌다.

한여름이 되면 숲에서 털매미가 울어 대기 시작한다. 매미 철이 온 것이다. 참매미, 말매미, 쓰름매미, 애매미가 줄줄이 나타나 "맴 맴 맴 맴 매앰", "찌이이이", "쓰으름 쓰으름", "꼬추 꼬추 꼬추 꼬추골아아씨" 하면서 저마다 다른 소리로 요란스럽게 울어 댄다. 나뭇진이 흘러나온 참나무 줄기에는 장수풍뎅이를 비롯한 풍뎅이들과 말벌들이 모여들어 서로 좋은 자리를 차지하려고 자리다툼을 한다. 매미나방은 소나무나 벚나무 줄기에 붙어 무더기로 알을 낳고 그늘진 숲속에는 명주잠자리가 힘없이 난다. 산자락 풀밭에서 풀색꽃무지들이 꽃 속을 파고들고 긴알락꽃하늘소도 꽃에 모여 꽃잎을 뜯어 먹는다. 산 중턱 풀밭에서는 남색초원하늘소가 개망초며 망초꽃에 모여드는데 조금만 가까이 다가가도 금세 알아채고 줄기 뒤로 숨는다. 엉겅퀴 꽃에서는 호박벌이 요란스레 윙윙대면서 꽃꿀을 빨고 있다. 밤이 되면 산골짜기나 시냇가에서는 애반딧불이가 반짝반짝 빛을 내면서 날아다닌다.

가을이 오면 숲에서 베짱이나 귀뚜라미 같은 풀벌레들이 우는 소리가 요란하다. 노란 감국 꽃에는 네발나비가 다가올 겨울을 대비해 꽃꿀을 빠느라고 바쁘다. 찬바람이 불기 시작하면 무당벌레들이 양지바른 산기슭으로 모여들어 겨울잠을 잘 준비를 한다.

물에 사는 곤충

물에서도 곤충이 산다. 시냇물이나 강이나 골짜기 물처럼 흐르는 물에서도 살고, 논이나 못이나 저수지처럼 고인 물에서도 산다. 비 온 뒤에 잠깐 생긴 웅덩이에도 곤충이 모여든다. 흐르는 물에서는 하루살이나 날도래나 강도래가 많이 살고, 고여 있거나 천천히 흐르는 물에서는 잠자리 애벌레나 장구애비나 물방개가 산다. 평생을 물속에서 사는 곤충도 있고 알이나 애벌레 때만 물속에 사는 것도 있다. 게아재비나 물자라는 평생을 물속에 산다. 하루살이나 잠자리, 날도래, 모기, 꽃등에는 애벌레 때는 물속에 살고 어른벌레는 땅 위를 날아다닌다. 물에 사는 곤충 가운데는 물 표면 가까이에서 사는 것도 있고 물속에서 사는 것도 있고 물 밑바닥에서 기어다니며 사는 것도 있다.

물에 사는 곤충은 먹이도 다 다르다. 하루살이 애벌레는 물속에 떨어진 썩은 나뭇조각이나 물풀들을 먹는다. 잠자리 애벌레는 물벼룩이나 올챙이나 작은 물고기를 잡아먹는다. 게아재비나 장구애비 같은 노린재 무리는 잠자리 애벌레나 작은 물고기를 잡아서 체액을 빨아 먹는다. 물방개는 살아 있는 벌레를 잡아먹기도 하고 죽은 벌레나 물고기를 큰턱으로 뜯어 먹는다. 같은 딱정벌레 무리지만 물땡땡이는 물풀이나 썩은 풀을 뜯어 먹는다.

늪이나 못에서 가장 쉽게 눈에 띄는 것이 소금쟁이다. 소금쟁이는 우리나라 어디서나 볼 수 있는데 물 위를 미끄러지듯이 걸어 다닌다. 여러 마리가 물 위에서 쉴 새 없이 동그라미를 그리면서 뱅글뱅글 맴을 도는 작은 곤충이 있다. 물맴이다. 물방개와 물땡땡이는 물속에서 작은 물고기를 잡아먹다가 가끔 물 위쪽으로 올라와서 배 끝을 내밀고 맑은 공기를 들이마신다. 물자라 수컷은 암컷이 낳은 알을 등에 붙이고 헤엄쳐 다닌다. 장구애비와 게아재비는 물풀 사이에서 먹이가 다가오길 기다리고 있고 송장헤엄치게는 벌렁 누운 채로 헤엄쳐 다니면서 물에 떨어진 곤충이나 물고기를 잡아서 즙을 빨아 먹는다.

물가에는 잠자리가 많다. 왕잠자리는 늪이나 못 언저리를 빙글빙글 돌면서 다른 수컷이 자기 영역에 들어오지 못하도록 살핀다. 물풀 줄기에는 실잠자리가 쉬고 있다. 잠자리 애벌레는 모두 물 밑바닥에서 사는데 잠자리와 생김새가 아주 다르다.

산골짜기 물이나 시냇물은 차고 맑고 물살이 빠르다. 이런 곳에는 하루살이 애벌레나 날도래 애벌레가 산다. 하루살이 애벌레는 물속에 있는 돌에 붙어살거나 모래나 진흙에 파묻혀 산다. 몸이 납작하게 생겨서 물살이 빨라도 잘 쓸려 내려가지 않는다. 물살이 느린 곳에서는 날도래 애벌레를 볼 수 있다. 나뭇잎이나 모래 알갱이를 붙여서 집을 짓고 그 속에서 살기 때문에 얼핏 보면 모래 덩어리나 물에 떨어진 나뭇가지 같다.

농약을 치며 농사를 짓기 전에는 논이나 시냇물에 물방개나 물장군 같은 곤충이 무척 흔했다. 산에 길을 내고 큰 음식점이 들어서기 전에는 산골짜기 물속에도 날도래가 살고 물가에는 반딧불이가 날아다녔다. 날이 갈수록 물이 더러워지면서 물에 사는 곤충이 줄어들어 옛날에는 참 흔했던 곤충들이 요즘에는 아주 귀해졌다.

사람과 곤충

우리 겨레는 곤충과 함께 살아왔다. 아주 오래 전부터 누에를 길러 명주실을 뽑아 비단을 짜고, 꿀벌을 길러서 꿀을 얻었다. 굼벵이나 가뢰는 말려 두었다가 약으로 썼다. 곤충 가운데는 해로운 것도 있다. 사람에게 해를 끼치는 곤충은 전체 곤충 수에 견주면 얼마 안 된다. 하지만 '해충'이 농사에 미치는 영향은 아주 크다. 그래서 사람들은 곡식이나 채소를 먹어 치우는 벌레들을 막으려고 무척 힘썼다. 한겨울이 오기 전에 논밭을 갈아엎고, 정월에 논두렁과 밭두렁을 태워서 이듬해 농사를 준비했다. 이렇게 해충을 줄이는 농사법은 긴 세월 동안 농사를 지으면서 알게 된 지혜로운 방법이다. 우리 겨레는 오랫동안 곤충과 싸우기도 하고 곤충을 이용하기도 하면서 함께 살아온 것이다.

이로운 곤충

곤충들도 다른 생물들처럼 살 곳과 먹이가 필요하다. 곤충은 워낙 가짓수가 많고 수도 많아서 사는 곳이 아주 넓다. 그러다 보니 사람에게 도움을 주는 익충도 있고 해가 되는 해충도 있다. 익충이냐 해충이냐 하는 것은 시대에 따라서 달라진다. 또 지역이나 나라에 따라서도 달라지고 사람마다 달라지기도 한다. 따라서 어떤 곤충이 익충이냐 해충이냐를 가르는 것은 쉬운 일이 아니다. 예를 들면 배추벌레는 배추나 양배추나 무에 살면서 잎을 갉아 먹는 해충이지만 어른벌레인 배추흰나비는 꽃가루받이를 도와줘서 익충이 된다. 그러므로 배추흰나비가 익충인지 해충인지 딱 잘라서 말하기는 어렵다.

익충에는 곤충을 그대로 쓰는 것, 생산물을 얻는 것, 습성이 사람에게 이로운 것, 이렇게 세 종류가 있다.

첫째, 곤충을 그대로 쓰는 것에 벼메뚜기가 있다. 지금부터 오십 년쯤 전만 해도 벼메뚜기는 가을에 먹는 군것질거리였다. 벼메뚜기 볶은 것을 바구니에 담아 시장에서 팔기도 했다. 요즘은 어른들 안줏거리로 쓴다. 누에 번데기도 좋은 먹을거리다. 나라마다 먹는 곤충이 다르다. 타이에서는 물자라를 기름에 튀겨 먹는다. 벌집 속에 있는 꿀벌 애벌레를 통조림으로 만들어서 파는 곳도 있다. 쉬파리의 애벌레인 구더기도 낚싯밥으로 많이 쓰다 보니 깡통에 넣어서 판다.

삼사십 년 전쯤만 해도 늦여름이 되면 밀짚으로 만든 여치 집에 여치를 한 마리씩 넣어서 파는 사람들이 있었다. 사람들은 여치 집을 처마 끝에 매달고 여치 울음소리를 들으며 한더위를 넘겼다.

곤충은 약으로도 많이 쓴다. 땅강아지는 말려서 부스럼이나 입안에 상처가 난 데 약으로 쓴다. 가뢰에서 '칸타리딘'을 뽑아내어 피부병 약으로 쓰고, 매미 허물은 신경통 치료제로 쓴다. 말린 누에나 번데기에서 키운 동충하초로 성인병을 치료하기도 한다.

둘째, 곤충에서 생산물을 얻는 것에 누에와 꿀벌이 있다. 누에는 명주실을 얻으려고 3천 년 전부터 기른 곤충이다. 조선 시대에는 나라에서 누에 치는 곳을 따로 두기도 했다. 1970년대까지만 해도 나라에서 뽕나무를 심고 누에치기를 권했다. 꿀벌은 꿀을 얻으려고 오래 전부터 길러 왔다. 꿀벌에는 토종벌과 양봉꿀벌이 있다. 토종벌은 한 해에 한 번 꿀을 따고 양봉꿀벌은 한 해에 여러 번 꿀을 딴다. 벌집에서 밀랍을 뽑아 초를 만들어 쓰기도 한다.

셋째, 습성이 사람에게 이로운 곤충은 아주 많다. 나비나 벌, 꽃등에, 풍뎅이 무리 가운데에는 꽃가루받이를 도와주는 것들이 많다. 이런 곤충이 아니면 과일이나 채소가 열매와 씨를 맺지 못한다.

그 밖에 해충을 없애 주는 천적 곤충이 있다. 솔잎혹파리먹좀벌은 소나무 해충인 솔잎혹파리에 알을 낳고 칠성무당벌레는 진딧물을 먹어 치운다. 진딧물은 채소나 곡식이나 과일나무에 붙어서 즙을 빤다. 진딧물이 끼면 식물이 시들면서 병이 든다. 칠성무당벌레와 풀잠자리는 애벌레나 어른벌레나 다 진딧물을 많이 먹어 치운다. 이렇게 곤충 가운데는 이로운 곤충도 많다. 그러므로 해충을 없앤다고 독한 살충제를 마구 뿌리면 안 된다. 해충을 줄이려다 익충까지도 해치기 때문이다.

이로운 곤충

명주실을 얻으려고 기르는 누에

가루받이를 돕는 호박벌

죽은 지렁이를 먹어 없애는 송장벌레

진딧물을 잡아먹는 칠성무당벌레 애벌레

군것질거리로 먹는 벼메뚜기

꿀을 얻으려고 기르는 꿀벌

해로운 곤충

곤충 가운데는 사람에게 해를 주는 곤충도 적지 않다. 해를 주는 범위나 방법도 가지가지다. 배추벌레는 배추나 양배추에 붙어서 잎을 갉아 먹고 이십팔점박이무당벌레는 가지나 감자의 잎을 갉아 먹는다. 땅강아지나 굼벵이는 땅속에서 채소 뿌리를 갉아 먹는다. 진딧물이나 노린재 무리나 벼멸구는 곡식이나 채소의 잎이나 줄기에 붙어서 즙을 빨아 먹는다.

논에서 모내기를 하고 나면 벼물바구미, 잎벌레, 벼줄기굴파리가 퍼져서 벼를 먹는다. 6월 초가 되면 이화명나방 애벌레가 나타나고 7월 중순이 넘으면 혹명나방 애벌레와 줄점팔랑나비 애벌레가 생긴다. 요즘 벼농사에 가장 큰 해를 주는 곤충은 벼멸구다. 이런 해충들이 많이 나면 곡식이나 채소가 올찮아지고 거두는 양도 줄어든다.

해충이 나는 곳은 논밭뿐만이 아니다. 산에도 해충이 생겨난다. 솔잎을 갉아 먹고 사는 송충이는 몇 년에 한 번씩 수가 많이 불어서 소나무 숲을 해친다. 소나무가 어릴수록 피해가 더 심하다. 또 온 나라 소나무를 누렇게 말라 죽게 했던 솔잎혹파리도 골치 아픈 해충이다. 솔잎혹파리는 애벌레가 솔잎의 밑부분에서 즙을 빨아 먹는다. 솔잎혹파리가 나면 솔잎이 부풀어 오르면서 혹이 생기는데 이렇게 되면 솔잎은 더 자라지 못하고 말라 죽는다. 밤나무혹벌은 밤이 열릴 자리에 벌레집을 만들어서 밤이 맺히지 못하게 한다. 옛날부터 심어 기르던 토종 밤나무에 더 많이 생기는 해충이다. 플라타너스 같은 가로수에 많이 끼는 미국흰불나방은 본디 북아메리카에서 살던 곤충이다. 우리나라에서는 1958년에 처음 발견되었다. 미국흰불나방은 갑자기 불어나기도 하니까 조심해야 한다. 한번 불어나면 엄청나게 불어나는데 길가나 마당에 심어 둔 나무에 번져서 크게 해를 입힌다.

갈무리해 둔 곡식에도 벌레가 난다. 쌀바구미나 화랑곡나방이나 콩바구미가 그런 해충이다. 또 물에서 사는 물장군도 양어장에서 어린 물고기를 잡아 체액을 빨아 먹어 피해를 줄 때가 있다. 모기, 이, 벼룩, 빈대, 소등에 따위는 사람이나 집짐승에 붙어서 피를 빨아 먹는다.

그런데 이렇게 직접 해를 끼치는 곤충도 있지만 병을 옮겨서 더 크게 해를 입히는 곤충도 있다. 진딧물이 즙을 빨고 나면 채소나 곡식은 병에 걸리기 쉽다. 배추는 잎이 거뭇거뭇해지면서 자라지 않고 보리도 이삭이 검게 되고 영글지 않는다. 또 사람에게 무서운 전염병을 옮기는 해충도 여럿 있다. 작은빨간집모기는 일본뇌염을 옮기고, 중국얼룩날개모기는 말라리아나 사상충 병을 옮긴다. 파리나 바퀴도 지저분한 곳을 돌아다니면서 나쁜 병균을 퍼뜨린다.

우리 겨레는 아주 먼 옛날부터 해충의 피해를 줄이려고 애써 왔다. 겨울에 논에다가 물을 대어 두고 해충이 겨울을 못 나도록 했다. 또 한겨울이 오기 전에 논밭을 갈아엎기도 한다. 그러면 흙 속에서 겨울잠을 자려던 해충을 줄일 수 있다. 겨울에 나무줄기를 볏짚으로 싸 두었다가 이른 봄에 벗겨서 태우기도 한다. 이런 방법으로 사람이나 환경에 큰 해를 입히지 않고 해충을 어느 만큼 줄일 수 있었다.

해로운 곤충

가지 잎을 갉아 먹는
큰이십팔점박이무당벌레

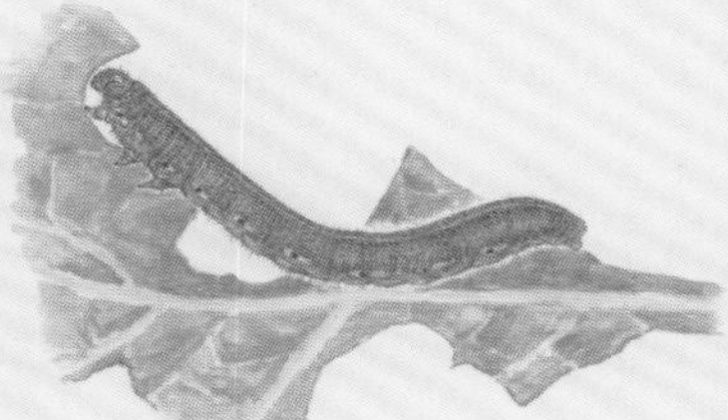

배춧잎을 갉아 먹는 배추벌레

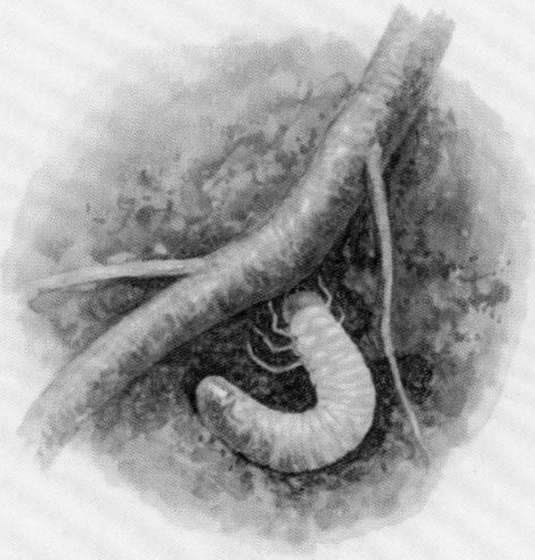

과일나무 뿌리를 갉아 먹는 굼벵이

벼에 붙어 즙을 빨아 먹는 벼멸구

콩잎에서 즙을 빠는 톱다리개미허리노린재

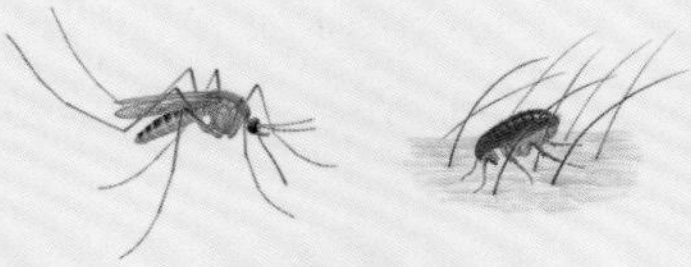

사람 피를 빠는 모기와 벼룩

쌀을 먹는 쌀바구미

조심해야 할 곤충

어지간한 곤충들은 사람이 만지거나 집어도 괜찮다. 노린재처럼 노린내를 뿜어내는 것도 있고, 개미처럼 무는 것도 있고, 벌처럼 쏘는 것도 있지만 웬만하면 큰 탈이 나지는 않는다. 그런데 조심해야 할 곤충이 몇 가지 있다.

나방 가운데는 '독나방'이 있다. 이 나방은 여름철인 7월 중순부터 8월 초 사이에 나타난다. 낮에는 수풀 속에서 쉬고 있다가 밤이 되면 날아다니는데 불빛을 좋아해서 전등불을 보고 달려든다. 독나방 어른벌레는 사람 살갗에 닿으면 피부병을 일으키기도 한다. 또 독나방 애벌레는 몸에 독이 묻은 털이 나 있어서 맨살에 닿으면 살이 벌겋게 부어오른다. 그래서 산에 갈 때는 맨살을 드러내지 않는 것이 좋다. 옛말에 '나비 잡은 손으로 눈을 비비면 장님이 된다.'는 말이 있다. 여기서 말하는 나비는 독나방이다. 독나방을 함부로 만지지 말라는 뜻에서 이런 말이 생겨났다.

독나방은 몸길이가 12~15㎜이고, 날개 편 길이는 30~40㎜쯤 된다. 온몸이 노랗고 앞날개 가운데에 'ㅅ' 모양의 짙은 밤색 무늬가 있으며, 앞날개 끝에 검은 점이 두 개 있다. 애벌레는 온몸이 노란데, 독이 묻은 검은 털뭉치가 뚜렷이 눈에 띈다.

독나방 털이 묻어도 바로 씻어 내면 괜찮다. 그렇지만 눈을 비비든가 긁으면 독이 살갗 속으로 스며들어서 벌겋게 부어오른다. 그러므로 독나방 털이 묻으면 얼른 흐르는 물에 씻어 내는 것이 좋다. 창문을 모기장으로 막아 두면 독나방이 방 안에까지 들어오지 못한다. 방 안에 들어오면 방 안의 불은 끄고 바깥에는 불을 켜서 나방을 불러낸다. 벽에 붙어 있으면 물에 적신 휴지로 덮어서 잡는다. 천막 가까이 날아오지 못하게 하려면 불을 꺼야 한다.

쐐기나방 애벌레도 독털이 있다. 쐐기나방 가운데서도 노랑쐐기나방, 장수쐐기나방, 뒷검은푸른쐐기나방이 그렇다. 쐐기나방 애벌레는 쐐기라고 하는데, 몸에 독샘이 있는 센털이 나 있다. 이 털에 닿으면 털이 살갗에 꽂혀 독이 들어간다. 쐐기한테 쏘이면 아주 아프다. 그러므로 쐐기한테 살갗이 닿지 않도록 하는 것이 좋다.

벌 가운데도 조심해야 할 것이 있다. 벌이라면 다 쏠 것 같지만 쏘는 벌은 많지 않다. 벌 무리 가운데 사람을 쏘는 것은 말벌과와 꿀벌과에 드는 벌들뿐이다. 사회생활을 하지 않는 벌은 사람을 공격하지 않는다. 공격한다 해도 대수롭지 않다.

말벌은 크기가 제법 크고 여왕벌, 일벌, 수벌로 이루어진 사회생활을 한다. 나무줄기나 나무 그루터기 구멍이나 흙 속에 저절로 난 굴에다 둥그렇게 집을 만든다. 땅벌은 땅속에 집을 만든다. 말벌은 건드리거나 말벌 집에 바싹 다가가면 사람에게 달려드는데, 놀라서 쫓으려고 손발을 허우적거리면 더 흥분해서 떼로 공격해 온다. 말벌한테 쏘이면 쏘인 자리는 노랗게 되고 그 둘레는 벌겋게 부어오르는데 점점 화끈거리면서 아파 온다. 심하면 독 기운이 몸에 퍼져서 온몸에 열이 나면서 앓기도 한다. 벌떼에게 한꺼번에 여러 군데를 쏘이면 죽을 수도 있다. 가을에 성묘나 벌초하러 갈 때는 땅벌 집을 건드리지 않도록 조심해야 한다.

쌍살벌은 크기가 크고 길쭉하게 생겼다. 사회생활을 하고 종이질로 된 둥근 집을 나뭇가지나 처마 밑에 매단다. 집 가까이에 많아서 쏘이는 사람이 많다.

사람을 쏘는 꿀벌은 일벌이다. 일벌은 보통 얌전한 편이지만 건드리면 흥분하여 독침으로 따끔하게 쏜다. 쏘이면 부풀어 오르고 붉어지며 화끈거리면서 아프다. 일벌의 침은 끝이 화살촉처럼 생겨서 한 번 꽂히면 쉽게 빠지지 않는다. 침을 빼 놓고 날아간 꿀벌은 독주머니와 내장이 찢어져서 몇 시간 뒤에 죽는다. 말벌이나 쌍살벌은 여러 번 쏠 수 있다.

벌에 쏘인 자리에는 된장을 바르기도 한다. 산에 갈 때는 약국에서 파는 해독제를 준비해 가는 것도 좋은 방법이다. 또 들놀이를 할 때는 자리 둘레에 주스나 음료수 빈 병을 놓지 말아야 한다. 단것을 먹은 뒤에는 입을 깨끗이 닦아서 벌이 달려들지 않도록 하는 것이 좋다.

조심해야 할 곤충

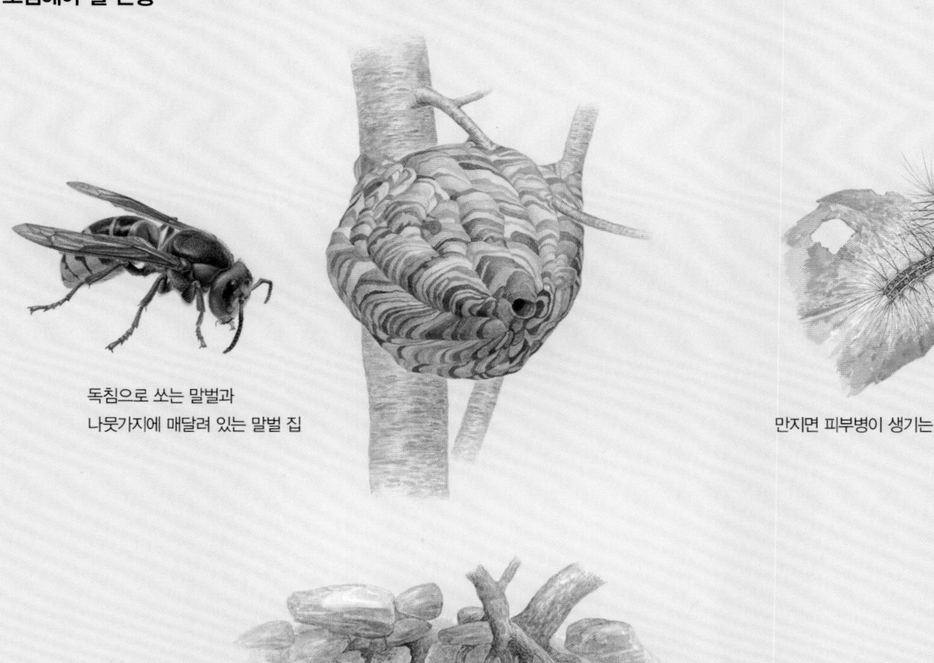

독침으로 쏘는 말벌과
나뭇가지에 매달려 있는 말벌 집

만지면 피부병이 생기는 매미나방 애벌레

떼로 덤벼서 쏘는 땅벌과
땅속에 있는 땅벌 집

독 털이 있는 쐐기

곤충의 생태

지구 위에 살고 있는 동물은 모두 140만 종쯤 되는데, 그 가운데 곤충이 100만 종쯤이라고 한다. 이렇게 많은 수가 살아남은 것은 곤충이 어떤 동물보다도 날씨나 먹이 같은 자연 조건에 잘 적응해 왔다는 것을 보여 준다.

곤충들이 사는 모습은 가지각색이다. 생김새도 다르고, 알에서 깨어나 어른벌레가 되는 동안 겪는 '한살이' 과정도 다르다. 짝을 짓고 알을 낳는 방식이 다를 뿐만 아니라 겨울을 나는 모습도 다르다. 이렇게 저마다 다른 모습으로 자기가 사는 곳에 알맞게 살아왔다.

생김새

곤충은 절지동물에 속한다. 절지동물은 다리가 마디로 이루어져 있는 동물이라는 뜻이다. 절지동물에는 곤충뿐만 아니라 게, 새우, 지네, 노래기, 거미, 진드기 같은 다양한 동물이 있다. 곤충은 이들과 어떻게 다를까?

곤충은 몸이 머리, 가슴, 배로 뚜렷이 나뉜다. 하지만 지네나 노래기는 머리와 몸통으로 되어 있고 거미나 게는 머리와 가슴이 붙어 있는 머리가슴 부분과 배로 되어 있다. 진드기는 머리가슴 부분과 배가 붙어 있어서 뚜렷하게 나뉘지 않는다.

곤충의 머리에는 더듬이와 눈과 입이 있다. 더듬이는 한 쌍이 있어서 냄새를 맡고, 온도와 습기를 느낀다. 종에 따라, 암수에 따라, 사는 곳에 따라 다르게 생겼다. 어두운 곳에서 사는 귀뚜라미나 바퀴는 더듬이가 길고, 밝은 곳에서 날아다니는 잠자리는 더듬이가 짧다. 눈은 겹눈 한 쌍과 홑눈이 세 개 있다. 겹눈은 육각형의 낱눈이 모여서 이루어졌는데 잠자리는 낱눈이 5만 개, 호랑나비는 1만7천 개, 개미는 50~400개가 모여 있다. 동굴 속에서 사는 곤충은 겹눈이 낱눈 몇 개로만 이루어지기도 한다. 어른벌레는 홑눈이 머리 꼭대기에 세 개 있고, 애벌레는 머리 양쪽으로 한 개에서 여섯 개가 있다. 입은 곤충마다 생김새가 아주 다르다. 하는 일로 보면 씹는 입과 빠는 입으로 크게 나눌 수 있다. 메뚜기나 딱정벌레는 씹는 입인데 딱딱한 것을 잘 씹어 먹는다. 매미나 모기나 벼룩은 빠는 입이다. 대롱처럼 생겨서 나무즙이나 짐승 피를 빨아 먹기에 알맞다.

가슴은 세 마디로 되어 있으며 마디마다 다리가 한 쌍씩 있고, 가운데가슴과 뒷가슴에 날개가 한 쌍씩 있는 것이 많다. 절지동물에 속하는 동물 가운데 다리가 세 쌍 있는 것은 곤충뿐이다. 거미는 다리가 네 쌍이고 지네는 몸통 마디마다 다리가 한 쌍씩 있고 노래기는 마디마다 다리가 두 쌍 있다.

곤충의 다리는 걷고 뛰는 것이 본디 구실이지만 사마귀 앞다리는 먹이를 잡는 데 알맞게 바뀌었고 땅강아지 앞다리는 땅을 파기 좋게 바뀌었다. 물방개 뒷다리는 헤엄치기 알맞게 바뀌었다. 이렇게 곤충은 저마다 자기가 사는 곳에 적응하는 능력이 뛰어나다. 이런 적응력이 곤충을 아주 오랜 세월 동안 살아남게 하였다.

절지동물 가운데 날개가 있는 것은 곤충뿐이다. 좀이나 톡토기 같은 원시 곤충들은 날개가 없는 것도 있다. 잠자리, 나비, 매미는 두 쌍이 다 있다. 파리나 모기는 날개가 한 쌍만 있는데 앞날개나 뒷날개 한 쌍이 없어진 대신 곤봉처럼 생긴 평균곤이 있어 균형을 잘 잡는다. 딱정벌레 앞날개는 딱딱해서 적으로부터 몸을 지키는 구실도 한다. 나비는 날개에 화려한 무늬가 있어서 체온을 조절하고, 암컷과 수컷을 가리는 데 도움이 된다. 들이나 풀밭에서 사는 나비는 흰색, 노랑색, 주황색 같은 밝은 색이 많다. 이런 색은 햇빛을 반사해서 체온이 올라가지 않게 한다. 숲속에 사는 것은 어두운 색을 띠는 것이 많은데 이렇게 어두운 색은 거꾸로 햇빛을 흡수해서 체온이 내려가지 않도록 해 준다.

여러 가지 절지동물

왕지네　쥐며느리　노래기

곤충의 몸을 가리키는 말

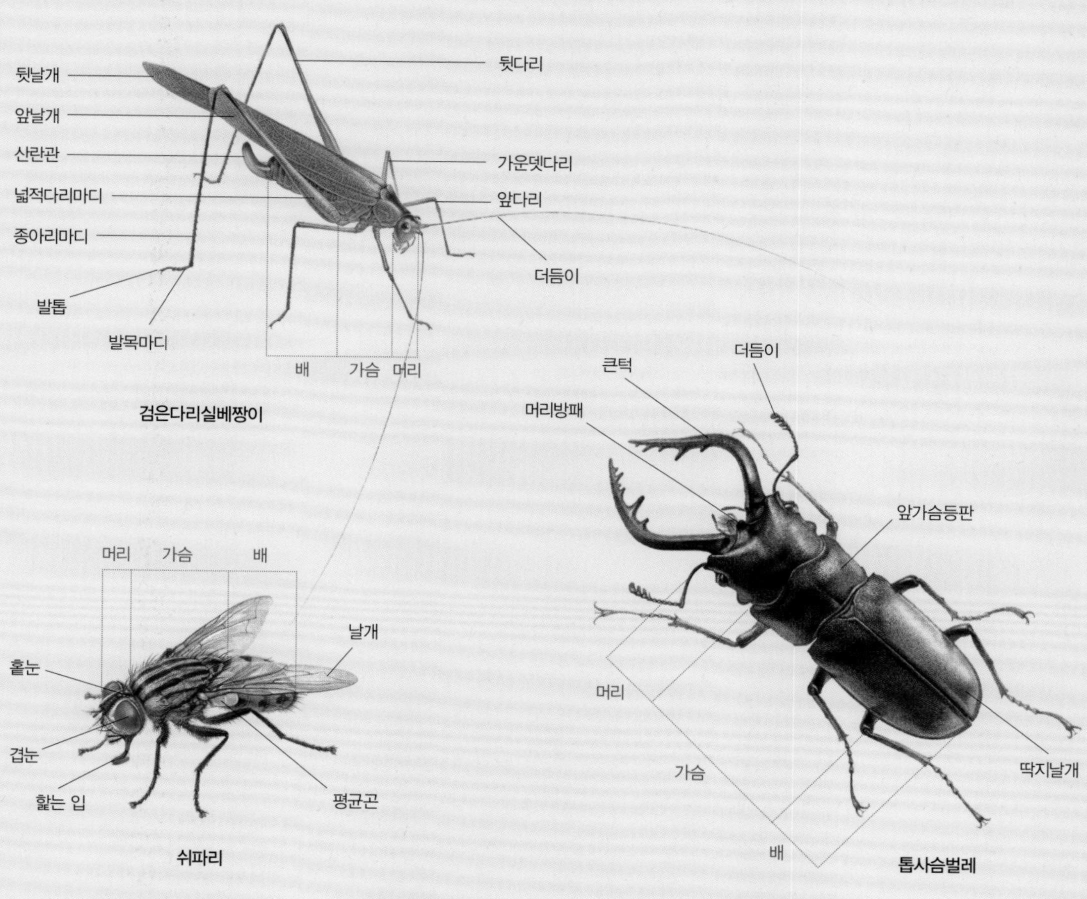

검은다리실베짱이

쉬파리

톱사슴벌레

곤충의 몸길이

콩중이

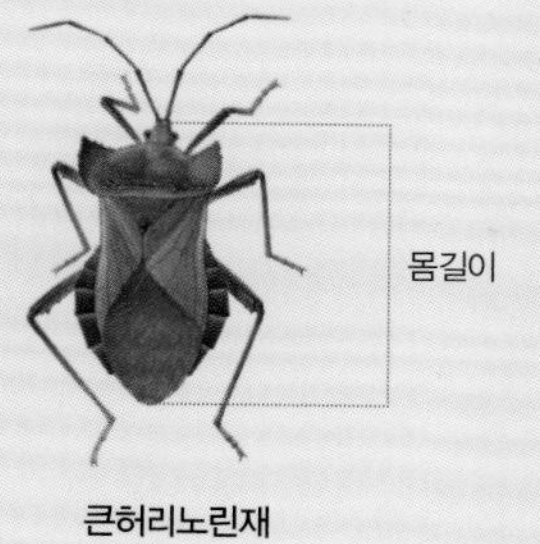

큰허리노린재

칠성무당벌레

한살이

곤충의 한살이는 알에서 시작해서 애벌레와 번데기를 거쳐 어른벌레에서 끝난다. 이렇게 네 단계를 거치는 것을 '갖춘탈바꿈'이라고 하는데 진화한 곤충들한테서 볼 수 있다. 나비나 딱정벌레나 파리나 벌은 갖춘탈바꿈을 한다.

네 단계 가운데 번데기를 거치지 않고 애벌레에서 바로 어른벌레가 되는 것을 '안갖춘탈바꿈'이라고 한다. 하루살이나 강도래나 잠자리는 애벌레 때는 물속에서 살고 어른벌레가 되면 뭍으로 나와 살아서 애벌레와 어른벌레가 많이 다르게 생겼다. 애벌레 때는 물속에서 아가미로 숨을 쉬지만 어른벌레 때는 뭍에서 숨구멍으로 바로 공기를 마셔야 하기 때문이다. 바퀴나 메뚜기도 애벌레에서 바로 어른벌레가 되지만 생김새가 많이 달라지지는 않는다. 애벌레나 어른벌레나 다 뭍에서 살고 먹이도 비슷해서 날개나 몸의 크기가 달라질 뿐 생김새는 비슷하다. 좀이나 톡토기도 애벌레나 어른벌레나 몸 크기만 달라질 뿐, 생김새는 별로 바뀌지 않고 자란다.

곤충은 이렇게 탈바꿈을 하면서 살 수 있는 곳을 넓히고 여러 가지 먹이를 먹으면서 살아남았다. 알에서 어른벌레까지를 한 세대라고 하는데 '한 번 발생한다'고도 한다. 한 해에 한 세대가 지나는 것도 있고, 두 세대나 세 세대가 넘게 지나는 것도 있다. 또 한 세대를 지나는 데 여러 해가 걸리는 것도 있다. 매미 가운데에는 한 세대가 예닐곱 해나 지나는 것도 있다.

알 짝짓기가 끝난 암컷은 애벌레의 먹이 가까이에 알을 낳는다. 하나씩 낳는 것도 있지만 수백 개를 덩어리로 낳는 것도 있다. 알은 보통 껍질에 싸여 있는데 생김새나 빛깔은 저마다 다르다. 공처럼 둥근 것도 있고 양 끝이 뾰족하거나 찐빵처럼 생긴 것도 있다. 색깔도 흰색, 푸른색, 노란색 그 밖에도 여러 가지다. 알 거죽이 매끄러운 것도 있고 거칠거칠한 것도 있다. 알은 생김새나 빛깔이 다 달라도 저마다 둘레의 색이나 모양과 비슷해서 눈에 잘 띄지 않는다.

애벌레 곤충은 애벌레일 때 가장 많이 먹는다. 한 세대를 거치는 동안 필요한 양분을 몸에 쌓아 두어야 하기 때문이다. 애벌레는 허물을 벗으면서 크는데, 세 번 허물을 벗는 것부터 많게는 열여섯 번 허물을 벗는 것까지 있다. 생김새는 저마다 다르다. 보통 길고 둥근 통 모양이고 머리, 가슴, 배로 나뉜다. 가슴에는 다리가 세 쌍, 배에는 다리가 네 쌍, 배 끝에는 꼬리다리가 한 쌍 있다. 그렇지 않은 것도 있다. 딱정벌레 애벌레인 굼벵이는 배에 다리가 없다. 파리 애벌레인 구더기는 다리가 하나도 없다. 몸에 털이나 가시나 돌기가 있는 것도 많다. 사는 곳도 풀잎이나 나뭇잎부터 물속, 땅속, 나무줄기 속에 이르기까지 아주 많다.

번데기 번데기는 갖춘탈바꿈을 하는 곤충만 거치는 단계다. 다 자란 애벌레는 가랑잎이나 돌 밑이나 풀 줄기나 나무줄기를 찾아가 번데기가 된다. 번데기 때는 아무것도 안 먹고 움직이지도 못하니까 다른 곤충이나 새의 눈에 덜 띄는 안전한 곳을 잘 골라서 자리를 잡는다. 번데기는 겉으로 보면 가만히 있는 것 같아도 번데기 껍질 안에서는 애벌레가 어른벌레로 바뀌는 큰 변화가 일어난다.

갖춘탈바꿈을 하는 곤충

칠성무당벌레 한살이 알 → 애벌레 → 번데기 → 어른벌레

쉬파리 한살이 알 → 애벌레 → 번데기 → 어른벌레

안갖춘탈바꿈을 하는 곤충

실베짱이 한살이 알 → 애벌레 → 어른벌레

왕잠자리 한살이 알 → 애벌레 → 어른벌레

짝짓기와 알 낳기

모든 동물들은 짝짓기를 하고 자손을 남긴다. 곤충도 마찬가지다. 그런데 다른 동물들과 달리 곤충은 워낙 사는 곳이 넓고 가짓수가 많아서 짝짓기를 하고 알을 낳는 방법도 다양하다.

곤충은 보통 '양성 생식'을 한다. 양성 생식은 암컷과 수컷이 짝짓기를 하고 알을 낳는 것이다. 이런 방법은 여러 가지 좋은 점도 있지만 짝을 만나지 못하면 알을 낳을 수가 없다. 그래서 곤충들은 짝짓기를 할 배우자를 만나려고 저마다 다른 방법을 쓴다. 매미는 어른벌레로 지내는 짧은 기간 동안에 짝짓기를 하고 알을 낳아야 한다. 매미 수컷은 우렁차게 울어서 암컷에게 자기가 있는 곳을 알린다. 울음소리는 매미마다 다르다. 모기 수컷은 암컷이 앵앵거리면서 날갯짓하는 소리를 듣고 찾아가서 짝짓기를 한다. 밤에 날아다니는 나방은 수컷은 잘 날아다니지만 암컷은 나무줄기나 바위나 담벼락 같은 곳에 앉아서 쉬고 있을 때가 많다. 나무에 해를 많이 입히는 매미나방도 마찬가지다. 수컷은 숲속을 어지럽게 날아다니지만 암컷은 나무줄기 위에 앉아 있다. 매미나방 수컷은 암컷이 배에서 뿜어내는 냄새를 맡고 찾아간다. 거리가 3.7㎞나 떨어진 곳에서도 찾을 수 있다고 한다. 암컷이 뿜어내는 이런 냄새를 '페로몬'이라고 한다. 수컷은 더듬이가 암컷보다 복잡하게 생겨서 공기 중에 페로몬이 아주 조금만 퍼져 있어도 알아챌 수 있다.

반딧불이는 수컷이 꽁무니불을 깜박여서 자기가 있는 곳을 알린다. 암컷은 수컷이 내는 빛을 보고 자기도 꽁무니불을 켜서 짝짓기할 뜻이 있다는 신호를 보낸다. 빛을 반짝거리는 간격과 횟수는 반딧불이마다 다르다. 곤충들이 짝을 찾는 방법은 이렇게 여러 가지다.

곤충들 가운데는 짝짓기를 하지 않고 새끼를 치는 것도 있다. 이런 것을 '단성 생식'이나 '처녀 생식'이라고 한다. 진딧물 암컷은 봄부터 수컷 없이 새끼를 낳는다. 진딧물은 이렇게 봄부터 가을까지 수많은 새끼를 낳을 수 있다. 가을이 되어 해가 짧아지면 수컷이 태어나고 암컷은 수컷과 짝짓기를 하고 알을 낳는다.

양성 생식과 단성 생식 말고도 혹파리처럼 애벌레 몸에서 또 다른 애벌레가 생기는 것도 있고, 좀벌이나 알좀벌처럼 알 하나가 여러 개로 나뉘어 여러 마리가 태어나는 것도 있다. 이렇게 해서 알 한 개에서 이천 마리가 넘는 애벌레가 생겨나기도 한다.

곤충마다 낳는 알의 수도 크게 다르다. 줄점팔랑나비는 알을 80개쯤 낳는데 집파리는 천 개, 흰개미의 여왕개미는 무려 5억 개를 낳는다. 곤충이 낳는 알의 수는 애벌레가 먹을 먹이나 온도나 습도에 따라서도 크게 달라진다. 애벌레가 깨어났을 때 먹을 것이 부족하고 날씨도 서늘하면 암컷이 알을 적게 낳는다. 어른벌레도 알을 배고 낳는 동안에 먹이를 충분히 먹지 않으면 알을 많이 못 낳는다. 같은 곤충이 한곳에 얼마나 모여 사느냐에 따라서도 알의 수는 달라진다.

곤충의 짝짓기

꽁무니를 대고 짝짓기하는 시골가시허리노린재

풀 줄기에 매달려 짝짓기하는 황나각다귀

수컷이 암컷 등에 올라타서 짝짓기하는 섬서구메뚜기

곤충의 알 낳기

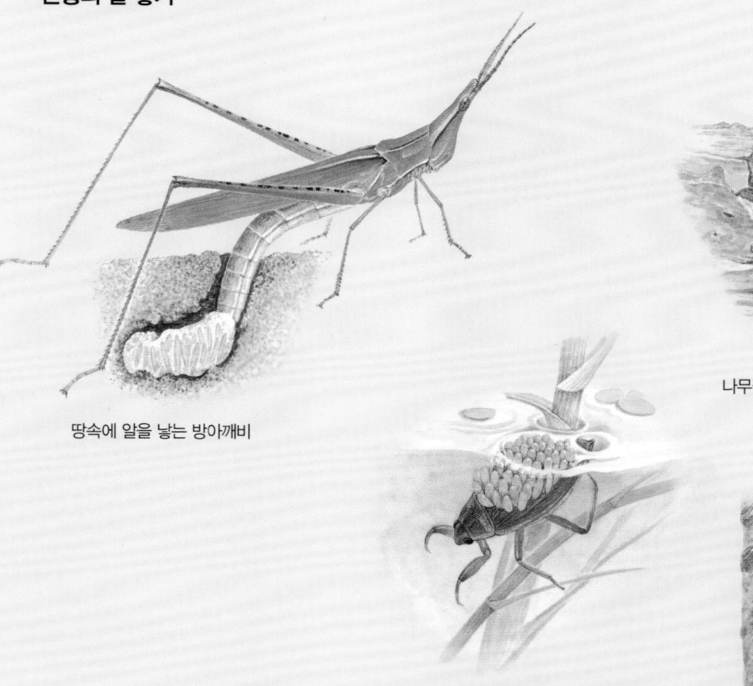

땅속에 알을 낳는 방아깨비

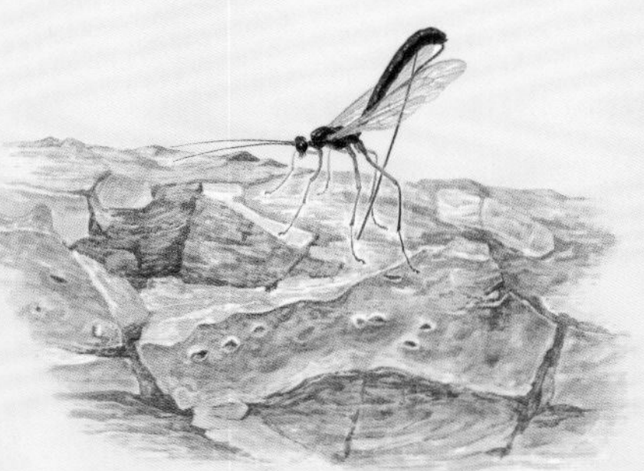

나무껍질 속에 사는 하늘소 애벌레 몸에 알을 낳는 맵시벌

등에 알을 지고 다니는 물자라 수컷

나뭇잎 위에서 알을 지키는 집게벌레 암컷

나무줄기에 알을 낳고 몸에 있는 털로 덮어 두는 매미나방

겨울나기

추운 겨울은 곤충이 자라고 알을 낳는 데 크게 영향을 미친다. 봄부터 가을까지 부지런히 날고 뛰고 기고 울던 곤충들은 날씨가 추워지면서 자취를 감춘다. 죽어서 사라진 것이 아니라 일찌감치 추위를 견뎌 내기에 알맞은 곳으로 숨어든 것이다. 눈여겨 살펴보지 않으면 여간해서 겨울을 나는 곤충을 찾기가 어렵다.

곤충은 낮의 길이가 조금씩 짧아지는 것으로 겨울이 다가오는 것을 안다. 곤충들이 겨울을 준비하는 때나 겨울을 나는 곳이나 겨울을 나는 모습은 저마다 다르다. 같은 나비라도 모시나비는 알로 겨울을 나고, 줄점팔랑나비는 애벌레로, 배추흰나비는 번데기로, 뿔나비는 어른벌레로 겨울을 난다. 저마다 추위를 가장 잘 이겨 낼 수 있는 모습으로 겨울을 나는 것이다.

귀뚜라미 암컷은 긴 산란관을 땅속 깊이 꽂고 알을 하나씩 낳는다. 알은 땅속에서 추위를 견디며 겨울을 난다. 사마귀는 가을에 스폰지처럼 생긴 알주머니를 나뭇가지에 붙인다. 이 두터운 알집 속에서 알은 밖에서 오는 충격과 추위를 피할 수 있다. 칠성무당벌레나 묵은실잠자리는 마른 풀숲이나 가랑잎 속에서 겨울을 나고 남생이무당벌레는 나무줄기에서 겨울을 난다. 딱정벌레는 썩은 나무줄기 속에 구멍을 파고 들어가서 겨울을 나고, 하늘소는 상수리나무 줄기 속에서 애벌레나 어른벌레로 겨울을 난다. 썩은 나무껍질 밑에서는 맵시벌이 겨울을 나고, 거름더미 속에서는 장수풍뎅이 애벌레나 꽃무지 애벌레가 겨울을 난다. 에사키뿔노린재와 애허리노린재는 나무껍질 밑에서 겨울을 나고 먼지벌레는 썩은 풀이나 나무뿌리 곁에 갈라진 틈새로 들어가 겨울을 지낸다. 이렇게 곤충들은 따뜻하고, 습도가 알맞고, 찬바람이 바로 닿지 않는 곳에서 겨울을 난다.

곤충이 겨울을 나는 곳이나 겨울을 나는 모습을 잘 알면 해충을 미리 막을 수도 있다. 겨울 동안 나무줄기에 짚이나 거적을 둘러 두는 것도 해충을 막기 위한 것이다. 짚이나 거적 속은 따뜻해서 곤충들이 겨울을 나려고 찾아든다. 이듬해 봄에 곤충이 밖으로 나오기 앞서 둘러 두었던 짚을 걷어서 태우면 겨울을 나던 곤충의 알이나 애벌레나 번데기나 어른벌레를 태워서 없앨 수 있다. 이른 봄에 논두렁이나 밭두렁을 태우는 것도 마찬가지 까닭이다.

추운 겨울을 넘기지 못하고 죽는 곤충도 많다. 논농사 해충인 이화명나방 애벌레는 겨울 동안 10~20%가 얼어 죽는다. 벼멸구나 된장잠자리는 겨울 전에 모두 죽는다. 추위는 곤충의 수를 조절하는 구실도 한다. 날씨가 아주 추우면 해충이 많이 얼어 죽어서 이듬해에 풍년이 든다.

쐐기나방 고치
차주머니나방 애벌레 집
방아벌레
말벌
알락수염노린재
홍단딱정벌레
무당벌레

산과 들에 사는 곤충

하루살이

Ephemeroptera

하루살이는 하루만 산다고 해서 붙은 이름이다. 하지만 실제로는 이삼일쯤 살고 열흘까지 사는 것도 있다. 하루살이는 낮에는 물가나 풀숲에서 있다가 해가 질 무렵에 강가나 호숫가에서 무리를 지어 날아다닌다.

하루살이는 알이나 애벌레 때에는 물속에서 살다가 어른벌레가 되면 물 밖으로 나온다. 애벌레는 물속에 떨어진 썩은 나뭇조각이나 물풀을 먹고 산다. 애벌레가 맑은 물에서 사는 하루살이도 있고 더러운 물에서 사는 하루살이도 있다. 그래서 어떤 하루살이 애벌레가 사는지를 보고, 물이 깨끗한지 더러운지 가늠할 수 있다. 산골짜기의 깨끗한 물에서는 '납작하루살이', '피라미하루살이'가 살고, 강 중류나 하류에는 '강하루살이', '동양하루살이', '알락하루살이'가 산다. 고여 있는 더러운 물에는 '꼬마하루살이'와 '등딱지하루살이'가 산다.

다른 이름 날파리, 하로사리, 하리사리

하루살이와 깔따구 여름에 길가나 풀섶에서 떼 지어 날다가 사람에게 달려드는 조그만 날벌레를 하루살이라고 하는 곳도 있는데, 이 벌레들은 하루살이가 아니라 '깔따구'다. '하루살이'와 '깔따구'는 떼를 지어 날아다닌다. 다 짝짓기를 하기 위해서 난다. 깔따구는 파리 무리에 속하는데 크기는 모기보다 조금 크거나 작다. 옛날에는 모기와 닮았다고 '모기붙이'라고도 했다. 하루살이는 사람이 다가가면 피하는데, 깔따구는 사람 앞에서 알찐거리고 옷에 달라붙는다. 그래서 깔따구를 '알찐이'라고 하는 곳도 있다.

하루살이 애벌레 하루살이 애벌레는 몸 색깔이 물속에 있는 바위나 풀과 비슷하다. 사는 곳에 따라 생김새가 다르다. 물살이 느린 곳이나 고인 물에 사는 '꼬마하루살이'는 헤엄치기 좋게 몸이 유선형으로 생겼다. 물살이 빠른 곳에서 바위 밑에 붙어사는 것들은 바위나 돌에 딱 붙어 있기 좋게 납작하게 생겼다. 물속 바닥을 기어다니는 무리는 앞다리가 뾰족하여 지팡이 구실을 한다. 굴을 파고 사는 무리는 앞다리와 머리와 입이 굴을 파기 좋게 날카롭거나 뾰족한 돌기가 나 있다.

한살이 어른벌레는 보통 2~3일쯤 사는데 아무것도 먹지 않고 짝짓기를 하고 죽는다. 짝짓기를 한 암컷은 물속에 여러 번 알을 낳는다. 알은 10~20일쯤 지나 애벌레가 된다. 애벌레는 2~4개월, 길게는 2~3년을 살고 허물을 벗으며 자란다. 애벌레로 겨울을 나는 것도 있고, 알로 나는 것도 있다.

생김새 참납작하루살이는 몸길이가 12~14mm이다. 넓적다리마디에 검은 밤색 띠무늬가 있다. 수컷은 암컷보다 눈이 훨씬 크고 앞으로 나와 있다. 애벌레는 몸길이가 12~15mm쯤 된다. 넓적다리마디에 밤색 띠무늬가 있다.

참납작하루살이

크기 12~14㎜

나타나는 때 3~9월

먹이 안 먹는다.

한살이 알 ▶ 애벌레 ▶ 어른벌레

참납작하루살이 *Ecdyonurus dracon* 수컷 ×3½
1997년 4월 경기도 남양주

검은물잠자리

Atrocalopteryx atrata

검은물잠자리는 온몸이 검은색이다. 날개도 검은데 햇빛을 받으면 검푸른빛이 나면서 번쩍인다. 물살이 느리고 물풀이 많은 물가를 좋아한다. 물가에 있는 풀 사이를 천천히 날갯짓하면서 날아다닌다. 수풀 사이에서도 검정색이라서 눈에 잘 띈다. 수컷은 앉아 있을 때 다른 수컷이 다가오면 날개를 폈다 접었다 하면서 가까이 오지 못하게 한다. 검은물잠자리는 수컷끼리 서로 쫓아다니는 일이 많다. 그 모습이 정답게 노는 것처럼 보이지만 실은 서로 쫓아내는 것이다.

암컷은 물풀이 많은 곳에 알을 낳는다. 물속 줄기에다 알을 낳는데 몸을 물에 담근 채 알을 낳기도 한다. 애벌레 때는 물속에서 살다가 물 밖으로 나와 어른벌레가 된다. 검은물잠자리는 늘 자기가 태어난 곳 가까이에서 산다. 5월쯤부터 10월 초까지 볼 수 있고 따뜻한 남쪽 지방에 더 많이 산다.

물잠자리 무리 우리나라에는 '물잠자리'와 '검은물잠자리' 두 종류가 있다. 생김새는 아주 비슷하다. 물잠자리는 암컷 날개 앞쪽 가장자리에 희고 둥근 무늬가 있다. 수컷은 서로 구별하기가 더 어려운데 햇빛에 내비치면 물잠자리만 날개맥에서 파란빛이 돈다.

한살이 한 해에 두세 번 발생한다. 물속에서 애벌레로 겨울을 난다. 알을 낳은 지 한 달쯤 지나면 애벌레가 깨어 나온다. 애벌레는 10~15번 허물을 벗고 어른벌레가 된다. 어른벌레는 겨울이 오기 전에 알을 낳고 죽는다.

생김새 검은물잠자리는 배 길이가 45~51mm, 뒷날개 길이가 35~44mm이다. 겹눈은 동그랗게 튀어나와 보인다. 날개와 몸은 검고 푸른 광택이 난다. 애벌레는 몸길이가 20~28mm이다. 몸 색은 옅은 밤색이고 군데군데 짙은 밤색 무늬가 있다. 푸른빛이 돌기도 한다.

다른 이름 검은실잠자리[북], 귀신잠자리, 젓가락잠자리, 장님잠자리

크기 60~62㎜

나타나는 때 5~10월

먹이 작은 날벌레

한살이 알 ▶ 애벌레 ▶ 어른벌레

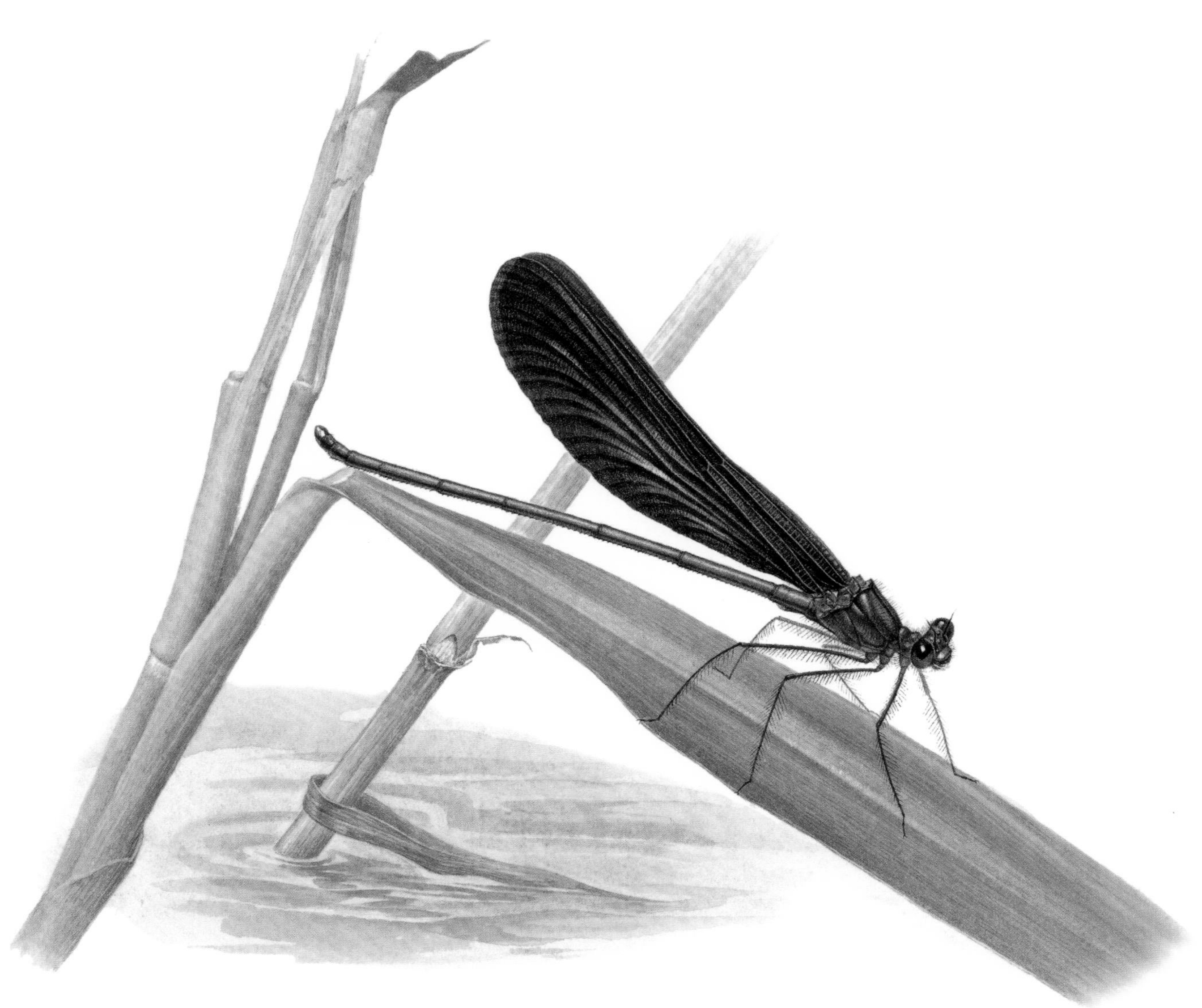

검은물잠자리 수컷 ×1½
1996년 7월 경기도 남양주 천마산

실잠자리

Coenagrionidae

실잠자리는 이른 봄부터 가을까지 흔하게 볼 수 있다. 몸이 실같이 가늘고 길다. 날개를 펴고 앉는 잠자리와 달리 실잠자리는 날개를 접어 몸에 붙이고 앉는다. 날개가 아주 얇아서 잘 보이지 않는데다가 배 끝이 새파래서 언뜻 보면 배 끝만 보인다.

실잠자리는 벼나 억새 같은 풀 사이를 낮게 날아다닌다. 날개 힘이 약해서 물 위에 떠 있는 풀잎이나 나뭇가지에 앉아 있는 일이 많다. 바람이 불면 물 위에 뜬 채로 물결에 이리저리 밀려다니기도 한다.

실잠자리는 논이나 도랑, 작은 연못이나 저수지에 알을 낳는다. 물 위에 떨어뜨려 놓거나 물풀 줄기에 붙여 놓는다. 실잠자리는 애벌레도 몸이 가늘다. 애벌레로 지내는 동안 물속에 살면서 물벼룩 같은 작은 물벌레를 잡아먹는다. 막 어른벌레가 되었을 때에는 태어난 곳을 벗어나지 않지만 좀 지나면 멀리 날아가기도 한다. 어른벌레는 하루살이나 날파리 같은 작은 날벌레들을 먹고 산다.

먹이 실잠자리 애벌레는 물벼룩을 가장 많이 먹는다. 좀 자라면 장구벌레나 실지렁이를 잡아먹는다. 물속 바닥을 천천히 기어다니다가 먹이를 보면 긴 아래턱을 내밀어 눈 깜짝할 사이에 잡아챈다. 턱에는 아주 길고 날카로운 갈고리가 붙어 있어 먹이를 잘 잡는다.

한살이 한 해에 네댓 번 발생한다. 물속에서 애벌레로 겨울을 난다. 알을 낳은 지 한 달 남짓 지나면 애벌레가 나온다. 물이 따뜻할 때 애벌레가 더 빨리 깨어난다. 애벌레는 10~15번 허물을 벗고 번데기를 거치지 않고 어른벌레가 된다. 애벌레는 날개돋이할 때가 되면 물 밖으로 나와 풀 줄기에 붙어서 마지막으로 허물을 벗고 어른벌레가 된다.

생김새 아시아실잠자리는 배 길이가 20~24mm, 뒷날개 길이가 18~22mm이다. 겹눈은 꽤 작고 반달 모양이다. 봄에 나타나는 것이 여름에 나타나는 것보다 몸집이 크다. 알은 아주 작고 쌀알 모양이다. 색은 속이 비치도록 맑은 흰색이다. 애벌레는 몸길이가 11~12mm이다. 배 끝에 꼬리처럼 생긴 아가미가 세 개 있다. 길이는 4~5mm이다. 몸 색은 옅은 밤색이고 군데군데 짙은 밤색 무늬가 있다. 옅게 푸른빛이 돈다. 가는실잠자리는 배 길이가 28~32mm, 뒷날개 길이가 19~21mm쯤이다. 몸은 밤색이고 배 끝이 조금 더 짙다. 낮은 산이나 갈대가 많은 연못에 많다.

아시아실잠자리

다른 이름 아세아실잠자리[북]

크기 24~30㎜

나타나는 때 4~10월

먹이 하루살이, 날파리

한살이 알 ▶ 애벌레 ▶ 어른벌레

가는실잠자리

분류 청실잠자리과

크기 34~38㎜

나타나는 때 4~11월

먹이 작은 날벌레

한살이 알 ▶ 애벌레 ▶ 어른벌레

가는실잠자리 *Indolestes peregrinus* ×2
1999년 10월 서울 노원구 불암산

아시아실잠자리 *Ischnura asiatica* 수컷 ×3
1998년 8월 경기도 남양주

왕잠자리

Aeshnidae

왕잠자리는 날개와 몸집이 크고 높이 난다. 빠르게 잘 날고 눈도 좋아서 날파리, 파리, 모기, 하루살이 같은 작은 날벌레를 잘 잡는다. 먹이를 보면 가만히 노려보다가 잔가시가 많이 나 있는 긴 다리로 잽싸게 낚아채서 움켜쥐고 씹어 먹는다. 들이나 야트막한 언덕에 있는 저수지나 연못에 많다. 보통 저녁 무렵에 날아다니고, 5월에서 10월 사이에 어디서나 많이 볼 수 있다.

왕잠자리 수컷은 물가를 빙빙 돌면서 다른 수컷들이 다가오려고 하면 쫓아낸다. 암컷이 날아오면 짝짓기를 하는데 암컷과 수컷이 함께 나무나 풀 위에 내려앉아 물속에 알을 낳는다.

왕잠자리는 애벌레도 몸집이 크다. 잠자리 애벌레는 물속에 사는데 '수채'나 '학배기'라고 한다. 왕잠자리 애벌레는 아가미가 똥구멍 안에 있다. 똥구멍으로 물을 빨아들이고 내뿜으면서 숨을 쉰다. 똥구멍에서 물을 내뿜는 힘으로 앞으로 나아간다. 애벌레는 물속에서 올챙이와 작은 물고기를 잡아먹는다. 물풀 뿌리 둘레에 붙어살거나 밑바닥에 쌓인 흙 속에 있어서 눈에 잘 띄지 않는다.

왕잠자리 무리 왕잠자리 무리에 '왕잠자리'와 '먹줄왕잠자리' 이 밖에 여러 가지가 있다. 왕잠자리 무리는 몸집이 크다. 무엇보다 겹눈이 크다. 한 번 날면 오랫동안 날아다니기도 하고, 굵은 나뭇가지에 내려앉아 오래 쉬기도 한다. 한낮에는 쉬다가 어두워질 무렵에 날아다니는 것들이 많다.

한살이 알에서 어른벌레가 되는 데 2~5년이 걸린다. 물속에서 애벌레로 겨울을 난다. 애벌레는 여러 번 허물을 벗으면서 자란다. 번데기를 거치지 않고 어른벌레가 된다. 애벌레는 다 자라면 물 위로 올라와서 마지막으로 허물을 벗고 날개돋이를 한다.

생김새 먹줄왕잠자리는 배 길이가 45~52mm, 뒷날개 길이가 44~49mm이다. 그늘진 곳을 좋아한다. 배가 검기 때문에 '검은줄은잠자리'라고도 한다. 이른 봄에만 나타난다. 머리에 'ㅜ' 무늬가 있다. 겹눈은 서로 붙어 있다. 애벌레는 몸길이가 38~44mm이다. 몸은 옅은 밤색인데 온몸에 푸른빛이 돈다. 얼룩덜룩한 짙은 밤색 무늬가 군데군데 있다.

먹줄왕잠자리

다른 이름 검은줄은잠자리[북]

크기 73~80㎜

나타나는 때 4~8월

먹이 작은 날벌레

한살이 알 ▶ 애벌레 ▶ 어른벌레

먹줄왕잠자리 *Anax nigrofasciatus* 수컷 ×1⅓
2000년 6월 경기도 의정부

왕잠자리 알과 알에서 막 깨어난 애벌레
2000년 8월 경기도 남양주

왕잠자리 *Anax parthenope julius* 애벌레
1995년 9월 경기도 파주

노란측범잠자리

Lamelligomphus ringens

노란측범잠자리는 가슴부터 배 끝까지 검은 줄과 노란 줄무늬가 뚜렷하다. 겹눈은 파랗고 툭 불거져 나왔다. 몸집은 왕잠자리보다 조금 작고 배는 가느다랗다. 꽁무니에는 갈고리처럼 생긴 부속기가 있다.

노란측범잠자리는 골짜기를 따라 날아다니다가 골짜기로 뻗어 있는 나무줄기에 잘 내려앉는다. 깨끗한 물 가까이에서 즐겨 살고 6월에서 9월 사이에 나타난다. 암컷은 알 낳을 때가 되면 물살이 느린 골짜기나 강으로 날아와서 배 끝으로 물을 치면서 알을 낳는다. 애벌레는 물속에서 산다. 날개돋이를 한 어른벌레는 자란 곳에서 꽤 먼 산꼭대기까지 날아가서 작은 날벌레를 잡아먹고 산다.

여러 가지 측범잠자리 몸집이 작은 것도 있고 큰 것도 있다. 어른벌레들은 배에 노란색, 푸른색, 검은색 무늬가 뚜렷이 나타난다. 날개가 투명하고 별다른 무늬는 없다. 늦은 봄부터 초여름까지 많이 나타난다. 이 잠자리 무리는 한곳에 오래 앉아 있을 때가 많다.

한살이 한 해에 한 번 발생한다. 물속에서 애벌레로 겨울을 난다. 알을 낳은 지 한 달쯤 되면 애벌레가 깨어 나온다. 애벌레는 허물벗기를 10~15번 한 뒤 번데기를 거치지 않고 어른벌레가 된다.

생김새 노란측범잠자리는 배 길이가 40~46mm, 뒷날개 길이가 32~35mm이다. 겹눈은 파란빛이 돈다. 가슴과 배에는 노란색과 검은색 줄무늬가 뚜렷하다. 배는 가는데 첫째와 둘째 마디만 굵다. 더듬이가 실 모양이고 매우 짧다. 날개는 암컷과 수컷 모두 투명하다. 수컷은 배 끝이 갈고리같이 생겼다. 애벌레는 몸길이가 30mm쯤 되고 누런 밤색을 띤다.

다른 이름 갈구리측범잠자리

크기 54~56㎜

나타나는 때 6~9월

먹이 작은 날벌레

한살이 알 ▶ 애벌레 ▶ 어른벌레

국외반출승인대상생물종

노란측범잠자리 수컷 ×2
1996년 8월 경기도 남양주

물속에서 나와 날개돋이를 하는 측범잠자리

어리장수잠자리

Sieboldius albardae

어리장수잠자리는 생김새가 장수잠자리와 닮았다. 하지만 장수잠자리와 다른 종으로 측범잠자리 무리에 든다. 어리장수잠자리는 측범잠자리 무리 가운데 가장 몸집이 크다. 몸통에 견주어 머리가 작다.

어리장수잠자리는 몸집도 크고 힘이 세서 나비나 나방, 다른 잠자리나 같은 종까지 잡아먹는다. 우리나라 산골짜기나 강, 시내 어디서나 흔하게 볼 수 있다. 5월 말부터 8월까지 날아다닌다.

어리장수잠자리는 5, 6월에 냇가의 물풀 줄기를 타고 올라와 날개돋이를 한다. 날개돋이한 뒤에는 물가 가까운 숲이나 산에 들어가 살다가 다 자라면 짝짓기를 하러 물가로 내려온다. 짝짓기를 마치면 암컷 혼자서 물이 얕고 물 흐름이 느린 개울에서 알을 낳는다. 먼저 꽁무니에 알을 덩어리로 뭉쳐 낳은 뒤에 꽁무니로 물낯을 쳐 알 덩어리를 물속에 떨어뜨린다. 알 덩어리는 끈끈해서 물에 안 떠내려가고 돌에 달라붙는다.

한 달쯤 지나면 애벌레가 깨어 나온다. 애벌레는 강이나 시내 돌 틈에서 몸을 숨기고 산다. 다른 애벌레와 달리 배가 매우 넓고 납작하다. 꼭 가랑잎 같아서 눈에 잘 안 띈다. 애벌레는 작은 물속 동물을 잡아먹고 산다. 위험을 느끼면 꼼짝도 않고 죽은 체한다. 2년 동안 애벌레로 자라다가 어른벌레가 된다.

한살이 번데기를 거치지 않고 어른벌레가 된다. 애벌레는 2년 동안 자란 뒤 어른벌레가 되는데 이를 2년 1세대 한살이라고 한다. 먹이가 적고 몸집이 큰 종은 애벌레로 지내는 기간이 길다. 5, 6월에 걸쳐 어른벌레가 되고 8월에 알을 낳는다.

생김새 배의 길이는 55~65mm, 뒷날개 길이는 45~55mm다. 몸에 견주어 특히 머리가 작다. 머리, 얼굴, 뒷머리는 검은색이고 좌우 겹눈은 멀리 떨어져 있다. 가운데가슴 앞면 중앙에는 녹황색 줄무늬가, 가슴 옆에는 녹황색 띠가 3개 있다. 3~8번째 배마디까지만 노란 띠무늬가 있고 나머지 두 마디에는 없다. 날개는 투명하다.

다른 이름 작은말잠자리[북], 장수측범잠자리

크기 74~80mm

나오는 때 5~8월

먹이 나비, 나방, 잠자리

한살이 알 ▶ 애벌레 ▶ 어른벌레

국외반출승인대상생물종

어리장수잠자리 ×1⅓
2015년 6월 경기도 남양주 덕소

밀잠자리

Orthetrum albistylum

밀잠자리는 논이나 저수지나 웅덩이처럼 고여 있는 물 가까이에서 산다. 봄부터 가을까지 날아다닌다. 다 자란 수컷은 배 끝 쪽이 검고 가슴과 배는 하얗다. 배가 까맣고 누런 밤색이나 붉은색 무늬가 있는 것은 암컷이다. 수컷을 '쌀잠자리'라고 하고 암컷을 '보리잠자리'라고도 한다.

밀잠자리는 날개돋이를 하고 나면 태어난 곳에서 멀리 떨어진 산이나 들판, 마을 가까이로 날아간다. 그러다가 알을 낳을 때가 되면 물가로 되돌아온다. 수컷은 물가에서 짧은 거리를 날아 자리를 옮기기도 하고 나뭇가지나 흙 위에 앉기도 한다. 이때 자기가 사는 곳에 다른 수컷이 들어오지 못하도록 머리를 양옆으로 기웃거리며 날개를 쫙 펴고 앞쪽으로 밀면서 잔뜩 긴장하고 앉는다. 그러다가 암컷이 지나가면 날쌔게 따라가 짝짓기를 한다. 짝짓기를 한 암컷은 꼬리로 물을 탁탁 치면서 알을 낳는다. 수컷은 암컷이 알을 낳고 있을 때 다른 수컷이 다가오지 못하도록 암컷 가까이에서 지킨다.

잠자리 잡기 잠자리는 아이들과 친하다. 잠자리가 들이나 물가에서 많이 살고, 그리 빠르거나 높게 날지 않아서 어렵지 않게 잡을 수 있기 때문이다. 또 독이 없고 쏘지도 않아서 손대기가 쉽다. 잠자리채를 만들 때에는 장대 끝을 둥글게 구부리고 그곳에 거미줄을 붙였다. 왕잠자리를 여러 마리 한꺼번에 잡고 싶을 때는 먼저 한 마리를 잡아서 다리에 호박꽃가루를 묻혀서 실로 매달아 날린다. 그러면 암컷인 줄 알고 수컷들이 모여든다. 이때 잠자리채를 써서 여러 마리를 한꺼번에 잡았다. 손으로 잡을 때는 앉아 있는 잠자리 눈 앞에서 손가락을 뱅글뱅글 돌려서 잠자리를 어지럽게 만들어서 잡기도 했다.

한살이 한 해에 두세 번 발생한다. 물속에서 애벌레로 겨울을 난다. 알을 낳고 한 달 남짓 지나면 애벌레가 나온다. 애벌레는 여러 번 허물을 벗으면서 서너 달 동안 자라서 어른벌레가 된다. 물 위로 올라와서 마지막으로 허물을 벗고 날개돋이를 한다.

생김새 밀잠자리는 배 길이가 34~40mm, 뒷날개 길이가 38~42mm이다. 두 눈 사이는 누런 밤색이다. 수컷은 가슴과 배가 파르스름하고 암컷은 불그스름하다. 수컷은 배가 흰 가루가 덮인 것처럼 하얗고 배 끝만 검다. 암컷도 수컷처럼 배가 흰색일 때도 있지만 드물고 대개 붉은빛이 난다. 애벌레는 몸길이가 18~21mm이다. 몸에 푸른빛이 돈다. 날개가 나올 곳과 배 가운데는 짙은 밤색이다.

다른 이름 흰잠자리[북]

크기 48~54㎜

나타나는 때 4~10월

먹이 작은 벌레

한살이 알 ▶ 애벌레 ▶ 어른벌레

밀잠자리 수컷 ×1½
2000년 9월 경기도 의정부

고추잠자리

Crocothemis servilia mariannae

고추잠자리는 빨갛게 잘 익은 고추처럼 온몸이 붉다. 흔히 여러 마리가 함께 날아다닌다. 5월에서 8월까지 우리나라 어디서든 볼 수 있다. 그중에서도 고추를 따서 말리는 가을에 고추잠자리가 눈에 많이 띈다. 사람들은 보통 '고추잠자리'나 '두점박이좀잠자리'처럼 몸이 빨간 잠자리를 모두 고추잠자리라고 말한다.

고추잠자리는 날개 힘이 약해서 낮게 날아다닌다. 낮은 나뭇가지 끝이나 풀잎 위에 앉았다 날기를 되풀이한다. 한 번 날아오르면 공중에서 머물렀다가 내려앉기를 여러 번 하기도 한다. 고추잠자리 애벌레는 골짜기나 웅덩이 속에서 산다. 어른벌레가 되면 들이나 산으로 날아가 날벌레를 먹고 산다. 그러다 다시 잔잔한 물가로 와서 짝짓기를 하고 알을 낳는다.

한살이 한 해에 네댓 번 발생한다. 알로 겨울을 나고 봄에 애벌레가 깨어난다. 애벌레는 열 번 남짓 허물을 벗고 나서 번데기를 거치지 않고 어른벌레가 된다. 다 자란 애벌레는 물 밖으로 나와서 풀 줄기에 붙어서 마지막으로 허물을 벗고 날개돋이를 한다. 어른벌레는 겨울이 오기 전에 알을 낳고 죽는다.

생김새 고추잠자리는 배 길이가 28~32mm, 뒷날개 길이가 33~36mm이다. 가슴과 배가 빨갛고 몸 쪽 날개도 붉은빛이 돈다. 물속에서 애벌레로 겨울을 난다. 두점박이좀잠자리는 배 길이가 25~29mm, 뒷날개 길이가 25~30mm이다. 가슴과 배가 누렇거나 붉은 밤색이다. 봄부터 가을까지 날아다니는데 여름과 가을에 많다. 넓게 트인 물웅덩이 근처에 많다. 알로 겨울을 난다.

고추잠자리

다른 이름 초파리잠자리[북], 붉은배잠자리

크기 44~50㎜

나타나는 때 5~8월

먹이 날벌레

한살이 알 ▶ 애벌레 ▶ 어른벌레

두점박이좀잠자리

다른 이름 눈썹고추잠자리[북], 두점박이고추잠자리

크기 32~38㎜

나타나는 때 6~10월

먹이 날벌레

한살이 알 ▶ 애벌레 ▶ 어른벌레

고추잠자리 수컷 ×1⅓
2000년 8월 경기도 포천

두점박이좀잠자리 *Sympetrum eroticum* 수컷 ×1½
1999년 9월 경기도 의정부

된장잠자리

Pantala flavescens

된장잠자리는 빛깔이 된장처럼 누렇다고 이런 이름이 붙었다. 날개가 몸에 견주어 크고 힘 있게 날아다닌다. 여러 마리가 함께 잘 날아다닌다. 높은 산에도 많고 들에도 많다. 도시에도 자주 떼 지어 날아오는데 높은 건물 위까지 날아오르기도 한다. 6월쯤부터 10월 사이에 도시나 농촌 어디서나 흔히 볼 수 있다.

된장잠자리는 길이나 풀밭 위를 미끄러지듯 오랫동안 왔다 갔다 날아다니며 먹이를 잡아먹는다. 암컷은 짝짓기를 하고 난 뒤 물이 있는 곳이면 어디에든 알을 낳는다. 배 끝으로 물을 치면서 물 위에 알을 떨어뜨린다. 드물게 햇빛이 비치는 차 유리를 물로 잘못 알고 알을 낳기도 한다.

애벌레는 봄부터 여름까지 못이나 저수지나 도랑 바닥에서 산다. 된장잠자리 애벌레는 추위에 아주 약해서 겨울에 다 죽는다고 한다. 우리가 봄에 보는 된장잠자리는 다른 나라에서 태어나서 우리나라로 날아오는 것이다.

우리 잠자리 이름 우리나라에는 재미있는 잠자리 이름들이 많다. 된장처럼 누렇다고 '된장잠자리', 고추처럼 빨갛다고 '고추잠자리'라고 한다. '왕잠자리'와 '장수잠자리'는 몸집이 크다고 붙은 이름이다. '나비잠자리'는 나비처럼 날개가 크고, '개미허리잠자리'는 개미처럼 가슴과 배가 이어지는 곳이 잘록하다.

한살이 봄부터 가을 사이에 네댓 번 생긴다. 알을 낳고 한 달 남짓 지나면 애벌레가 깨어 나온다. 따뜻한 물속에서는 애벌레가 더 빨리 깨어난다. 애벌레는 10~15번 허물벗기를 하고 어른벌레가 된다. 다 자란 애벌레는 물 위로 올라와 풀 줄기에 붙어서 허물을 벗고 날개돋이를 한다. 추위에 약해서 우리나라에서 겨울을 나지 못한다.

생김새 된장잠자리는 배 길이가 30mm, 뒷날개 길이가 30~40mm이다. 가슴 색은 누런 풀색이고, 가슴에 밤색 줄무늬가 여러 개 있다. 뒷날개에서 몸에 가까운 쪽은 옅은 누런색이다. 다 자란 수컷은 배 윗부분이 조금 붉다. 겹눈은 서로 붙어 있다. 애벌레는 몸길이가 24~26mm이다. 노르스름한 밤색이고 군데군데 짙은 밤색 무늬가 있다.

다른 이름 마당잠자리[북]

크기 37~42㎜

나타나는 때 6~10월

먹이 작은 벌레

한살이 알 ▶ 애벌레 ▶ 어른벌레

된장잠자리 수컷 ×2
2000년 7월 서울 노원구

바퀴

Blattellidae

바퀴는 집에서 흔히 볼 수 있다. 음식 찌꺼기나 비누, 종이, 풀 따위를 가리지 않고 다 먹는다. 부엌처럼 먹이가 많은 곳이나 변소같이 어둡고 축축한 곳에 많다. 낮에는 좁은 틈새에 숨어 있다가 밤이 되면 먹이를 찾아서 밖으로 나온다. 몸을 납작하게 할 수 있어서 조그만 틈에도 잘 들어간다. 여러 마리가 모여 살고 번식력도 강해서 암컷 한 마리만 있어도 금세 몇백 마리로 늘어난다.

바퀴는 지저분한 곳과 음식물 사이를 왔다 갔다 하면서 식중독 같은 병을 옮기기도 한다. 그래서 사람들이 잡으려고 하지만 하도 재빠르게 달아나서 잡기가 무척 힘들다. 아주 작은 떨림도 쉽게 알아차려서 도망가고, 다리와 발톱이 튼튼해서 벽이나 천장에서도 떨어지지 않고 잘 기어 다닌다. 날개는 있지만 잘 날지 않는다. 바퀴는 본디 더운 열대 지방에서만 살았는데, 교통이 발달하면서 온 세계로 퍼졌다. 바퀴를 없애려면 바퀴가 들어가서 살 만한 틈새는 막고, 음식 쓰레기를 집 안에 오래 두지 않는 것이 좋다. 바퀴는 추운 곳에서는 못 사니까 겨울에 난방을 덜 하는 것이 좋다.

다른 이름 강구, 바꾸, 바쿠, 바퀴벌레, 돈벌레

집에 사는 여러 가지 바퀴 우리나라에는 바퀴가 7종이 있다. 집 안에서 사는 것은 '바퀴', '집바퀴', '이질바퀴', '먹바퀴' 4종이다. 독일바퀴라고도 하는 바퀴는 우리나라에 두루 퍼져 있다. 몸길이가 10~15mm로 가장 작다. 집바퀴는 몸길이가 20~30mm쯤이고 검은 밤색을 띤다. 다른 것보다 느리다. 이질바퀴는 미국바퀴라고도 하는데 네 가지 가운데 가장 크고 밤색이다. 몸길이가 30~40mm 되는 것도 있다. 아주 잽싸게 돌아다니는 먹바퀴는 집바퀴와 생김새가 비슷하고 크기는 더 크다.

한살이 한 해에 여러 번 발생한다. 암컷은 사는 동안 네 번에서 여덟 번 알을 낳는다. 알주머니 속에 알을 낳아서 꼬리에 달고 다니거나 어둡고 눅눅한 곳에 붙여 놓는다. 알주머니에는 알이 30~40개쯤 들어 있다. 3주쯤 지나면 애벌레가 나온다. 애벌레는 한두 달 동안 예닐곱 번 허물을 벗고 어른벌레가 된다. 어른벌레로 100~200일쯤 산다.

생김새 독일바퀴는 몸이 누르스름한 밤색이다. 앞가슴에 검은 줄무늬가 두 줄 있다. 몸길이는 10~15mm이다. 더듬이는 실처럼 가늘고 길며 마디가 많다. 다리는 가늘고 길며 가시와 털이 나 있다. 알주머니는 누런 밤색인데 길쭉한 둥근 통처럼 생겼다. 애벌레는 어른벌레와 닮았지만 크기가 좀 작고 날개가 없다.

독일바퀴

크기 10~15㎜

나타나는 때 1년 내내

먹이 아무것이나 다 먹는다.

한살이 알 ▶ 애벌레 ▶ 어른벌레

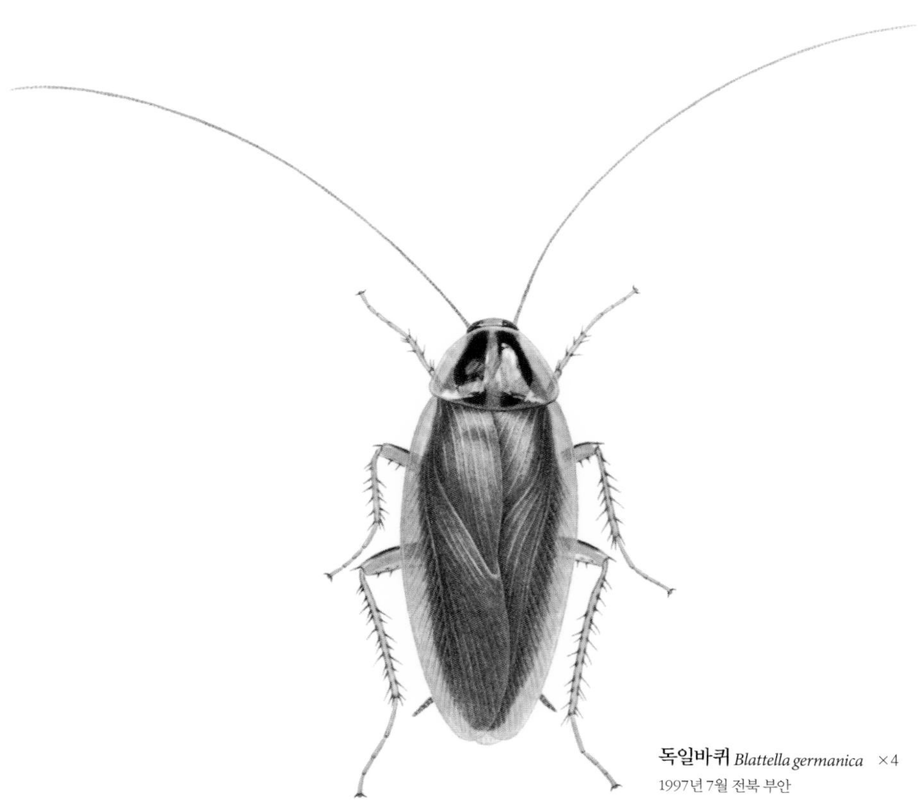

독일바퀴 *Blattella germanica* ×4
1997년 7월 전북 부안

알주머니에서 나오는 애벌레

사마귀

Mantidae

사마귀는 산길이나 밭이나 집 둘레의 풀섶에 살면서 살아 있는 벌레를 잡아먹는다. 앞다리가 길고 낫처럼 구부러진데다가 톱니가 있어서 벌레를 잡기 좋다. 풀 사이에 숨어 있다가 먹이가 나타나면 앞다리를 뻗어 재빠르게 낚아챈다. 어릴 때는 진딧물이나 개미 같은 작은 벌레를 잡아먹다가 자라면 벌, 파리, 나비, 잠자리같이 큰 것을 잡아먹는다. 다 자란 사마귀는 작은 개구리까지도 먹을 수 있다.

사마귀는 가을에 짝짓기를 하고 나서 풀 줄기나 나뭇가지나 돌 틈이나 바위 밑에 알을 낳는다. 배 끝에서 흰 거품을 뿜어 알집을 만들고 그 속에 낳는다. 알집은 공기와 섞여 있어서 탄력이 있고 따뜻하다. 사마귀 종류마다 알집이 다르게 생겼다. '좀사마귀' 알집은 주름이 있고 길쭉하고 양쪽 끝이 뾰족하다. '왕사마귀' 알집은 둥글고 볼록하며, '사마귀' 알집은 길쭉하고 네모나다.

이듬해 봄에 알집에서 애벌레가 깨어난다. 애벌레는 여러 차례 허물을 벗으면서 자란다. 늦여름에 마지막 허물을 벗으면 날개가 생기고 어른벌레가 된다.

다른 이름 버마재비, 오줌싸개, 연가시
여러 가지 사마귀 우리나라에는 사마귀가 모두 8종이 알려져 있다. '사마귀', '왕사마귀', '좀사마귀', '항라사마귀' 들이다. 사마귀는 '참사마귀'라고도 하고 가장 흔하다. 풀색도 있고 밤색도 있다. 왕사마귀는 몸집이 가장 크다. 좀사마귀는 짙은 밤색부터 잿빛까지 여러 가지고 크기가 가장 작다. 항라사마귀는 몸집이 조금 작고 연한 옥빛으로 풀밭에서 많이 산다.
한살이 한 해에 한 번 발생한다. 알집 속에서 알로 겨울을 난다. 봄에 애벌레가 깨어난다. 애벌레는 어른벌레와 닮았고 날개가 없다. 예닐곱 번 허물을 벗으면서 몸길이가 열 배 넘게 자란다. 짝짓기를 하고 3주 뒤에 알을 낳는다. 두세 군데에 200개 남짓 낳는다. 암컷은 알을 낳고 나면 얼마 안 있어 죽는다.
생김새 왕사마귀는 몸길이가 70~80mm이다. 색깔은 풀색도 있고 옅은 밤색도 있다. 머리는 세모나고 큰 턱이 있어 먹이를 씹기에 알맞다. 등이 길고 날개 넉 장이 납작하게 접혀 있다. 뒷날개에 보랏빛이 도는 밤색 얼룩무늬가 있다. 앞다리는 보통 때는 접혀 있는데 날카로운 톱니가 있다. 애벌레는 어른벌레를 닮았고 날개가 없다. 좀사마귀는 몸길이가 48~65mm이다. 머리가 옆으로 길고, 몸통이 가늘다. 뒷날개를 펴면 짙은 밤색 얼룩무늬가 있다. 풀밭이나 떨기나무 사이에서 자주 보인다.

왕사마귀
크기 70~80㎜
나타나는 때 7~11월
먹이 벌레, 개구리
한살이 알 ▶ 애벌레 ▶ 어른벌레

좀사마귀
크기 48~65㎜
나타나는 때 8~11월
먹이 작은 벌레
한살이 알 ▶ 애벌레 ▶ 어른벌레

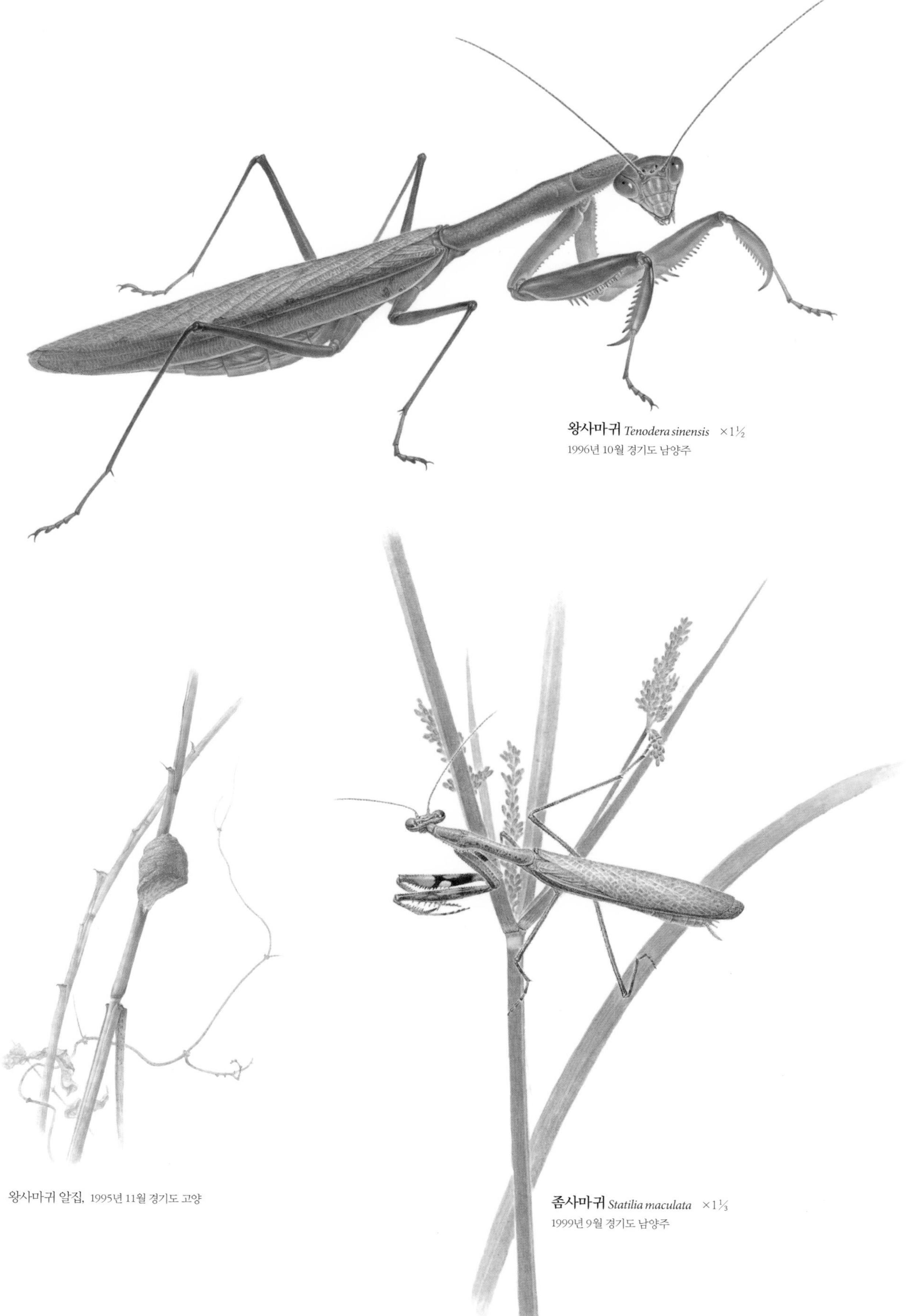

왕사마귀 *Tenodera sinensis* ×1½
1996년 10월 경기도 남양주

왕사마귀 알집, 1995년 11월 경기도 고양

좀사마귀 *Statilia maculata* ×1⅓
1999년 9월 경기도 남양주

집게벌레

Forficulidae

집게벌레는 배 끝에 긴 집게가 달려 있다. 북녘에서는 '가위벌레'라고 한다. 집게는 종마다 다르게 생겼고 덤비는 적을 쫓거나 짝짓기를 할 때 쓴다. 집게벌레는 대개 밤에 돌아다니고 낮에는 돌 밑이나 흙 속, 나무껍질 속에 숨어 있다. 몸이 작은데다가 길고 가늘어서 틈바구니에 잘 숨는다. 사람이 손으로 잡으면 시큼하고 고약한 냄새를 풍긴다. 집게벌레는 진딧물이나 깍지벌레 같은 작은 벌레들을 잡아먹고, 식물의 새순이나 꽃가루도 먹는다. 집 근처에 사는 것들은 바퀴처럼 쓰레기 같은 것도 먹는다. 짝짓기를 마친 암컷은 땅속이나 돌 밑이나 나뭇잎에 방을 만들고 알을 낳는다. 애벌레가 깨어날 때까지 늘 옆에서 알을 돌본다.

'고마로브집게벌레'는 집게가 잘 휘고 우리나라에 사는 집게벌레 가운데 집게가 가장 길다. 적이 덤비면 전갈처럼 집게를 위로 들어 올린다. 고마로브집게벌레는 다른 집게벌레와 달리 낮에 돌아다닌다. 나뭇잎을 붙여 방을 만들고 알을 낳는다. '고마로브'는 러시아의 이름난 식물학자 이름이다. 집게벌레를 처음 발견한 사람은 아니지만 학문에서 쌓은 업적이 높아 이를 기리기 위해 고마로브라는 이름이 학명이 되었고 우리말 이름에서도 그대로 따랐다. 북녘에서는 '검정다리가위벌레'라 한다.

고마로브집게벌레 한살이 어른벌레는 4~11월 동안 내내 볼 수 있다. 어른벌레로 겨울을 나는데 썩은 나무 틈이나 돌, 바위 밑에서 죽은 듯이 가만히 지낸다. 알은 보름쯤 지나서 애벌레가 된다.

생김새 고마로브집게벌레는 몸길이가 15~22mm이다. 몸 색깔은 짙은 밤색이며 윤이 난다. 앞날개는 붉은 밤색이다. 머리는 오각형이며 실처럼 생긴 더듬이가 한 쌍 있다. 짧은 앞날개가 몸을 절반쯤 덮는다. 수컷의 집게는 끝이 활처럼 휘고 돌기가 많고, 암컷은 밋밋하다. 알은 크기가 2mm쯤 된다. 젖빛이고 동그랗다. 애벌레는 집게 모양이 암컷처럼 밋밋하고, 날개가 없다.

고마로브집게벌레

다른 이름 검정다리가위벌레[북]

크기 15~22㎜

나타나는 때 4~11월

먹이 작은 벌레, 새순, 꽃가루

한살이 알 ▶ 애벌레 ▶ 어른벌레

고마로브집게벌레 *Timomenus komarowi* 수컷 ×5
1996년 10월 경기도 남양주

알을 지키는 고마로브집게벌레 암컷

검은다리실베짱이

Phaneroptera nigroantennata

검은다리실베짱이는 온몸이 풀색이다. 그래서 풀 속에 있으면 잘 보이지 않는다. 실베짱이와 비슷하지만 뒷다리가 까매서 '검은다리'라는 말이 이름에 덧붙었다. 낮에 산길에 핀 꽃이나 나뭇잎 위에 가만히 앉아 있다가 위험을 느끼면 재빠르게 날아서 도망친다. 뒷다리를 잡히면 떼어 내고 도망친다. 수컷은 날개를 비벼 "치리릿 치리릿" 하고 밤낮으로 소리를 낸다. 여치와 달리 다른 벌레를 잡아먹지 않는다. 그래서 앞다리에 가시가 없다. 검은다리실베짱이는 여러 가지 풀과 꽃가루를 가리지 않고 잘 먹는다. 도시 근처를 비롯해 우리나라 어디에서든 아주 흔히 볼 수 있다.

여러 가지 실베짱이 '실베짱이'는 '검은다리실베짱이'와 거의 비슷하게 생겼다. 다만 '실베짱이'는 다리도 몸과 같이 연한 풀색이다. '줄베짱이'는 풀색을 띠는 것과 연한 밤색을 띠는 것이 있다. 주로 밤에 "츠츠츠츠" 하고 운다. '날베짱이'는 온몸이 풀색이다. 몸이 검은다리실베짱이보다 더 크고 넓적하며, 앞날개가 넓적한 잎사귀 모양이다. "치잇 치잇" 하고 짧게 운다.

베짱이 이름 베짱이가 우는 소리는 베틀에서 베를 짤 때 나는 소리와 비슷하다. 그래서 베를 짜는 작은 벌레라는 뜻으로 '베짱이'라고 했다. 함경남도에서는 '베짜개'라고도 하고, '배짜이'나 '베짜이'라고 하는 데도 많다. 옛날 사람들은 한여름 밤에 들리는 베짱이 울음소리를 덥다고 놀지 말고 열심히 베를 짜라는 소리로 들었던 것이다.

한살이 한 해에 한두 번 발생한다. 여름철에 어른벌레가 나타난다. 우리나라 남부 지방에서는 6월에서 11월 사이에 두 번 나타나기도 한다. 8~9월에 짝짓기를 하고 식물의 잎사귀나 나무껍질 틈에 알을 하나씩 낱개로 낳는다. 알로 겨울을 난다. 봄에 알에서 깨어난 애벌레는 예닐곱 번 허물을 벗고 어른벌레가 된다.

생김새 검은다리실베짱이는 몸길이가 28~35mm쯤 된다. 더듬이는 머리카락처럼 까맣고 길고, 하얀 고리무늬가 띄엄띄엄 있다. 몸은 풀색이다. 가슴과 앞날개가 서로 만나는 곳은 밤색을 띤다. 뒷다리는 검은 밤색이다. 뒷날개는 앞날개보다 더 길어서 뒤로 튀어나온다. 암컷의 산란관은 짧은 낫처럼 생겼고 부드럽게 위로 굽는다. 풀색이거나 가장자리가 연한 밤색이다. 알은 납작하고 한쪽이 안으로 구부러진 달걀꼴이다. 색은 노르스름하며 크기는 5mm쯤 된다. 애벌레는 어른벌레와 닮았지만 크기가 작고 날개가 없거나 아주 짧다. 어릴수록 온몸에 있는 검은 무늬가 더 얼룩덜룩하다.

다른 이름 검정수염이슬여치, 검은다리베짱이

크기 28~35㎜

나타나는 때 6~11월

먹이 온갖 식물

한살이 알 ▶ 애벌레 ▶ 어른벌레

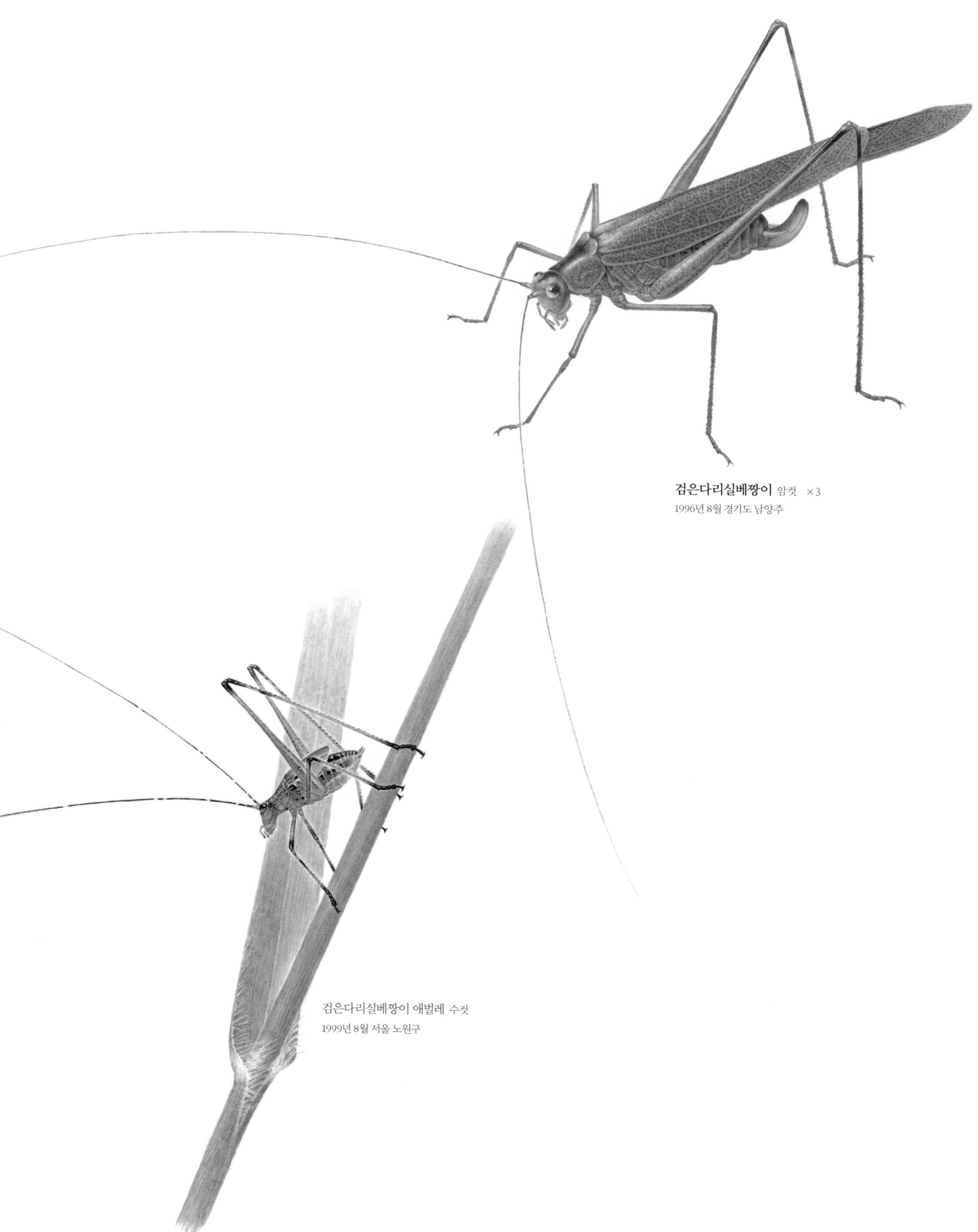

검은다리실베짱이 암컷 ×3
1996년 8월 경기도 남양주

검은다리실베짱이 애벌레 수컷
1999년 8월 서울 노원구

여치

Gampsocleis sedakovii obscura

여치는 여치 무리 중에서 몸이 유난히 크고 뚱뚱하다. 앞날개에 검은 점무늬가 뚜렷하게 있다. 햇볕이 잘 내리쬐는 산길 근처 덤불에 많이 산다. 수컷은 여름철 낮에 칡덩굴이나 나무딸기 같은 덤불 사이에 숨어서 "칫 찌르르 칫 찌르르" 하고 줄곧 운다.

여치는 덤불 속 풀 중간쯤에 잘 붙어 있는데, 발바닥에 빨판이 있어서 풀이 흔들려도 떨어지지 않는다. 수컷은 가시덤불 하나를 자기 집으로 삼고 잘 나가지 않는다. 수컷이 내는 소리를 듣고 암컷이 찾아온다. 소리가 클수록 암컷이 잘 찾아온다. 여치 애벌레는 어른벌레와 닮았고, 아무 풀이나 잘 먹고 꽃가루도 먹는다. 어른벌레가 되면 가시가 돋은 다리로 나방 애벌레나 메뚜기나 베짱이를 잡아서 먹는다.

소리를 내는 방법 수컷은 왼쪽 앞날개 아랫면에 까끌까끌하게 돋은 마찰판이 있다. 이곳에 오른쪽 앞날개의 가장자리를 부딪쳐서 소리를 낸다. 또 오른쪽 날개에는 넓은 울림판이 있어서 이 소리를 더 크게 울리게 한다. 여름철에 시원스럽게 우는 여치 소리를 들으려고 여치를 잡아다가 밀짚으로 만든 여치 집에 넣어 두고 기르기도 했다.

한살이 한 해에 한 번 발생한다. 6~8월에 어른벌레가 나타난다. 수컷은 짝짓기를 할 때 암컷의 배 끝에 커다랗고 말랑말랑한 정자 주머니를 붙인다. 암컷이 이것을 먹어 치우는 동안 수정된다. 암컷은 튼튼한 산란관으로 땅속이나 식물의 뿌리 가까이에 알을 낳는다. 하나씩 낱개로 30~40개쯤 낳는다. 알은 땅속에서 여덟 달쯤 보낸다. 알에서 깨어난 애벌레는 예닐곱 번 허물을 벗고 나서 어른벌레가 된다.

생김새 여치는 몸길이가 33~45mm이다. 몸 빛깔은 풀색이고 사는 곳이나 철에 따라 밤색으로 바뀌기도 한다. 검은 밤색인 것도 있다. 더듬이는 누런 밤색이다. 앞날개 길이는 배 끝을 겨우 덮을 만큼이고 날개 끝은 조금 뾰족하다. 앞날개는 짙은 풀색인데 검은 점무늬가 있다. 암컷은 산란관이 아래로 굽어 있고 짙은 밤색이며 튼튼하다. 알은 길이가 6mm쯤 되고, 하얗고 달걀꼴이다. 애벌레는 몸이 푸르스름하며 커 가면서 날개가 점점 자라난다.

다른 이름 되지여치, 북방여치, 왜여치

크기 33~45㎜

나타나는 때 7~10월

먹이 나방 애벌레, 메뚜기, 베짱이

한살이 알 ▶ 애벌레 ▶ 어른벌레

한국의 고유생물종

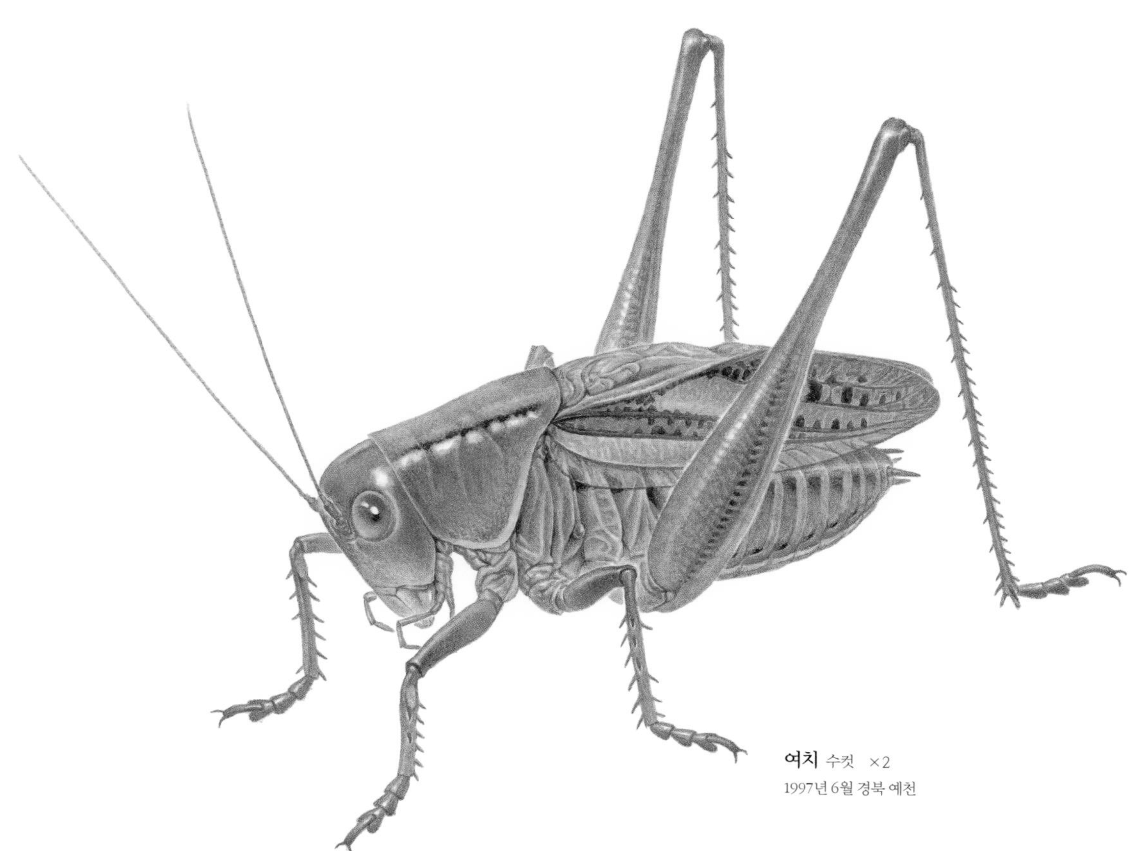

여치 수컷 ×2
1997년 6월 경북 예천

갈색여치

Paratlanticus ussuriensis

갈색여치는 온몸이 짙은 밤색이다. 날개가 짧아서 '반날개여치'라고도 한다. 갈색여치는 날지 못하는 대신 잘 뛴다. 낮은 산의 키 작은 덤불 사이에 산다. 낮에는 풀숲 그늘진 곳에 있다가 밤중에 "치릿 치릿" 하고 소리를 내며 돌아다닌다. 소리는 수컷만 낸다.

암컷은 배 끝에 칼처럼 기다란 산란관이 있다. 다리에는 가시가 있어서 나방이나 곤충 애벌레를 잡아서 먹기에 좋다. 죽은 벌레나 과일이나 채소도 갉아 먹는다. 사과나 고추를 갉아 먹어서 해를 입히기도 한다.

여치 무리는 머리가 둥글고 크며 큰턱이 아주 튼튼하다. 위험을 느끼면 뛰어서 풀숲 속으로 숨는다. 사람이 손으로 잡으면 큰턱으로 세게 깨문다. 다리를 잡히면 스스로 다리를 떼어 버리고 달아나기도 한다.

한살이 한 해에 한 번 발생한다. 여름철인 6~9월에 어른벌레가 나타난다. 짝짓기를 마친 암컷은 땅속 깊이 산란관을 꽂고 알을 낳는다. 식물이 뿌리를 내리느라 벌어진 흙 틈 사이에도 낳는다. 알은 하나씩 낱개로 낳는다. 알로 겨울을 나고 이듬해 4~5월부터 애벌레가 깨어난다. 애벌레는 예닐곱 번 허물을 벗고 어른벌레가 된다.

생김새 갈색여치는 몸길이가 25~30mm쯤 된다. 몸은 밤색인데 수컷은 검은빛이 도는 짙은 밤색, 암컷은 옅은 밤색이다. 앞날개는 짧고 뒷날개는 흔적만 남아 있다. 수컷 날개에는 소리를 내는 울음 기관이 있다. 더듬이는 몸과 같이 밤색이며 머리카락처럼 길다. 눈 뒤로 검은 띠가 있다. 암컷의 산란관은 몸길이와 비슷하고 아래쪽으로 조금 굽어 있다. 앞다리에 먹이를 잡는 가시 돌기가 있다. 알은 노르스름하며 6mm쯤 된다. 길쭉한 달걀꼴이다. 애벌레는 크기가 작고 날개도 작아서 잘 보이지 않는다. 몸은 밤색과 검은색과 풀색이 서로 어우러져 있다.

다른 이름 긴어리여치, 긴허리여치, 반날개여치, 팔공여치

크기 25~30㎜

나타나는 때 6~9월

먹이 작은 벌레, 풀, 채소

한살이 알 ▶ 애벌레 ▶ 어른벌레

갈색여치 암컷 ×1½
1999년 10월 경기도 포천

왕귀뚜라미

Teleogryllus emma

왕귀뚜라미는 가을밤에 풀섶이나 집 둘레에서 "뜨으르르르" 하고 운다. 앞날개 두 장을 서로 비벼서 소리를 낸다. 소리는 수컷만 내는데 암컷을 불러 짝짓기를 하려는 것이다. 다른 수컷이 가까이 오지 못하게 하려는 것이기도 하다. 암컷은 앞다리에 있는 귀로 소리를 듣고 수컷을 찾아간다.

왕귀뚜라미는 머리가 둥글고 단단하다. 몸은 납작하게 생겼다. 뒷다리는 앞다리와 가운뎃다리보다 아주 크다. 위험이 닥치면 뒷다리 힘으로 팔짝팔짝 뛰어서 달아난다.

왕귀뚜라미는 깨끗한 곳 더러운 곳을 가리지 않고 잘 산다. 돌담, 장독대 밑, 풀숲이나 논밭, 집 둘레, 도시에 있는 공원에서도 산다. 돌이나 풀 근처를 기어다니면서 풀이나 죽은 벌레를 먹는다.

여러 가지 소리를 내는 귀뚜라미 귀뚜라미가 내는 소리는 다른 벌레보다 훨씬 많다. 소리마다 다른 뜻을 담고 있다. 다른 수컷이 자기 땅으로 들어오면 "찌르륵", "찍찍" 하고 짧게 끊어지는 높은 소리를 낸다. 짝짓기를 하려고 암컷을 부를 때는 가장 부드럽고 고운 소리를 낸다. 사람이 다가가면 소리를 멈춘다.

꼽등이 많은 사람들이 '꼽등이'를 귀뚜라미로 잘못 알고 있다. 가슴이 위로 활처럼 솟아 있어 꼽등이라는 이름이 붙었다. 얼핏 보면 귀뚜라미와 비슷하게 생겼지만, 꼽등이는 날개가 없고 울음소리도 안 낸다. 마루 밑이나 하수도나 창고같이 집 안의 어둡고 축축한 곳에서 살면서 이끼나 여러 가지 썩은 것들을 먹는다.

한살이 한 해에 한 번 발생한다. 알로 땅속에서 겨울을 지내고 6월쯤에 애벌레가 나온다. 애벌레는 예닐곱 번 허물을 벗은 다음 8월에 어른벌레가 된다. 어른벌레는 9~10월에 짝짓기를 하고 10월 중순께 알을 낳는다. 암컷은 꽁무니에 있는 긴 산란관을 흙 속에 15mm쯤 꽂고 알을 하나씩 300개쯤 낳는다. 알을 낳은 귀뚜라미는 겨울이 오기 전에 죽는다.

생김새 왕귀뚜라미는 몸길이가 20~26mm다. 빛깔은 밤색 또는 검은 밤색이며 광택이 있다. 머리는 둥글고, 더듬이가 길다. 더듬이와 눈 위쪽으로 하얀 띠무늬가 있다. 배 끝에 꼬리털이 두 개 있으면 수컷이고, 꼬리털 두 개 사이에 산란관이 있으면 암컷이다. 알은 누르스름하다. 막 땅속에서 나온 애벌레는 어른벌레와 닮았는데 몸이 투명해서 속이 들여다보인다. 옅은 밤색이다가 자라면서 점점 검게 바뀐다. 등에 흰 줄무늬가 있다.

다른 이름 구뚤기, 구들배미, 귀뚜리, 기또래미

크기 20~26㎜

나타나는 때 8~11월

먹이 죽은 벌레, 풀

한살이 알 ▶ 애벌레 ▶ 어른벌레

왕귀뚜라미 수컷 ×2⅓
1996년 8월 서울 중랑구 망우산

땅강아지

Gryllotalpa orientalis

땅강아지는 땅속에서 굴을 파고 다니고, 알도 땅속에 낳는다. 메마른 땅보다는 눅눅하고 부드러운 땅에 많이 모여든다. 땅강아지가 많이 다니는 곳은 흙이 팥고물처럼 부슬부슬해진다. 그런 곳을 파 보면 새끼도 많다. 땅강아지는 앞다리가 짧고 납작한데다가 갈퀴처럼 생겨서 굴을 잘 판다. 빠르게 기어다니고, 물에서 헤엄도 잘 친다. 여름밤이면 밭두렁 같은 곳에서 "츠리이이이 츠리이이이" 하고 잇따라 길게 운다. 긴 뒷날개로 날기도 하는데 밤에 불빛을 보고 날아들기도 한다.

땅강아지는 채소와 곡식, 과일나무 뿌리를 갉아 먹는 해충이다. 어른벌레와 애벌레 모두 땅속을 파고 다니면서 옥수수, 벼, 보리, 고추, 감자, 배추 뿌리를 갉아 먹는다. 땅속에서 자라는 인삼이나 땅콩은 피해가 크다. 땅강아지가 다니면 채소 뿌리가 들떠서 시들다가 점점 말라 죽고, 씨앗은 뿌리를 내리지 못한다. 논둑에 구멍을 내서 논물이 새기도 한다. 5~6월과 9~10월에 피해가 많다. 서울과 같은 큰 도시에서는 보기 힘들어졌지만 농촌에서는 아직도 흔히 볼 수 있다.

약재 봄부터 가을 사이에 땅강아지를 잡아서 끓는 물에 데쳐서 햇볕에 말린다. 한방에서는 이것을 '누고'라고 한다. 오줌과 똥을 잘 누게 한다. 부기도 내리고, 부스럼이나 입안에 난 상처에도 좋다. 달여 먹거나 가루를 내어 먹는다.

한살이 한 해에 한 번 발생한다. 어른벌레나 애벌레로 땅속에서 겨울을 난다. 3월 말부터 땅속으로 다니면서 곡식과 채소의 뿌리와 땅속줄기를 갉아 먹는다. 애벌레는 5월 초쯤에 어른벌레가 되고 5~7월에 땅속에 알을 낳는다. 암컷 한 마리는 알을 200~350개까지 낳는다. 알에서 갓 깨어난 애벌레들은 어른벌레가 날라다 주는 먹이를 먹는다. 처음에는 모여 살다가 한 번 허물을 벗은 다음에는 흩어져서 곡식과 채소의 뿌리를 먹는다.

생김새 땅강아지는 몸길이가 30mm쯤 된다. 빛깔은 밤색 또는 검은 밤색이다. 온몸에 가늘고 짧은 털이 빽빽이 나 있다. 앞날개는 노르스름한 밤색이고 배를 절반쯤 덮고 있다. 뒷날개는 반투명하고 배보다 길다. 배 끝에는 긴 꼬리털이 두 개 있다. 알은 둥글다. 길이는 2mm쯤 된다. 처음에는 젖빛이다가 차츰 진해진다. 애벌레는 어른벌레와 비슷한데 빛깔이 좀 연하다. 크기가 작고 날개가 짧다.

다른 이름 도루래[북], 하늘밥도둑, 땅개비, 게발두더지

크기 30㎜

나타나는 때 5~10월

먹이 채소와 곡식 뿌리

한살이 알 ▶ 애벌레 ▶ 어른벌레

국외반출승인대상생물종

땅강아지 ×3⅓
1996년 5월 경기도 남양주

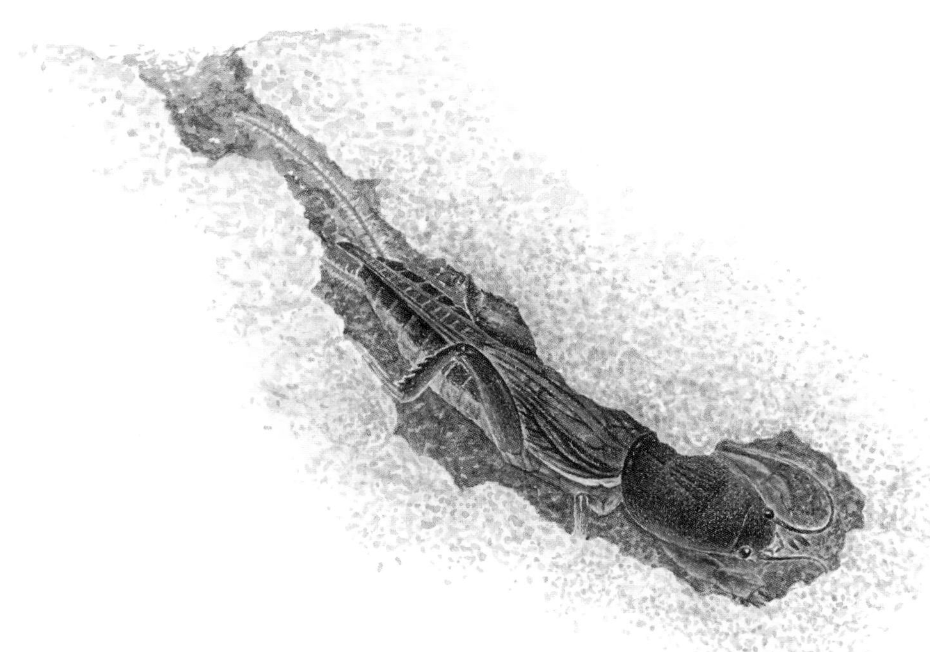

땅속에 굴을 파는 땅강아지

섬서구메뚜기

Atractomorpha lata

섬서구메뚜기는 여름부터 가을 사이에 풀밭이나 논밭에서 자주 보인다. 방아깨비처럼 머리가 뾰족하지만 크기는 방아깨비보다 작다. 섬서구메뚜기는 수컷이 암컷보다 훨씬 작다. 수컷이 암컷 등에 올라타서 짝짓기하는 모습은 꼭 어미가 새끼를 업고 있는 것처럼 보인다.

보통 메뚜기는 벼나 억새풀 같은 벼과 식물을 잘 먹는다. 섬서구메뚜기는 들판에 자라는 풀과 나무, 논밭에서 기르는 채소나 곡식이나 과일을 가리지 않고 다 잘 먹는다. 잎만 먹는 것이 아니라 꽃이나 열매도 먹는다. 봉선화, 물오리나무, 우엉, 과꽃, 국화, 상추, 고구마, 배추, 무, 참외, 호박, 고추, 토마토, 감자, 당근, 들깨, 콩, 녹두, 팥, 목화, 무궁화, 뽕나무, 선인장, 참깨, 보리, 밭벼, 조, 옥수수, 메밀, 딸기, 쥐똥나무, 매실나무, 산딸기, 귤나무 들을 먹는다.

알에서 갓 나온 애벌레는 많이 먹지 않지만 다 자란 애벌레와 어른벌레는 많이 먹는다. 채소가 어릴 때는 작은 잎을 갉아 먹고 잎이 어느 정도 자라면 잎에 구멍을 내며 먹는다. 잎마다 구멍을 내고 옮겨 다녀서 채소 농사에 해를 끼친다. 수가 늘어나면 줄기만 남기고 잎을 다 먹어치우기도 한다.

한살이 한 해에 한 번 발생한다. 알로 겨울을 나고 5월 말에서 6월 초에 애벌레가 나온다.
생김새 섬서구메뚜기는 암컷이 수컷보다 크다. 몸길이가 암컷은 50mm, 수컷은 30mm쯤 된다. 옅은 풀색인데 밤색인 것도 있다. 몸이 짧고 굵다. 머리는 가늘고 뾰족하게 튀어나와 있다. 날개는 배 끝보다 훨씬 길다.

크기 30~50㎜
나타나는 때 6~11월
먹이 온갖 식물
한살이 알 ▶ 애벌레 ▶ 어른벌레

섬서구메뚜기 암컷 ×2
1998년 9월 경기도 남양주

짝짓기하는 섬서구메뚜기

우리벼메뚜기

Oxya sinuosa

우리벼메뚜기는 벼를 기르는 논이나 풀섶에 산다. 흔히 벼메뚜기라고 한다. 여름부터 가을 사이에 갈대가 우거진 냇가나 억새가 우거진 산길에서 볼 수 있다. 몸 빛깔은 풀색인 것도 있고 갈색인 것도 있다. 푸르던 벼가 가을에 누렇게 익어 가면 몸 빛깔이 풀색에서 누런색으로 바뀌는 것도 있다. 군것질거리가 적었던 옛날에는 메뚜기를 잡아다가 구워 먹었다. 아이들도 좋아하지만 어른들도 잘 먹었다.

벼메뚜기는 벼나 옥수수, 수수 잎을 갉아 먹는다. 떼로 늘어나면 농작물에 큰 해를 입힌다. 날개가 미처 자라지 않은 애벌레도 봄부터 논에서 벼 잎을 갉아 먹는다. 어른벌레가 되면 늦여름부터 가을 사이에 벼 잎과 이삭목을 갉아 먹는다. 요즘은 농약을 써서 논에 가도 벼메뚜기를 보기가 어렵다. 농약을 뿌리지 않은 논이나 물기가 많은 풀밭에 가야 볼 수 있다.

아프리카에 사는 메뚜기들은 수억 마리가 떼를 지어 멀리 인도까지 날아간다. 바람을 타고 하루에 30~40km에서 100km를 간다. 어느 해에 갑자기 숫자가 늘어나는데 많게는 10억에서 100억 마리가 떼 지어 먹이를 찾아 옮겨 다닌다. 이 메뚜기 떼가 잠시 묵어가는 곳은 채소나 곡식은 물론이고 풀잎 하나도 남지 않는다. 중국도 메뚜기 떼에게 자주 해를 입었다.

벼농사 해충 '벼애나방' 애벌레, '줄점팔랑나비' 애벌레, '혹명나방' 애벌레, '벼잎벌레', '섬서구메뚜기', '방아깨비'는 벼 잎을 먹는다. '이화명나방' 애벌레는 벼 줄기 속으로 들어가서 파먹는다. 무엇보다도 벼농사에 가장 큰 피해를 주는 것은 '벼멸구'다. 벼멸구는 6~7월 장마철에 중국에서 날아와 줄기와 잎에 붙어 즙을 빨아 먹는다. 떼로 늘어나면 벼가 누렇게 말라 죽어 버린다.

한살이 한 해에 한 번 발생한다. 땅속에서 알로 겨울을 난다. 애벌레는 5월이나 6월에 나타나 벼 잎을 갉아 먹고 자란다. 60~70일이 지나면 어른벌레가 된다. 어른벌레는 8~9월에 나타난다. 짝짓기를 한 뒤에 암컷은 배 끝을 길게 뽑아 땅에 묻고 거품에 싸인 알을 100개쯤 낳는다.

생김새 우리벼메뚜기는 몸길이가 21~40mm이다. 몸은 누런 풀색이며 눈 뒤에서 가슴과 날개가 만나는 부분까지 양쪽으로 검은 띠무늬가 있다. 앞날개는 배보다 조금 더 길다. 암컷이 수컷보다 크다. 암컷은 꽁무니가 갈라져 있는데 수컷은 갈라져 있지 않고 위로 들려 있다. 알은 노르스름하며 아주 작다. 애벌레는 어른벌레와 비슷한데 크기가 작고 날개가 없다.

크기 21~40㎜

나타나는 때 8~10월

먹이 벼과 식물

한살이 알 ▶ 애벌레 ▶ 어른벌레

국외반출승인대상생물종, 한국의 고유생물종

벼 잎을 갉아 먹는 우리벼메뚜기

우리벼메뚜기 ×2⅓
1998년 9월 경기도 남양주

방아깨비

Acrida cinerea

방아깨비는 우리나라에 사는 메뚜기 무리 가운데 몸길이가 가장 길다. 머리는 아주 뾰족하고 앞으로 길게 튀어나왔다. 방아깨비 뒷다리 두 개를 잡고 몸을 건드리면 곡식을 찧는 방아처럼 아래위로 몸을 꺼떡꺼떡한다. 그래서 '방아깨비'라고 한다. 암컷은 몸집이 수컷보다 훨씬 크다. 수컷은 낮에 소리를 내며 여기저기 날아다닌다. 날 때에 앞날개와 뒷날개를 서로 부딪쳐 "타타타" 하는 소리를 내서 '따닥깨비'라고도 한다. 수컷은 소리를 내서 암컷에게 자기가 있는 곳을 알린다. 암컷은 수컷보다 몸이 크고 무거워서 잘 날지 못한다. 짝짓기할 때는 몸집이 작은 수컷이 암컷 등에 올라탄다.

논밭이나 공원의 잔디밭에서 살며 잔디, 억새, 벼, 수수 따위를 먹는다. 몸 색깔이 풀빛이고 생김새도 풀과 비슷해서 눈에 잘 띄지 않는다. 우리나라 어디서나 아주 흔히 볼 수 있다. 굽거나 튀겨서 먹기도 하였다.

방아깨비와 섬서구메뚜기 '방아깨비'와 '섬서구메뚜기'는 서로 닮았다. 섬서구메뚜기는 방아깨비보다 짧고 굵다. 섬서구메뚜기는 소리를 내지 않지만, 방아깨비는 날 때 소리를 낸다. 섬서구메뚜기는 들판에 자라는 풀과 논밭에서 기르는 채소와 열매를 가리지 않고 다 먹는다. 방아깨비는 벼, 잔디, 억새 같은 벼과 식물을 좋아한다. 섬서구메뚜기는 앞가슴에 돌기가 있고 눈에서 등까지 작은 돌기로 된 흰 줄이 쭉 이어져 있다. 방아깨비는 앞가슴에 돌기가 없고 머리와 등에 있는 흰 줄무늬가 이어져 있지 않다.

한살이 한 해에 한 번 발생한다. 어른벌레는 7~10월에 나타난다. 암컷은 배 끝에 손톱처럼 단단한 산란관이 있다. 짝짓기를 한 뒤에 산란관으로 단단한 땅에 구멍을 파고, 구멍 속으로 배를 구부려 넣고 거품에 싸인 알 덩어리를 낳는다. 알로 겨울을 나고 이듬해 5~6월이 되면 알집에서 애벌레가 한꺼번에 깨어난다. 수컷은 여섯 번, 암컷은 일곱 번 허물을 벗고 어른벌레가 된다.

생김새 방아깨비 수컷은 몸길이가 40~50mm, 암컷은 70~80mm이다. 몸 빛깔은 풀색이 많고 밤색인 것도 있다. 가끔 붉은색도 있고 날개에 누르스름한 점무늬가 있는 것도 있다. 머리 꼭대기에 겹눈이 있고, 짧고 납작한 더듬이가 한 쌍 있다. 앞날개 끝은 풀 줄기처럼 뾰족하다. 뒷다리는 아주 좁고 가늘다. 알은 길쭉하며 주황색이고 8mm쯤 된다. 여러 개가 덩어리로 모여 있다. 애벌레는 어른벌레를 닮았는데, 길고 약하게 생겼지만 잘 뛴다.

다른 이름 방아개비, 따닥깨비

크기 40~80㎜

나타나는 때 7~10월

먹이 벼과 식물

한살이 알 ▶ 애벌레 ▶ 어른벌레

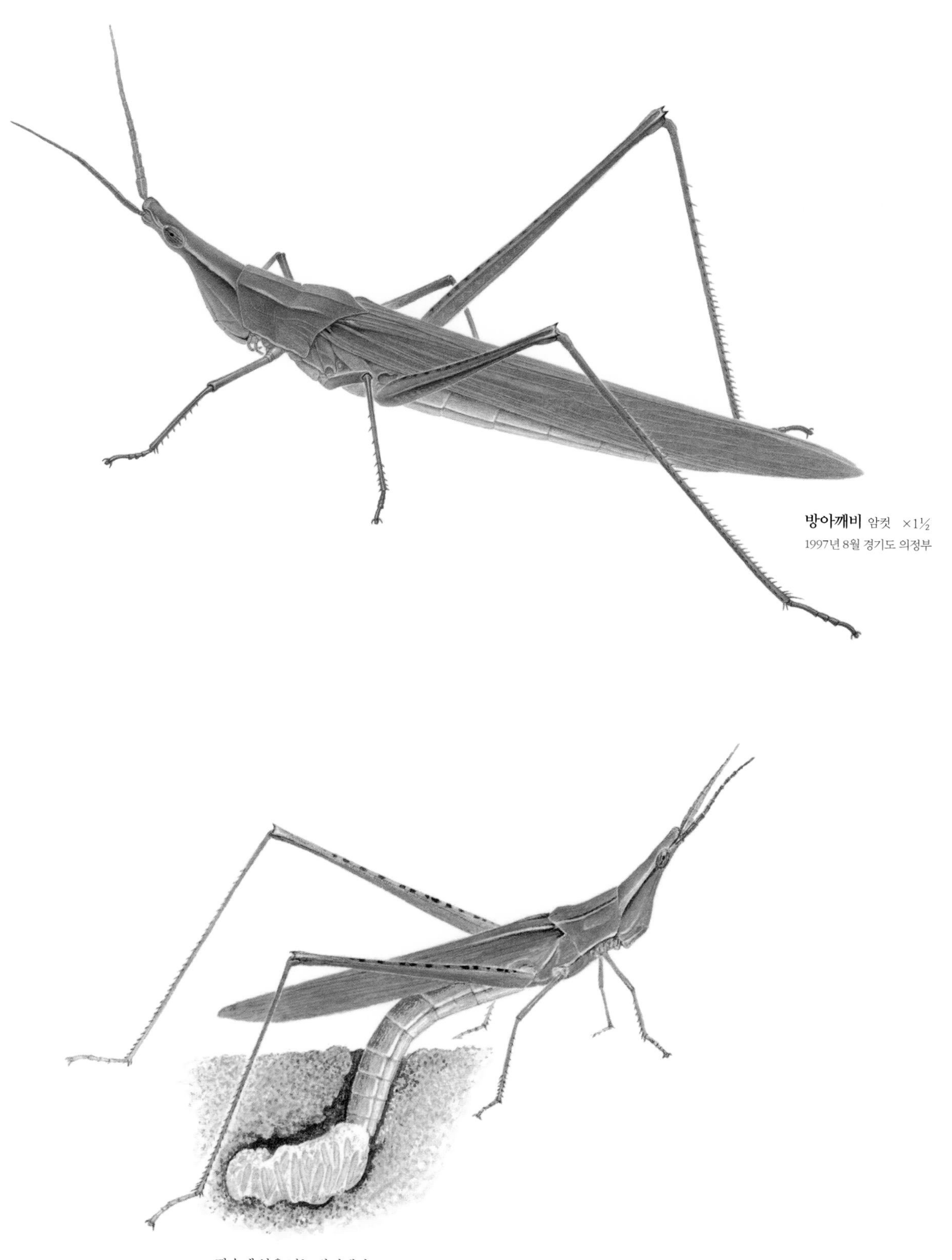

방아깨비 암컷 ×1½
1997년 8월 경기도 의정부

땅속에 알을 낳는 방아깨비

콩중이

Gastrimargus marmoratus

콩중이는 다른 메뚜기에 견주어 몸도 크고 튼튼하게 생겼다. 콩중이 수컷은 암컷보다 훨씬 작은데 크기가 암컷의 절반쯤이다. 수컷은 이리저리 뛰고 날며 짝을 찾아다닌다. 날 때에 뒷날개에 있는 노란색과 검은 테두리가 눈에 띈다. 수컷은 날개 무늬로 암컷을 부른다. 날 때는 "다라라락" 하고 날개 부딪치는 소리가 난다. 아주 잘 날아서 가만히 있다가 갑자기 몸을 틀어 뒤로 날아가기도 한다. 큰턱으로 벼나 잔디나 억새 따위를 씹어 먹는다. 이름과는 달리 콩은 잘 안 먹는다. 키가 큰 풀이 자라는 산길이나 무덤가, 버려진 산밭 자리에서 많이 산다.

메뚜기 무리는 바깥 온도에 따라 체온이 바뀐다. 몸이 차면 잘 움직이지 못한다. 한낮이 되어 따뜻해져야 몸도 따뜻해져서 활발하게 다닌다. 밤에는 풀숲 속에서 가만히 쉬다가 아침에 해가 뜨면 몸을 따뜻하게 하려고 풀 위로 올라간다. 아침이 되면 풀밭이나 땅바닥에서 가만히 햇볕을 쬐고 있는 메뚜기들을 볼 수 있다.

콩중이와 팥중이와 풀무치 '콩중이'는 노란 뒷날개에 짙은 검정 띠무늬가 또렷이 있다. 하지만 '팥중이'는 띠무늬가 흐릿하다. '풀무치'는 뒷날개가 누르스름하다. 팥중이는 등에 '×' 무늬가 뚜렷하고 가운데가 조금 솟아 있다. 콩중이는 이 무늬가 뚜렷하지 않고, 가운데가 둥글게 솟아 있다. 풀무치는 등에 '×' 무늬가 없다. 팥중이는 어디서나 흔히 볼 수 있다. 풀무치는 강가나 너른 풀밭이나 바닷가에서 볼 수 있다.

한살이 한 해에 한 번 발생한다. 어른벌레는 7~11월에 나타난다. 짝짓기를 하고 나면 암컷은 땅속에 거품에 싸인 알을 덩어리로 낳는다. 알로 겨울을 나고 이듬해 4~5월에 애벌레가 깨어난다. 애벌레는 여섯 번 허물을 벗고 50~100일쯤 자라면 어른벌레가 된다.

생김새 콩중이는 몸길이가 35~65mm이다. 빛깔은 풀색이 많고 밤색도 있다. 앞가슴등판 가운데가 둥글게 높이 솟았고 앞뒤 가장자리도 뾰족하게 튀어나왔다. 위에서 보면 '×' 무늬가 끊어져 있다. 뒷다리의 종아리에 가시가 나 있고 붉은색을 띤다. 날개 끝은 둥그스름하다. 알은 누르스름하며 5~6mm쯤 된다. 애벌레는 작고 어른벌레와 비슷하지만 날개가 작다. 머리는 크고 둥글다. 앞가슴은 어른벌레처럼 위로 볼록 솟아 있다.

크기 35~65㎜
나타나는 때 7~11월
먹이 벼, 잔디, 억새 따위
한살이 알 ▶ 애벌레 ▶ 어른벌레
국외반출승인대상생물종

콩중이 암컷 ×2
1997년 8월 경기도 의정부

두꺼비메뚜기

Trilophidia annulata

두꺼비메뚜기는 등에 오톨도톨한 혹이 여러 개 있어서 등이 두꺼비 등 같다. 그래서 '두꺼비메뚜기'라고 한다. 몸이 얼룩덜룩한 흙빛이라서 땅바닥에 있으면 잘 안 보인다. 빛깔이 칙칙한데다가 손으로 잡으면 까만 물을 뱉어 내서 '송장메뚜기'라고도 한다. 수컷은 소리를 내지 않고 뒷다리에 있는 무늬로 암컷을 부른다.

두꺼비메뚜기는 땅바닥에 앉아 있기를 좋아한다. 풀이 있는 곳보다 산길이나 툭 트인 시골길, 논밭, 공원같이 흙이 드러난 곳에서 쉽게 볼 수 있다. 마르고 더운 곳을 좋아해서 햇볕이 가장 뜨겁게 내리쬐는 한낮에 길가를 풀쩍풀쩍 뛰어다닌다. 먹이를 먹을 때만 풀숲에 들어가고 다른 때는 자기 몸 빛깔과 비슷한 땅에 있다. 옥수수 잎, 억새 잎, 바랭이 잎이나 감자 잎, 담뱃잎을 갉아 먹는다. 들판부터 높은 산까지 고루 살며 우리나라 어디서나 볼 수 있다.

한살이 한 해에 한 번 발생한다. 어른벌레는 여름철인 6~10월에 나타난다. 암컷은 짝짓기를 한 뒤에 땅속에 거품에 싸인 알을 덩어리로 낳는다. 알로 겨울을 나고 이듬해 4~5월부터 애벌레가 깨어난다. 애벌레는 다섯 번 허물을 벗고 나면 어른벌레가 된다.

생김새 두꺼비메뚜기는 몸길이가 24~35mm이다. 빛깔은 땅바닥 색과 비슷한 어두운 밤색이다. 더듬이에 검고 흰 고리 무늬가 있다. 등에는 튀어나온 혹이 세 쌍 있다. 암컷이 수컷보다 조금 더 크다. 앞날개는 배 끝을 넘을 만큼 길고 날개 끝은 둥글다. 뒷날개는 노르스름한데 투명하다. 알은 덩어리로 뭉쳐 있다. 애벌레는 어른벌레와 닮았다. 몸은 어두운 흙빛이고 크기는 어른벌레보다 작다. 등 위에 나 있는 혹은 애벌레도 뚜렷하다.

다른 이름 사마귀메뚜기, 송장메뚜기, 뚜꺼비메뚜기

크기 24~35㎜

나타나는 때 6~10월

먹이 온갖 식물

한살이 알 ▶ 애벌레 ▶ 어른벌레

두꺼비메뚜기 ×2
2000년 9월 경기도 남양주

대벌레

Phasmatidae

대벌레는 몸이 가느다랗고 마디가 져 있어서 작은 나뭇가지와 비슷하다. 느릿느릿 움직이는 것을 보면 막대기가 움직이는 것 같다. 몸 빛깔도 사는 곳에 따라 옅은 밤색, 짙은 밤색, 풀색으로 여러 가지다. 적이 나타나면 나뭇가지처럼 보이도록 가만히 있어서 금방 알아보기 어렵다. 또 놀라면 나무에서 떨어져 죽은 체한다. 다리를 길게 늘어뜨려서 몸에 붙이고 꼼짝하지 않는다. 애벌레 때 다리가 떨어져도 허물을 벗으면 다시 생겨난다.

애벌레와 어른벌레가 아까시나무, 참나무, 싸리나무, 피나무, 단풍나무 같은 넓은잎나무에서 잎을 갉아 먹는다. 어릴 때는 키가 낮은 떨기나무에서 잎을 먹고, 자라면서 키가 큰 나무로 옮겨 간다. 6월 초에 애벌레가 다 자라면 나뭇잎을 심하게 갉아 먹어서 나무를 헐벗게 만든다.

옛날에는 대벌레가 있기는 해도 많지 않아서 나무에 큰 해가 되지는 않았다. 그러나 공기가 오염되어 기온이 높아지면서 빠르게 늘어나 지금은 나무가 우거진 산에 피해가 크다. 1990년대 중반 지나서 강원도, 충청북도, 경상북도에 아주 많이 퍼졌다.

여러 가지 대벌레 우리나라에는 '우리대벌레', '대벌레', '긴수염대벌레', '분홍날개대벌레', '날개대벌레' 이렇게 5종이 있다. 대벌레는 아까시나무를 많이 먹고, 우리대벌레는 참나무 같은 넓은잎나무를 이것저것 갉아 먹는다. 대벌레는 더듬이가 짧지만 긴수염대벌레는 더듬이가 앞다리보다도 길다. 뒷날개가 분홍색인 분홍날개대벌레도 더듬이가 길다.

한살이 한 해에 한 번 발생한다. 알로 겨울을 나고 3월 말에서 4월 사이에 애벌레가 나온다. 애벌레는 6월에 어른벌레가 된다. 어른벌레는 11월 중순까지 산다. 어른벌레는 사는 동안 알을 600~700개쯤 띄엄띄엄 낳는다.

생김새 대벌레는 몸길이가 100mm쯤이다. 암컷은 사는 곳에 따라 몸 빛깔이 여러 가지다. 수컷은 몸이 아주 가늘고, 옅은 밤색이 난다. 가슴등 쪽에 뚜렷하지 않은 붉은 띠가 있다. 알은 길이가 3mm쯤 되고 검은 밤색이다. 애벌레는 어른벌레보다 색이 더 또렷해서 눈에 잘 띄고, 배를 쳐들고 있다.

크기 100㎜

나타나는 때 6~11월

먹이 나뭇잎

한살이 알 ▶ 애벌레 ▶ 어른벌레

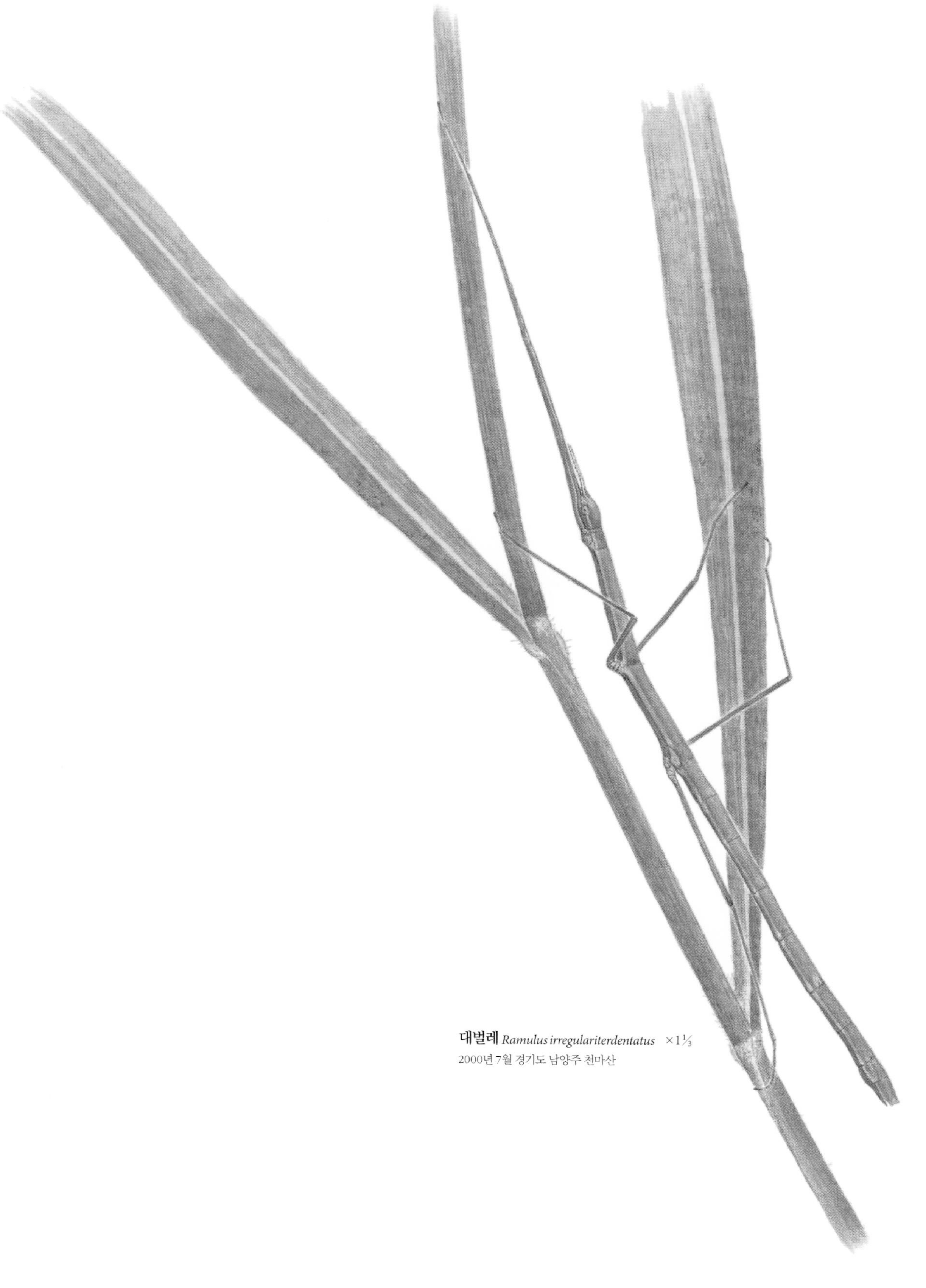

대벌레 *Ramulus irregulariterdentatus* ×1⅓
2000년 7월 경기도 남양주 천마산

이

Pediculus humanus

이는 사람 몸에 붙어살면서 피를 빨아 먹는다. 사람 몸에 사는 이에는, '몸이'와 '머릿니'가 있다. '몸이'는 옷 솔기 속에 살아서 '옷니'라고도 한다. '머릿니'는 머리카락에 붙어서 산다. 몸이가 머릿니보다 조금 크고 빛깔도 더 검다. 몸이 큰 것은 보리알만 하다. 이가 있으면 근질근질하고 가렵다. 처음에는 물려도 아프지 않고 상처가 크게 나지 않아서 이가 생긴 줄 모른다. 돼지나 말이나 개에도 '이'가 붙어산다. 동물에 붙어사는 이와 사람 몸에서 사는 이는 다른 종이다. 동물에 붙어서 사는 이는 사람에게 옮겨 오면 못 살고 죽는다.

이가 머리카락이나 옷 솔기에 까 놓은 하얀 알을 '서캐'라고 한다. '쌔기'라고 하는 곳도 있다. 몸이는 옷을 삶거나 다리미로 다리거나 아주 추운 곳에 한참 두면 죽는다.

머릿니를 없애려면 촘촘한 참빗으로 머리를 빗어서 잡아낸다. 옛날에는 이가 참 많았지만 이제는 찾아볼 수 없을 만큼 많이 줄어들었다. 그런데 요즘 들어서 학교나 유치원처럼 아이들이 많이 모이는 곳에서 머릿니가 다시 나타나고 있다. 우리나라뿐만 아니라 다른 나라에서도 머릿니가 늘고 있는데, 이가 새로운 환경에 적응하는 힘이 생겼기 때문이다.

이가 옮기는 병 이는 여러 사람 사이를 옮겨 다니면서 발진티푸스, 참호열, 재귀열 같은 돌림병을 옮긴다. 발진티푸스나 참호열에 걸린 사람 몸에서 피를 빨면 이도 병에 걸리게 된다. 병에 걸린 이가 다른 사람에게 옮겨 가 피를 빨 때 가려워서 물린 자리를 긁게 된다. 이때 물린 자리로 병균이 들어간다.

한살이 어른벌레는 한 달 남짓 살면서 알을 200~300개 낳는다. 일주일 뒤에 알에서 애벌레가 깨어난다. 애벌레는 일주일쯤 지나서 어른벌레가 되어 알을 낳는다.

생김새 이는 몸이 납작하고 날개가 없다. 더듬이는 아주 짧고 겹눈이 없다. 주둥이가 짧고 침처럼 생겼다. 다리는 털이나 옷감에 꼭 붙어 있기에 알맞게 생겼다. 몸이는 몸길이가 3mm가 조금 넘고, 머릿니는 3mm 안팎이다. 알은 하얗고 머리카락에 붙어 있다. 애벌레는 어른벌레보다 작고 생김새는 비슷하다.

다른 이름 니, 물것, 해기

크기 3㎜

나타나는 때 1년 내내

먹이 사람 피

한살이 알 ▶ 애벌레 ▶ 어른벌레

이 ×12
1997년 7월

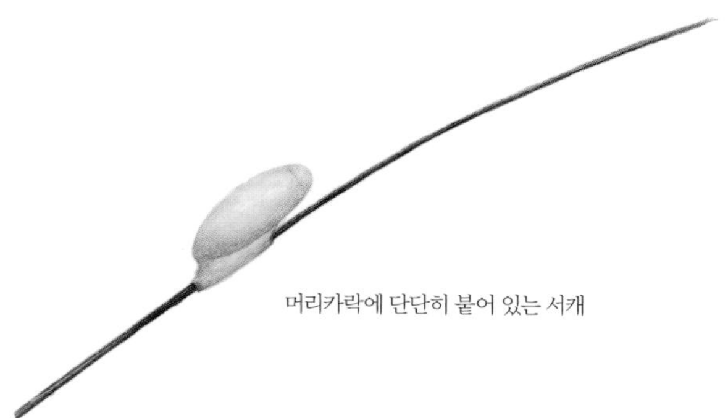

머리카락에 단단히 붙어 있는 서캐

장구애비

Laccotrephes japonensis

장구애비는 저수지나 연못 가장자리나 논같이 얕은 물속에서 산다. 맑고 흐르는 물보다는 바닥에 가랑잎이나 나뭇가지가 쌓여 있는 고인 물에 많다. 몸이 납작하고 길쭉하게 생겼다. 생김새나 빛깔이 가랑잎 같아서 물풀이나 물속에 쌓인 나뭇잎 사이에 있으면 눈에 잘 띄지 않는다. 배 끝에 실처럼 길고 가느다란 대롱이 있는데 이곳으로 숨을 쉰다. 물 밖으로 나오지 않고 대롱 끝만 물 위로 내놓고 숨을 쉰다.

장구애비는 앞다리가 낫처럼 생겼고 가시가 나 있어서 살아 있는 물벌레나 어린 물고기나 올챙이를 잘 잡는다. 먹이를 찾아 헤엄쳐 다니기보다는 물풀 사이에 숨어 있다가 지나가는 먹이를 잡는다. 앞다리로 재빠르게 낚아채서 뾰족한 입을 찔러 넣고 체액을 빨아 먹는다. 헤엄치기보다는 물속 바닥에서 걷기를 잘 한다. 사는 곳을 옮길 때는 물 밖으로 나와 날개를 말린 뒤에 날기도 하고 밤에 불빛을 보고 날아들기도 한다. 장구애비는 축축한 이끼 위에 알을 낳는다.

여러 가지 장구애비 우리나라에는 '장구애비'와 '메추리장구애비' 두 종이 있다. 장구애비는 연못이나 저수지나 논처럼 넓은 곳에 많이 살고, 메추리장구애비는 산길에 패인 웅덩이나 길옆의 작은 도랑에서 많이 산다. 장구애비는 꼬리 끝에 있는 숨관이 몸길이와 거의 같고 메추리장구애비는 숨관이 훨씬 짧다.

한살이 5월에 알을 낳는다. 알을 낳은 지 이 주일쯤 지나면 알에서 애벌레가 깨어난다. 알에서 깨어나 여러 번 허물을 벗고 어른벌레가 될 때까지 두세 달쯤 걸린다. 번데기를 거치지 않고 어른벌레가 된다. 어른벌레로 겨울을 난다.

생김새 장구애비는 몸길이가 30~38mm이다. 온몸이 잿빛이 도는 밤색이고 머리는 작다. 앞다리의 넓적다리마디가 굵고 가시가 나 있다. 겹눈은 윤이 나는 검은색이고 작고 둥글다. 머리는 작고 뭉툭하고 더듬이는 아주 짧다. 배 끝에 숨관이 한 쌍 있고 길이는 몸길이와 비슷하다. 알은 가늘고 희다. 위쪽에는 돌기가 많이 나 있다. 애벌레는 어른벌레와 생김새가 비슷하고 크기는 작다.

크기 30~38㎜

나타나는 때 3~11월

먹이 물벌레, 물고기, 올챙이

한살이 알 ▶ 애벌레 ▶ 어른벌레

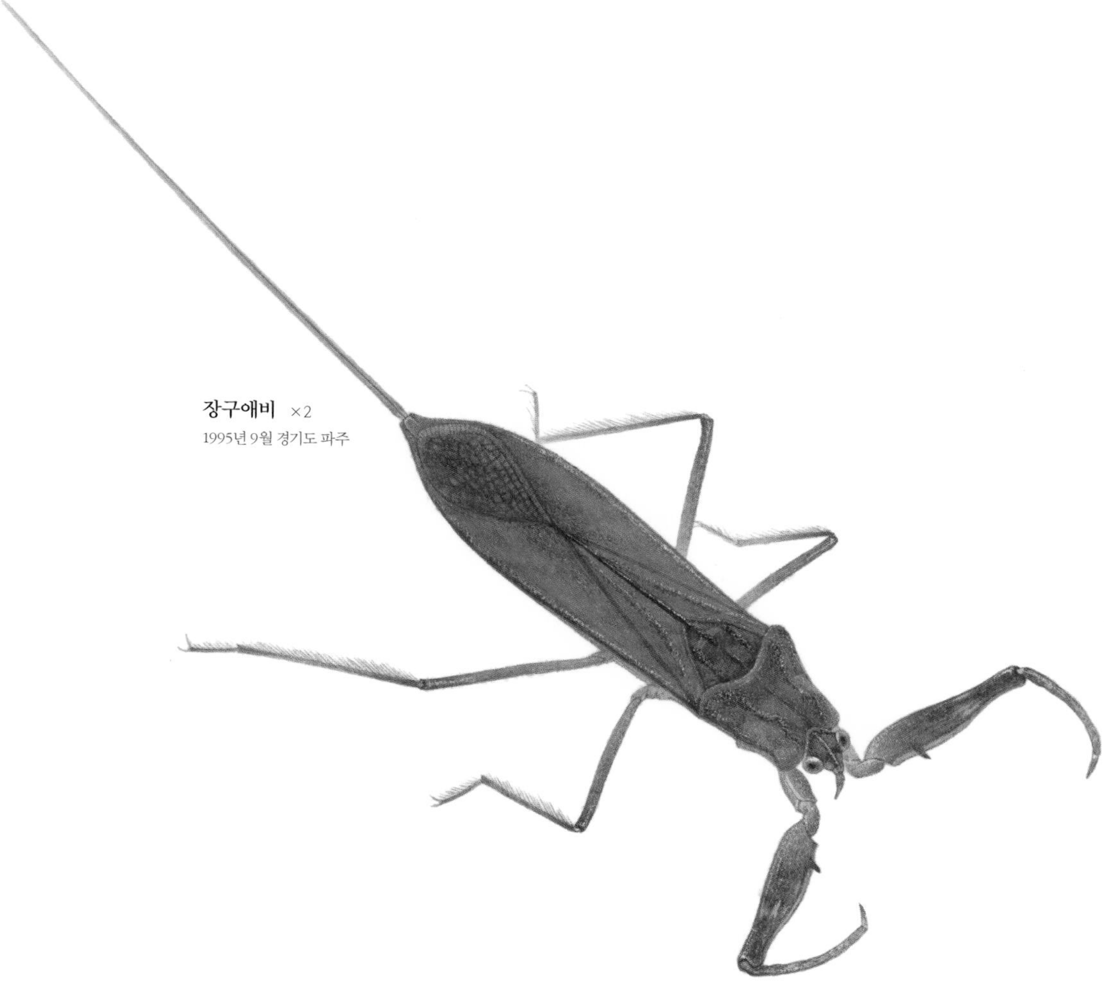

장구애비 ×2
1995년 9월 경기도 파주

물고기를 잡아먹는 장구애비

게아재비

Ranatra chinensis

게아재비는 장구애비처럼 물에 산다. 장구애비보다 몸이 더 가늘고 길다. 꼭 잘린 물풀이나 부러진 볏짚처럼 생겼다. 생김새나 먹이를 잡아먹는 품이 사마귀 같다고 '물사마귀'라고도 한다. 연못이나 웅덩이나 논에서 사는데 장구애비보다 조금 더 깊은 곳에 산다. 게아재비는 다리도 가늘고 길다. 헤엄을 잘 못 치고 긴 다리로 물속 바닥을 기어다닌다. 가운뎃다리와 뒷다리는 앞다리보다 가늘고 길며 헤엄칠 때 쓴다.

게아재비가 물풀 사이에 가만히 있으면 눈에 잘 띄지 않는다. 그러다가 먹이가 다가오면 낫처럼 생긴 날카로운 앞다리로 재빠르게 잡는다. 작은 물고기나 올챙이나 장구벌레같이 살아 있는 물벌레를 잡아서 침처럼 뾰족한 입을 찔러서 체액을 빨아 먹는다. 봄이 오면 물 밑 진흙 속이나 썩은 나무 틈에 알을 낳는다.

한살이 5월쯤에 알을 낳는다. 알에서 깨어나 어른벌레가 되기까지 두세 달쯤 걸린다. 번데기를 거치지 않고 어른벌레가 된다. 어른벌레로 겨울을 난다.

생김새 게아재비는 몸길이가 40~45mm쯤이다. 몸이 가늘고 길다. 몸빛이 누르스름하다. 배 끝에 숨관이 있는데 길이가 몸길이만큼 길다. 머리는 작고 눈은 동그랗고 검다. 애벌레는 어른벌레와 비슷하게 생겼다. 숨관이 없고 아가미로 숨을 쉰다.

다른 이름 물사마귀

크기 40~45㎜

나타나는 때 4~10월

먹이 물벌레, 물고기, 올챙이

한살이 알 ▶ 애벌레 ▶ 어른벌레

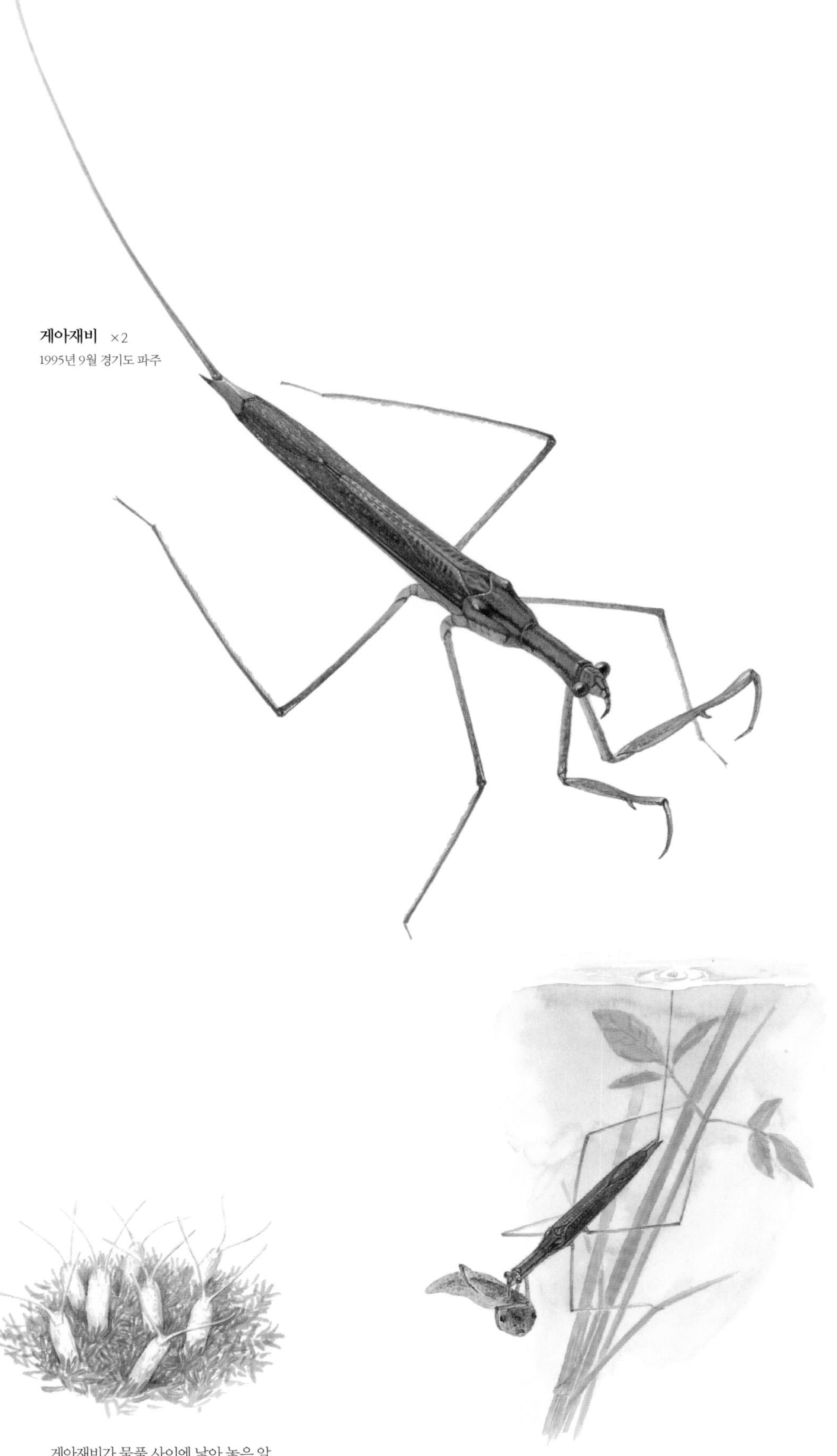

게아재비 ×2
1995년 9월 경기도 파주

게아재비가 물풀 사이에 낳아 놓은 알

올챙이를 잡아먹는 게아재비

물자라

Appasus japonicus

물자라는 물장군과 비슷하게 생겼는데 크기가 작다. 몸이 둥글넓적하며 머리가 작고 앞다리가 짧다. 마치 목이 짧고 얼굴이 뾰족한 자라 같아서 '물자라'라는 이름이 붙었다. 북녘에서는 물자라를 '알지기'라고 하는데, 이 이름은 수컷이 알을 등에 지고 다니면서 지키는 모습을 보고 지은 것이다.

물자라는 물풀 사이에 숨어 있다가 먹이가 다가오면 낫처럼 생긴 앞다리로 재빨리 잡는다. 앞다리가 작아서 자기보다 큰 먹이는 못 잡고 작은 물고기나 올챙이, 달팽이를 잡아먹는다. 가운뎃다리와 뒷다리는 털이 나 있어서 헤엄을 잘 친다. 먹이를 잡으면 바늘처럼 뾰족하게 생긴 입을 찔러 넣고 체액을 빨아 먹는다.

물자라는 수컷이 알을 돌본다. 짝짓기를 마친 암컷은 수컷 등에 알을 하나씩 낳는다. 수컷은 등에 알이 꽉 찰 때까지 여러 번 짝짓기를 한다. 물자라 수컷은 등이 둥글고 넓적해서 알을 지고 다니기 좋다. 수컷은 등에 진 알들을 다른 물고기들이 먹지 못하게 하고, 알이 깨는 데 알맞은 온도와 공기를 얻으려고 물 표면 가까이에서 지낸다. 예전에는 논이나 물풀이 우거진 물웅덩이에서 물자라를 쉽게 볼 수 있었다. 농약이나 풀약을 많이 쓰면서 요즘은 보기가 힘들어졌다.

한살이 한 해에 한 번 발생한다. 어른벌레는 물 밑에 쌓인 가랑잎 속에서 겨울을 나고 봄에 짝짓기를 한다. 5월 초쯤에 알을 지고 다니는 수컷을 볼 수 있다. 암컷은 짝짓기를 한 뒤 수컷 등에 알을 하나 낳는다. 수컷은 여러 번 짝짓기를 하여 100개쯤 되는 알을 등에 지고 다닌다. 알을 낳은 지 이 주일쯤 지나면 애벌레가 깨어난다. 애벌레는 허물을 다섯 번 벗고 두세 달 만에 어른벌레가 된다.

생김새 물자라는 몸길이가 17~20mm쯤 된다. 몸은 누런 밤색이고, 등이 둥글넓적하다. 앞다리는 낫처럼 생겼고 입은 바늘처럼 생겼다. 배 끝에는 짧은 숨관이 있다. 알은 희고 둥글고 길쭉하다. 애벌레는 어른벌레와 닮았고 크기는 작다.

다른 이름 알지기[북], 알지게

크기 17~20㎜

나타나는 때 4~10월

먹이 작은 물고기, 올챙이, 달팽이

한살이 알 ▶ 애벌레 ▶ 어른벌레

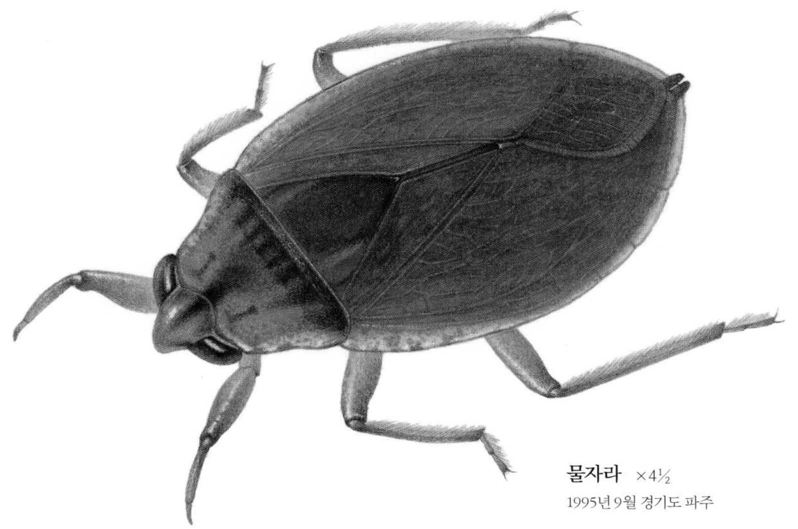

물자라 ×4½
1995년 9월 경기도 파주

등에 알을 진 물자라 수컷

물장군

Lethocerus deyrolli

물장군은 물에 사는 곤충 가운데 가장 크고 힘이 세다. 그래서 '물장군'이라는 이름이 붙었다. 물장군은 다른 이름이 많다. 앞다리 힘이 세다고 '물찍게'라 하는 곳도 있고, 앞다리가 쇠뿔 같다고 '소'나 '물소'라고 하는 곳도 있다. 물벌레라는 뜻으로 '물강구'라고 하는 곳도 있다. 또 '물짱구', '뭉장군', '물장수'라고 하는 곳도 있다.

물장군은 물풀 줄기에 거꾸로 매달려서 가만히 있다가 물고기나 개구리 같은 먹이가 다가오면 재빨리 앞다리로 낚아챈다. 낫처럼 생긴 커다란 앞다리는 먹이를 잡기 좋게 생겼다. 먹이를 잡으면 바늘처럼 생긴 입을 찔러 넣어 체액을 빨아 먹는다. 숨을 쉴 때는 배 끝에 있는 숨관을 물 밖에 내놓고 숨을 쉰다.

물장군은 물자라처럼 수컷이 알을 보살핀다. 이른 여름에 짝짓기를 마친 암컷은 물가에 있는 물풀 줄기에 알을 100개쯤 낳는다. 알에서 깨어난 애벌레가 풀 줄기에서 물속으로 떨어지기 알맞은 거리에 알을 낳는다. 그러면 수컷은 알을 떠나지 않고 곁에서 지켜 준다.

물장군은 논이나 연못, 물풀이 많은 웅덩이나 개울 같은 고인 물에서 볼 수 있다. 가뭄이 들어 물이 마르지 않으면 한곳에서 쭉 산다. 밤에 불빛을 보고 날아들기도 한다.

옛날에는 논이나 저수지에 물장군이 많이 살았지만, 농약을 치면서 보기가 아주 어려워졌다. 지금은 멸종위기야생생물 II급으로 정하여 보호하고 있다.

한살이 한 해에 한 번 발생한다. 암컷은 알을 한 번에 100개쯤 낳는다. 열흘쯤 지나면 알에서 애벌레가 나온다. 애벌레는 물속에서 네 번 허물을 벗고 50일쯤 지나서 물 위로 올라와 마지막 허물을 벗은 뒤에 어른벌레가 된다. 어른벌레로 겨울을 난다.

생김새 물장군은 몸길이가 48~65mm쯤 된다. 몸은 밤색이다. 몸에 견주어 머리가 작다. 더듬이는 겹눈 밑에 감추어져 있어서 보이지 않는다. 커다란 앞다리 끝에 발톱이 하나씩 나 있다. 가운뎃다리와 뒷다리에는 긴 털이 나 있다. 배 끝에 짧은 숨관이 있다. 알은 달걀꼴인데 하얀 바탕에 검은 줄이 있다. 애벌레는 어른벌레와 비슷하게 생겼다. 몸 빛깔은 검고 흰 줄무늬가 있다.

다른 이름 물짱군, 물찍게, 물소, 물강구, 물짱구, 뭉장군, 물장수

크기 48~65㎜

나타나는 때 5~9월

먹이 물고기, 개구리

한살이 알 ▶ 애벌레 ▶ 어른벌레

멸종위기야생생물 Ⅱ급

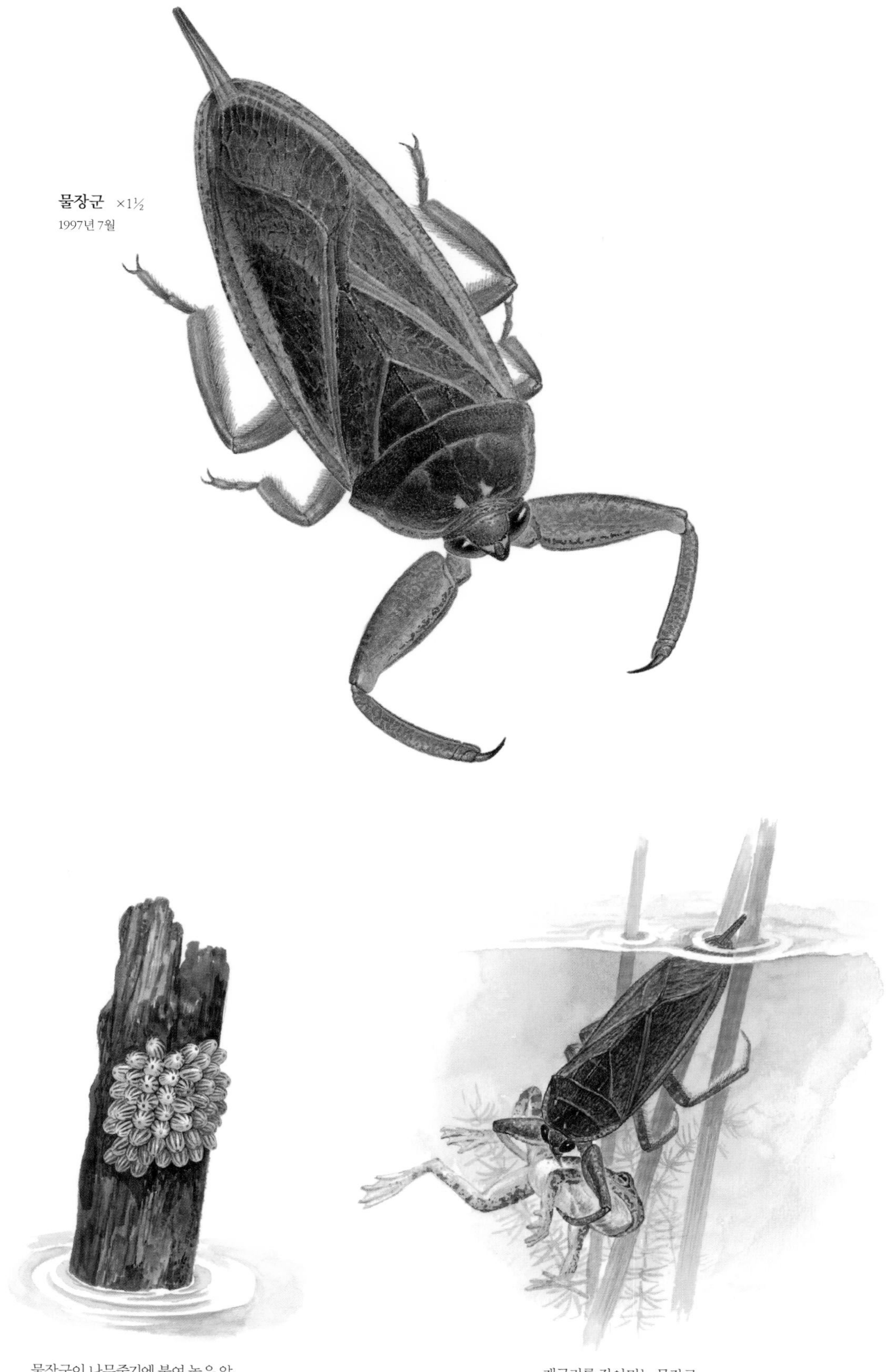

물장군이 나무줄기에 붙여 놓은 알

개구리를 잡아먹는 물장군

송장헤엄치게

Notonecta triguttata

송장헤엄치게는 연못이나 웅덩이처럼 고인 물에서 산다. 물 표면 바로 아래에서 몸을 거꾸로 뒤집어 배를 위쪽으로 하고 송장헤엄을 친다. 송장헤엄은 하늘을 보고 누워 팔을 저으며 나아가는 헤엄이다. 그래서 이름이 '송장헤엄치게'가 되었다.

송장헤엄치게는 몸집이 작고 등은 볼록하다. 배와 다리에는 누런 털이 촘촘히 나 있는데 물 바닥과 색이 비슷해서 헤엄칠 때 눈에 잘 띄지 않는다. 긴 뒷다리를 배의 노처럼 저어서 헤엄을 친다.

송장헤엄치게는 헤엄치고 다니면서 먹이를 찾는다. 물 위에 소금쟁이 같은 작은 벌레가 오면 날카로운 발톱이 있는 앞다리로 낚아채서 물속으로 끌어들인 뒤 바늘처럼 생긴 입을 꽂고 체액을 빨아 먹는다. 어린 물고기나 올챙이도 잡아먹는다. 맑은 날에는 물 밖으로 나와서 날개를 말린 다음에 멀리 날아가기도 한다. 알을 낳아 물속에 있는 바위 위나 물풀 줄기에 붙여 놓는다. 송장헤엄치게는 입이 짧고 뾰족해서 찔리면 몹시 아프다.

한살이 봄부터 여름 사이에 알을 낳는다. 애벌레는 다섯 번 허물을 벗고 어른벌레가 된다. 물속에서 어른벌레로 겨울을 난다.

생김새 송장헤엄치게는 몸길이가 11~14mm이다. 누런 밤색이고 윤이 난다. 홑눈은 없고 큰 겹눈이 있다. 앞다리와 가운뎃다리는 짧고 뒷다리는 아주 길다. 다리와 배에 누런 털이 촘촘히 나 있다. 애벌레는 어른벌레와 생김새가 비슷하고 크기는 조금 작다.

다른 이름 물송장

크기 11~14㎜

나타나는 때 4~10월

먹이 소금쟁이, 어린 물고기, 올챙이

한살이 알 ▶ 애벌레 ▶ 어른벌레

송장헤엄치게 ×5⅓
1995년 10월 경기도 남양주

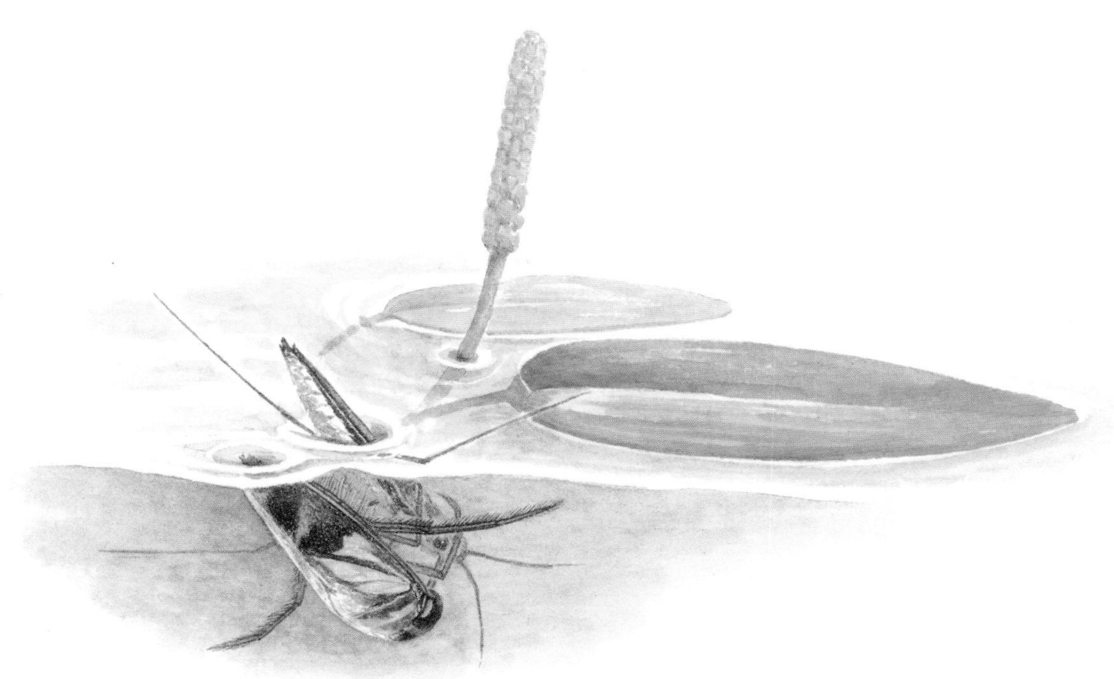

소금쟁이를 잡아먹는 송장헤엄치게

소금쟁이

Aquarius paludum

소금쟁이는 논이나 연못이나 개울에서 물 위를 미끄러지듯이 걸어 다닌다. 비가 와서 잠깐 웅덩이가 생긴 곳에 날아오기도 한다. 소금쟁이는 물에 떨어지는 작은 벌레를 잡아서 체액을 빨아 먹는다. 먹이가 물에 떨어져 잔물결이 조금만 일어도 금세 알아챈다. 죽은 물고기나 벌레가 있으면 떼로 몰려와서 먹기도 한다. 논에 사는 소금쟁이는 벼를 해치는 멸구와 나방을 잡아먹어서 벼농사에 도움을 준다.

소금쟁이는 몸이 가볍고 다리에 잔털이 많이 나 있어서 물 위에 잘 뜬다. 잔털이 많으면 뜨는 힘이 커진다. 또 잔털에는 기름기가 있어서 물에 빠지지 않는다. 물 위에 멈추어 서 있을 때는 다리로 물을 내리누르면서 떠 있다. 빠르게 움직일 때는 물을 뒤로 밀어낸다. 다리 끝에 발톱이 한 쌍 있어서 물을 헤치기 좋다.

소금쟁이는 뒷다리와 가운뎃다리가 길고 잽싸게 움직인다. 가운뎃다리는 몸을 쭉 밀면서 앞으로 나아갈 때 쓴다. 뒷다리로는 방향을 잡는다. 앞다리는 짧지만 물 위를 미끄러질 때 몸을 떠받친다. 먹이를 잡는 것도 앞다리로 한다. 소금쟁이는 겁이 많아서 다가가면 금세 도망간다. 소금쟁이를 손으로 만지면 노린내가 난다. 밤에는 불빛이 있는 쪽으로 날아들기도 한다.

여러 가지 소금쟁이 우리나라에는 소금쟁이가 모두 14종이 있다. '애소금쟁이'는 고인 물에 많이 살고, '소금쟁이'나 '왕소금쟁이'는 조금씩 흐르는 물에서도 산다. '광대소금쟁이'는 산골짜기에 살고, '바다소금쟁이'는 강어귀나 바닷가에 산다.

한살이 한 해에 두세 번 발생한다. 대부분 어른벌레로 겨울을 난다. 알은 물 위에 나와 있는 풀 줄기에다 10~30개쯤 낳는다. 한 주가 지나면 알에서 애벌레가 깨어난다. 애벌레는 한 달쯤 지나면 어른벌레가 된다. 어른벌레는 30~45일쯤 산다.

생김새 소금쟁이는 몸길이가 11~16mm이다. 암컷이 수컷보다 조금 크다. 몸과 다리가 길고 검은색이나 밤색이다. 몸에 부드러운 잿빛 털이 나 있다. 알은 처음에는 노르스름하다가 점점 진해진다. 애벌레는 밤색이고 어른벌레와 생김새가 비슷하다.

다른 이름 노내각씨, 소금장수, 소금장이, 물거미

크기 11~16㎜

나타나는 때 4~10월

먹이 물에 떨어지는 작은 벌레

한살이 알 ▶ 애벌레 ▶ 어른벌레

소금쟁이 ×3
1995년 6월 경기도 연천

죽은 잠자리를 먹으려고 모여든 소금쟁이

시골가시허리노린재

Cletus punctiger

시골가시허리노린재는 몸집이 작고 납작하다. 색깔은 마른 보리 이삭과 비슷하고 잘 날아다닌다. 앞가슴 양쪽 모서리가 가시처럼 뾰족하게 돋아 있다. 사람 허리처럼 등 가운데가 잘록하다. 5월에서 10월 사이에 풀밭에서 흔하게 볼 수 있다. 여름과 가을에 더 많이 보인다.

시골가시허리노린재는 다른 노린재들처럼 적이 덤비면 누린내를 풍겨서 쫓는다. 보리, 벼, 밀, 호밀, 귀리, 뽕나무, 감나무, 고욤나무, 귤나무, 유자나무에 붙어서 즙을 빨아 먹는다. 줄기에 많이 붙어 있는데 잎이나 열매에서도 즙을 빤다. 벼 이삭에 붙어 즙을 빨면 쌀알에 반점이 생긴다. 암컷과 수컷은 배 끝을 서로 맞대고 반대쪽을 바라보면서 짝짓기를 한다.

노린재 무리는 저마다 누린 냄새를 내서 적을 쫓는다. 날개가 없는 애벌레 때에는 냄새샘이 배의 등 쪽에 있다가, 어른벌레가 되어 날개가 생기면 이곳이 가려져서 냄새샘이 배 아래쪽으로 옮겨진다.

한살이 번데기를 거치지 않고 어른벌레가 되는 안갖춘탈바꿈을 한다. 어른벌레는 봄부터 가을까지 볼 수 있다.

생김새 시골가시허리노린재는 몸길이가 9~11mm이다. 더듬이는 가늘고 길며 네 마디로 되어 있다. 몸은 밤색이고 다리는 밝은 밤색이다. 앞가슴등판의 옆모서리는 날카로운 바늘처럼 뾰족하게 나와 있다. 앞날개는 속이 비치는 연한 밤색이다. 크기는 어른벌레보다 조금 작고 날개는 없다. 어릴 때일수록 몸의 등 쪽에 가시처럼 돋은 돌기가 우툴두툴하고 더듬이 마디도 더 굵다.

크기 9~11㎜

나타나는 때 5~10월

먹이 풀이나 나무즙

한살이 알 ▶ 애벌레 ▶ 어른벌레

시골가시허리노린재 ×2⅓
1997년 7월 서울 노원구

큰허리노린재

Molipteryx fuliginosa

큰허리노린재는 노린재 가운데 아주 큰 편이다. 몸집이 커서 무거운데도 잘 날아다닌다. 몸은 거무스름한 밤색을 띤다. 어깨처럼 생긴 앞가슴등판이 크고 넓적하다. 그 양 끝 모서리가 앞쪽으로 쑥 불거져 나와 있고 가장자리는 톱니처럼 우툴두툴하다. 앞날개가 좁아 배를 다 가리지 못해서 배가 날개 양쪽 옆으로 둥글게 튀어나와 있다. 머리는 몸에 견주어 볼 때 작고, 더듬이가 길다. 다리는 크고 긴 편이다.

큰허리노린재는 들이나 낮은 산, 밭이나 밭 둘레에 있는 작은키나무에 많다. 5월에서 10월 사이에 나타나서 콩, 벼, 머위, 양지꽃, 엉겅퀴, 덩굴딸기, 물싸리, 참나무에 붙어서 즙을 빨아 먹는다. 봄에 올라오는 새순에 붙어서 즙을 빨아 순이 말라 죽게도 한다. 한 줄기에 여러 마리가 모이기도 한다. 손으로 잡으면 시큼한 냄새를 피운다.

한살이 한 해에 한 번 발생한다. 어른벌레로 겨울을 난다. 5월에 겨울잠에서 깨어난 암컷은 짝짓기를 하고 잎이나 땅 위에 알을 하나씩 낳는다. 알에서 깨어난 애벌레는 다섯 번 허물을 벗고 8월 초에 어른벌레가 된다.

생김새 큰허리노린재는 몸길이가 19~25mm이다. 몸 빛깔은 짙은 밤색이고 겉에 짧고 옅은 밤색 털이 촘촘히 나 있다. 더듬이가 길고 네 마디로 되어 있다. 앞가슴등판의 옆모서리가 크고 넓적하다. 수컷은 뒷다리 넓적다리마디에 가시 같은 작은 돌기가 나 있고 암컷보다 굵다. 암컷이 수컷보다 몸집이 더 크다. 애벌레는 어미와 마찬가지로 짙은 밤색인데 몸이 더 납작하고 다리는 더 길다. 날개는 다 자라지 않았다. 허물을 막 벗은 애벌레는 붉은빛이 연하게 돈다.

크기 19~25㎜
나타나는 때 5~10월
먹이 풀이나 나무즙
한살이 알 ▶ 애벌레 ▶ 어른벌레

큰허리노린재 수컷 ×3½
1995년 6월 강원도 춘천

톱다리개미허리노린재

Riptortus clavatus

톱다리개미허리노린재는 몸이 가늘고 길다. 빠르게 날갯짓을 하면서 날쌔게 잘 난다. 얼핏 보면 벌이 나는 것 같다. 몸이 날씬하고 뒷다리 안쪽에 톱날 같은 가시가 많이 나 있다. 그래서 '톱다리개미허리'라는 이름이 붙었다. 북녘에서는 '콩허리노린재'라 한다. 콩밭에 많기 때문이다.

톱다리개미허리노린재는 콩이 어릴 때는 잎이나 줄기를 빨아 먹는다. 여름에 콩꼬투리가 달리기 시작하면 꼬투리에 주둥이를 찔러 넣고 덜 여문 콩에서 즙을 빨아 먹는다. 노린재가 빨아 먹고 나면 콩알이 더 자라지 않고 주름이 생기고 하얗게 된다. 콩만 먹는 것이 아니라 벼나 보리나 팥이나 칡도 먹는다. 요즘은 단감나무에 날아와서 열매를 빨아 먹기도 한다.

콩 해충 콩을 먹는 벌레들은 아주 많다. '파밤나방', '담배거세미나방', '콩은무늬밤나방'은 콩잎을 갉아 먹고, '톱다리개미허리노린재', '풀색노린재', '알락수염노린재'는 콩꼬투리에서 즙을 빨아 먹는다.

한살이 한 해에 두세 번 발생한다. 처음 나타나는 것은 6월 말에서 7월 말에 나타나고, 그 다음에 나타나는 것은 8월 초에서 9월 중순에 나타난다. 풀섶이나 가랑잎 속에서 어른벌레로 겨울을 난다.

생김새 톱다리개미허리노린재는 몸길이가 14~17mm인데 암컷이 더 크다. 몸이 가늘고 검은 밤색을 띤다. 붉은 밤색인 것도 있다. 등에 짧고 부드러운 털이 나 있다. 알은 밤색이고 달걀처럼 생겼다. 애벌레는 길쭉하고 날개가 없다. 애벌레는 생김새나 움직임이 개미와 많이 비슷하다.

다른 이름 콩허리노린재[북], 톱다리허리노린재

크기 14~17㎜

나타나는 때 6~9월

먹이 콩꼬투리, 팥, 벼, 칡, 과일

한살이 알 ▶ 애벌레 ▶ 어른벌레

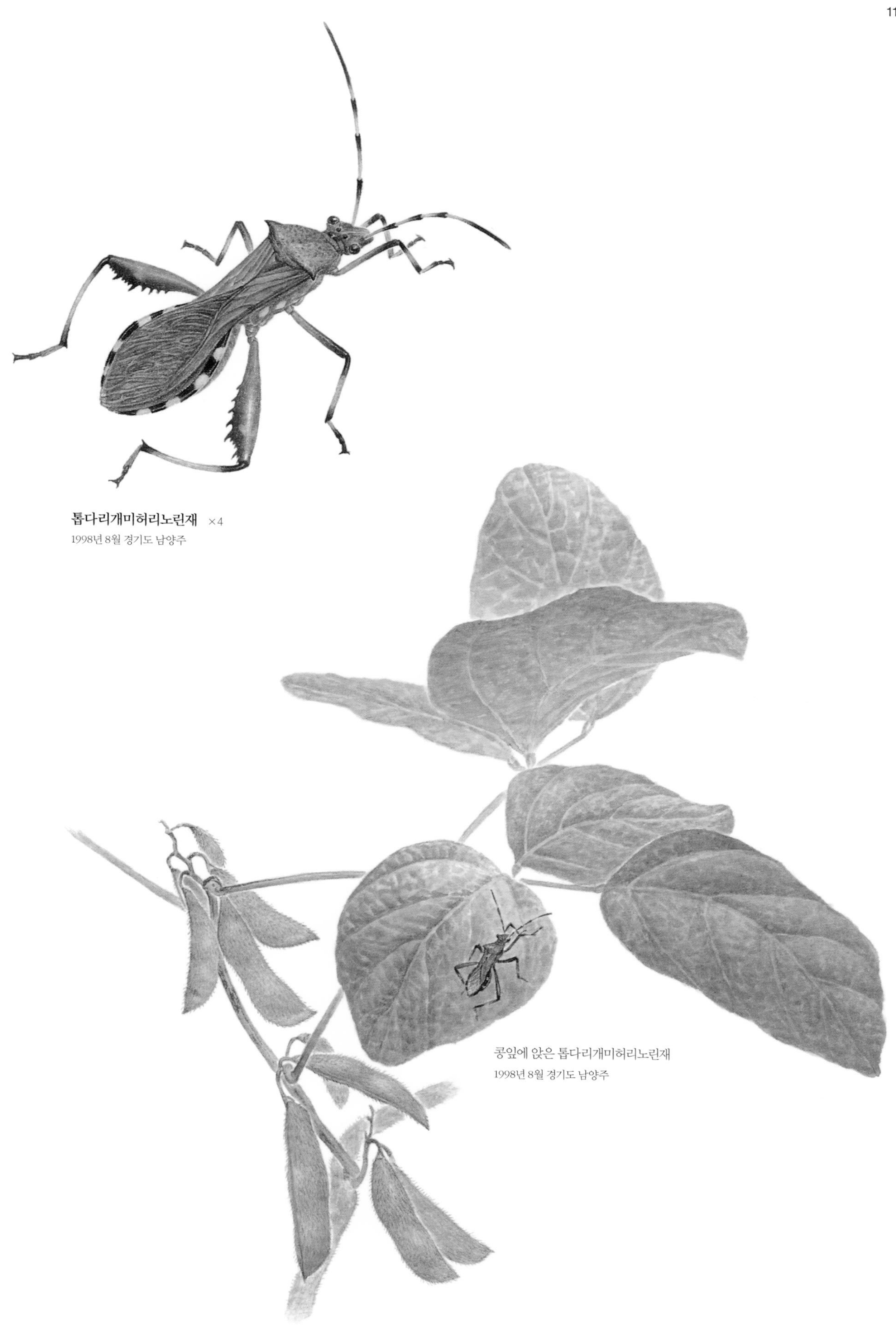

톱다리개미허리노린재 ×4
1998년 8월 경기도 남양주

콩잎에 앉은 톱다리개미허리노린재
1998년 8월 경기도 남양주

알락수염노린재

Dolycoris baccarum

알락수염노린재는 이른 봄부터 늦가을까지 바닷가 풀숲이나 논밭, 낮은 산어귀 어디서나 흔하게 볼 수 있다. 토끼풀처럼 연한 풀이나 산딸기나 해당화 열매, 풀이나 나뭇잎이나 가리지 않고 다 잘 먹는다. 몸 빛깔은 붉은 밤색이나 연보라색이다. 등 가운데가 싯누렇고 더듬이는 색이 알록달록하다. 뒤뚱뒤뚱 기어다니면서 풀에서 즙을 빨고, 다른 풀로 옮겨갈 때는 날아간다. 톱다리개미허리노린재만큼 빠르지는 않지만 잘 난다.

사마귀나 개구리 같은 천적이 나타나거나 사람이 손으로 잡으면 누린내를 뿜는다. 풀숲에서 어른벌레로 겨울을 난다. 늦가을에 겨울을 나려고 집 안으로 날아들기도 한다.

알락수염노린재는 봄에는 배춧잎이나 무 잎을 빨아 먹고, 가을에는 콩, 참깨, 벼, 귤, 단감을 빨아 먹어 농사에 피해를 주는 해충이다. 콩이나 참깨가 채 익기 전에 꼬투리를 빤다. 빨고 나면 꼬투리가 검어지고 열매가 들지 않는다. 벼 이삭을 빨면 볍씨가 들지 않고 까매진다. 귤 꼭지가 달리는 곳을 빨아 먹어서 귤이 익기도 전에 바람에 쉽게 떨어지고 만다. 단감은 붉게 익어 갈 무렵 빨아 먹는데 빨아 먹은 자리가 까맣게 된다.

한살이 한 해에 두 번 발생한다. 첫 번째 어른벌레는 4~7월에, 두 번째 어른벌레는 9~10월에 나타난다. 어른벌레는 알을 한 번에 30~40개씩 서너 번에 걸쳐서 채소 잎이나 풀잎 위에 낳는다. 사나흘이 지나면 알에서 애벌레가 깨어난다. 애벌레는 한 달 동안 허물을 네 번 벗고 나서 어른벌레가 된다. 어른벌레로 겨울을 난다.

생김새 알락수염노린재는 몸길이가 11~14mm이고, 머리가 작다. 몸 빛깔은 붉은 밤색이나 연보라색이나 그 밖에 여러 가지가 있다. 몸에 부드러운 털이 빽빽이 나 있다. 배 양옆에는 검은 줄무늬가 뚜렷하다. 날개가 배 끝보다 조금 길다. 알은 아주 작고 둥글고 30~40개가 덩어리로 뭉쳐 있다. 애벌레는 몸에 까만 점이나 흰 점이 있고, 날개는 없다. 다 자라면 8~10mm쯤 된다.

크기 11~14㎜

나타나는 때 4~10월

먹이 콩과, 벼과 식물, 과일

한살이 알 ▶ 애벌레 ▶ 어른벌레

알락수염노린재 ×5½
1998년 4월 경북 청송

풀에 앉은 알락수염노린재
1998년 4월 경북 청송

얼룩대장노린재

Placosternum esakii

얼룩대장노린재는 몸집이 크고 넓적하고 튼튼하게 생겼다. 다른 노린재와 달리 나무가 많은 숲속에서 살고 흔하지 않다. 갈참나무나 사시나무나 플라타너스 같은 나무에 산다. 튼튼한 주둥이를 잎 뒷면이나 나뭇가지에 꽂고 즙을 빨아 먹는다.

얼룩대장노린재는 온몸에 잿빛과 흰색 무늬가 얼룩덜룩하게 퍼져 있어서 나무껍질과 비슷해 보인다. 몸 아랫면과 다리도 얼룩덜룩하다. 날 수는 있지만 몸이 무거워서 잘 날지 않는다. 움직임이 둔하고 건드리면 죽은 척한다. 나무껍질과 무늬가 비슷하고 좀처럼 움직이지도 않아서 눈에 잘 띄지 않는다.

한살이 어른벌레로 나무껍질 틈에서 겨울을 난다.

생김새 얼룩대장노린재는 몸길이가 20~22mm이다. 암컷이 수컷보다 조금 더 크다. 몸 빛깔은 누르스름한 밤색이나 잿빛이 나는 밤색 또는 검은 밤색으로 여러 가지다. 등에 아주 작은 홈들이 있어서 우툴두툴해 보인다. 앞가슴등판의 양 옆모서리가 넓고 툭 튀어나와 있다.

크기 20~22㎜

나타나는 때 4~10월

먹이 나뭇진

한살이 알 ▶ 애벌레 ▶ 어른벌레

얼룩대장노린재 ×2½
1998년 4월 경기도 일산

나무줄기에 붙은 얼룩대장노린재
1998년 4월 경기도 일산

홍줄노린재

Graphosoma rubrolinneatum

홍줄노린재는 우리나라 낮은 산과 들에서 산다. 초여름에 사상자, 방풍 같은 미나리과 식물이나 보리, 밀 같은 벼과 식물에 모여 즙을 빨아 먹는다. 때로는 인삼이나 당귀 같은 약용식물에 꼬여 꽃과 열매를 해치기도 한다.

홍줄노린재는 생김새나 빛깔이 화려한 곤충 가운데 하나다. 몸은 짧고 넓으며 가운데가슴등판이 매우 넓다. 더듬이는 짧고 검은색을 띠며 5마디이다. 몸은 광택이 나고 검은 바탕에 붉은 세로 줄무늬가 있어서 쉽게 알아볼 수 있다. 몸 전체를 지나는 이 줄무늬는 흔히 붉은색이거나 주황색이지만, 갈색도 가끔 눈에 띈다. 사는 곳에 따라 색이 더 옅거나 훨씬 짙기도 하다.

홍줄노린재는 빛깔이나 냄새로 자기 몸을 지킨다. 힘이 약한 곤충들은 둘레와 비슷한 빛깔로 몸을 숨기거나 오히려 화려한 빛깔로 자기를 드러내기도 한다. 홍줄노린재는 눈에 띄는 빛깔로 자기는 맛도 없고 독이 있다고 경고를 한다. 또 위험을 느끼면 배 쪽 분비샘에서 고약한 냄새를 풍긴다.

홍줄노린재는 8월에 자기가 먹던 식물 줄기에 두 줄로 알을 낳는다. 알에서 바로 애벌레로 깨어나 번데기를 거치지 않고 어른벌레가 된다. 애벌레도 미나리과 식물에 기생한다. 어른벌레는 6~10월 사이에 볼 수 있다.

한살이 안갖춘탈바꿈을 한다. 어른벌레는 6월 말에서 10월에 볼 수 있다.

생김새 홍줄노린재는 몸길이가 9~12mm이다. 몸은 광택이 있으며, 검은 바탕에 주황색의 세로 줄무늬가 있다. 머리는 둥그렇고, 'V' 자 형태로 줄무늬가 있다. 앞가슴등판은 옆으로 넓게 튀어나와 있으며 더듬이는 다섯 마디로, 전체가 검다. 머리부터 이어지는 붉은 줄무늬가 세로 방향으로 지난다. 배는 주홍빛을 띠며, 검고 큰 점이 무늬를 이룬다. 다리는 전체가 암갈색이거나 검다.

크기 9~12㎜

나타나는 때 6~10월

먹이 미나리과, 벼과 식물의 즙

한살이 알 ▶ 애벌레 ▶ 어른벌레

홍줄노린재 ×4½
2006년 7월 전북 진안

홍줄노린재 애벌레

끝검은말매미충

Bothrogonia japonica

매미충은 매미와 비슷하게 생겼는데 크기가 아주 작다. 매미충은 매미와 달리 날개가 투명하지 않고 소리 내어 울지 않는다. 그리고 위로 톡톡 튀어서 이곳저곳으로 날아다닌다. 나무에 병을 옮기기도 한다.

끝검은말매미충은 온몸이 샛노랗고 날개 끝만 검다. 작은 곤충이지만 우리나라에 사는 말매미충 가운데서는 가장 크다. 날개 힘이 좋아서 톡톡 튀면서 멀리 날 수 있다. 더듬이는 실처럼 가늘고 짧다. 가까이 다가가면 옆걸음질 치면서 잎 뒤로 숨는다. 낮은 산이나 풀밭이나 논을 가리지 않고 어디서나 살고 아주 흔하다.

끝검은말매미충은 매미 무리에 속한다. 매미같이 입 모양이 대롱처럼 생겨서 잎을 찔러서 즙을 빨아 먹기 알맞다. 새 같은 적을 피하려고 잎 뒤쪽 한자리에 가만히 붙어서 즙을 빨아 먹는다. 먹을 때 배 끝으로 물 같은 똥을 싼다. 겨울잠을 자기 전에 나무에 여러 마리가 떼로 붙어서 즙을 빨기도 한다. 이때 여러 마리가 한꺼번에 똥을 떨어뜨리면 마치 가는 비가 내리는 것처럼 보인다. 사과나무, 두릅나무, 귤나무, 유자나무, 감나무, 고욤나무, 무화과나무, 비파나무, 콩, 보리, 야광나무, 아그배나무, 뽕나무, 오동나무, 벚나무, 살구나무, 귀룽나무, 배나무, 참나무, 나무딸기, 차나무, 포도, 머루, 등나무, 옥수수 잎이나 줄기에 붙어서 즙을 빨아 먹는다.

한살이 한 해에 한 번 발생한다. 어른벌레로 나무껍질 틈이나 돌 밑에서 겨울을 난 뒤 이듬해 봄에 날아다닌다. 어른벌레는 가을에 많이 나와서 이듬해 봄까지 산다.

생김새 끝검은말매미충은 머리에서 날개 끝까지 길이가 11~13mm이다. 밝은 노란색이다. 머리는 앞으로 튀어나왔고 더듬이는 보이지 않을 정도로 가늘고 짧다. 앞가슴등판에는 점무늬 세 개가 정삼각형으로 나 있다. 날개 끝에 파란빛이 도는 검은 무늬가 있다. 다리 마디에도 검고 노란 띠무늬가 있다. 애벌레는 날개가 없으며 연한 젖빛이다. 건드리면 잎사귀 뒤로 숨거나 어른벌레처럼 톡톡 튀어 달아나지만 날개가 없어서 날지는 못한다.

크기 11~13㎜

나타나는 때 4~10월

먹이 식물 즙

한살이 알 ▶ 애벌레 ▶ 어른벌레

끝검은말매미충 ×4⅓
1996년 10월 경기도 남양주

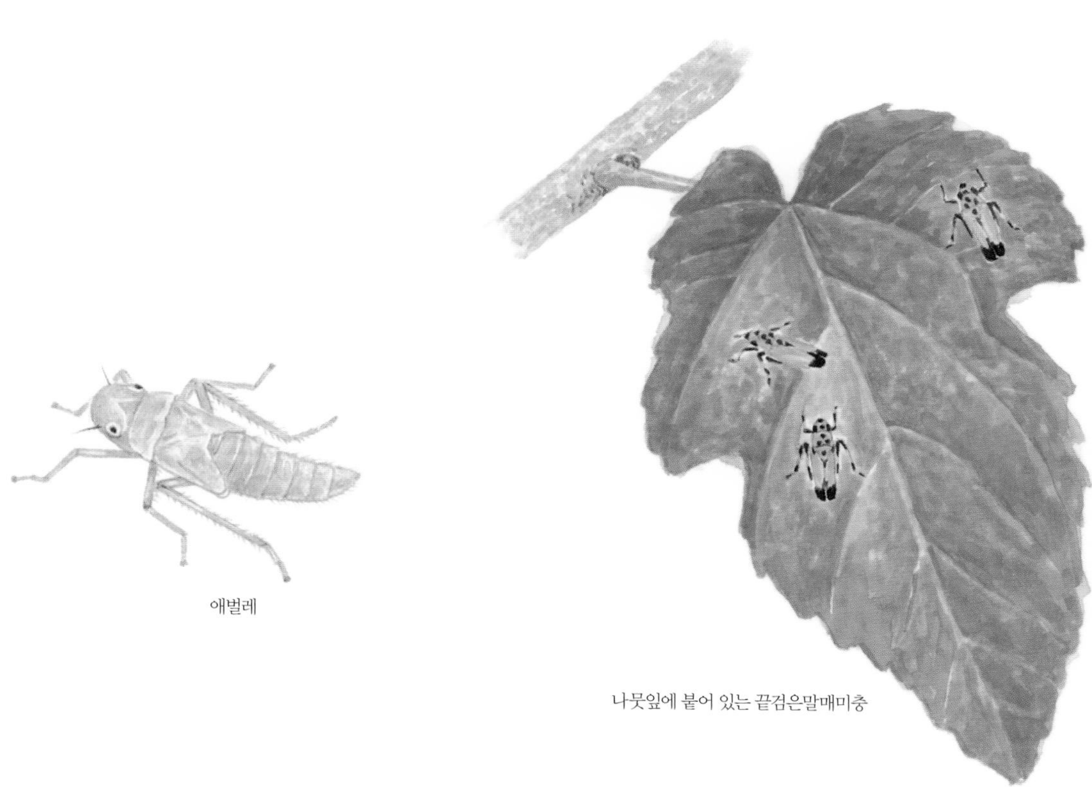

애벌레

나뭇잎에 붙어 있는 끝검은말매미충

벼멸구

Nilaparvata lugens

벼멸구는 벼농사 해충이다. 요즘 논농사에 큰 해를 끼치는 벼멸구는 본디 우리나라에서 살지 않았다. 해마다 6~7월 장마철에 바람을 타고 중국에서 날아온 것이다. 우리나라에서 겨울을 나지 못하고 죽는다. 전라남도나 서해안 근처 논에 먼저 나타나서 충청도나 경기도로 점점 올라온다.

벼멸구는 애벌레 때부터 벼 포기 밑부분에 붙어서 뾰족한 침을 줄기 속에 넣고 즙을 빨아 먹는다. 벼멸구가 즙을 빨면 벼가 밑동부터 누렇게 되면서 말라 죽거나 벼 포기 가운데가 부러진다. 떼로 퍼지면 논 군데군데가 둥글게 폭삭 주저앉는다. 심하면 쌀을 한 톨도 거두지 못하기도 한다.

벼멸구를 막는 법은 시대에 따라 조금씩 달랐다. 1930년대 이전에는 불을 켜 두고 멸구가 모이면 잡아 죽였다. 고래 기름을 논에 뿌리고 빗자루나 작대기로 벼를 털어서 멸구를 물 위에 떨어뜨리기도 했다. 그러면 기름이 묻어서 날지 못하고 죽는다. 1930~1940년부터 석유나 들기름을 물에 뿌리고 빗자루로 털어서 막았다. 1945년쯤부터는 농약을 들여와서 쓰기 시작했다. 요즘은 독한 농약을 안 치고도 멸구를 막는 방법을 많이 찾고 있다.

벼 해충 벼를 해치는 해충은 무척 많다. 알려진 것만 해도 140종이 넘는다. 모내기를 하고 나면 바로 '벼물바구미', '잎벌레', '벼줄기굴파리'가 퍼져서 벼를 먹는다. 6월 초가 되면 '이화명나방' 애벌레가 나타나고, 줄기 속으로 들어가서 벼 잎을 갉아 먹는다. 7월 중순에서 8월 초에는 '혹명나방' 애벌레와 '줄점팔랑나비' 애벌레가 나타나고, '벼멸구'도 날아온다. 1970년대까지는 '이화명나방' 피해가 컸다. 지금은 '벼멸구'가 논농사에 가장 큰 해를 끼치고 있다.

한살이 우리나라에 날아와서 두세 번 생긴다. 논으로 날아올 때는 날개가 긴 벼멸구가 온다. 날개가 긴 벼멸구가 논에서 알을 낳으면 날개가 짧은 벼멸구가 나온다. 알은 벼 잎이나 줄기 속에 낳는다. 알에서 어른벌레가 되기까지 18~23일이 걸린다. 어른벌레는 20~30일을 살면서 보통 알을 300개쯤 낳는다.

생김새 벼멸구는 몸길이가 3~5mm쯤이다. 어른벌레는 날개가 긴 것과 짧은 것이 있다. 몸과 머리, 더듬이는 어두운 밤색이고 겹눈은 까맣다. 날개는 반투명한 밤색이다. 알은 가늘고 길며 길이는 1mm쯤 된다. 빛깔은 누르스름한 흰색이다. 애벌레는 처음에는 새까맣다가 점점 짙은 밤색으로 바뀐다.

다른 이름 밤색깡충이[북]

크기 3~5㎜

나타나는 때 6~7월

먹이 벼 즙

한살이 알 ▶ 애벌레 ▶ 어른벌레

벼멸구 ×10
1997년 10월 서울 은평구

벼 잎을 빨아 먹는 벼멸구

말매미

Cryptotympana atrata

말매미는 우리나라에 사는 매미 가운데 가장 크고 빛깔이 검다. 울음소리도 크고 우렁차다. 여름이면 길섶에 있는 미루나무나 플라타너스 같은 나무의 줄기나 가지에 앉아서 크고 우렁차게 "차르르르" 하고 길게 이어서 운다. 깊은 산보다는 넓게 트인 들판이나 길가에 있는 나무에 많다.

과수원에 말매미가 퍼지면 과일 농사에 피해를 주기도 한다. 사과나무와 귤나무에 피해를 많이 준다. 어른벌레는 나뭇가지를 주둥이로 찔러서 나무즙을 빨아 먹는다. 사과나무, 복숭아나무, 배나무, 자두나무, 귤나무, 감나무, 미루나무, 밤나무, 살구나무, 능수버들, 플라타너스 같은 나무에서 즙을 빨아 먹는다. 암컷은 나뭇가지에 상처를 내고 그 속에 알을 낳는다. 말매미가 알을 낳은 가지는 말라 죽는다. 애벌레는 땅속에서 과일나무 뿌리에 붙어서 즙을 빨아 먹으면서 여러 해를 산다. 말매미를 없애려면 말매미가 알을 낳아 놓은 가지를 잘라서 불태운다. 이듬해 6~7월이면 애벌레가 알에서 깨어 가지 밖으로 나와 땅으로 떨어지는데 그 전에 해야 한다. 땅속에 있는 애벌레가 어른벌레가 되려고 나무줄기로 기어오를 때 잡는다. 한곳에서만 하면 효과가 별로 없다. 가까이 있는 과수원에서도 같이 해야 한다.

한살이 암컷이 여름에 나뭇가지에 알을 낳는다. 그대로 겨울을 보내고 이듬해 애벌레로 깨어난다. 알에서 나온 애벌레는 땅속으로 들어가 3~5년을 살다가 땅 위로 올라와 어른벌레가 된다. 어른벌레는 3~4주쯤 살다가 죽는다.

생김새 말매미는 몸길이가 40~48mm이다. 윤이 나는 검은색을 띤다. 날개는 크고 투명하다. 애벌레는 처음에는 젖빛이다가 나중에는 연한 밤색이 된다. 우리나라 매미 애벌레 가운데 가장 몸집이 크다.

다른 이름 검은매미[북], 왕매미

크기 40~48㎜

나타나는 때 6~10월

먹이 나무즙

한살이 알 ▶ 애벌레 ▶ 어른벌레

국외반출승인대상생물종, 국가기후변화지표종

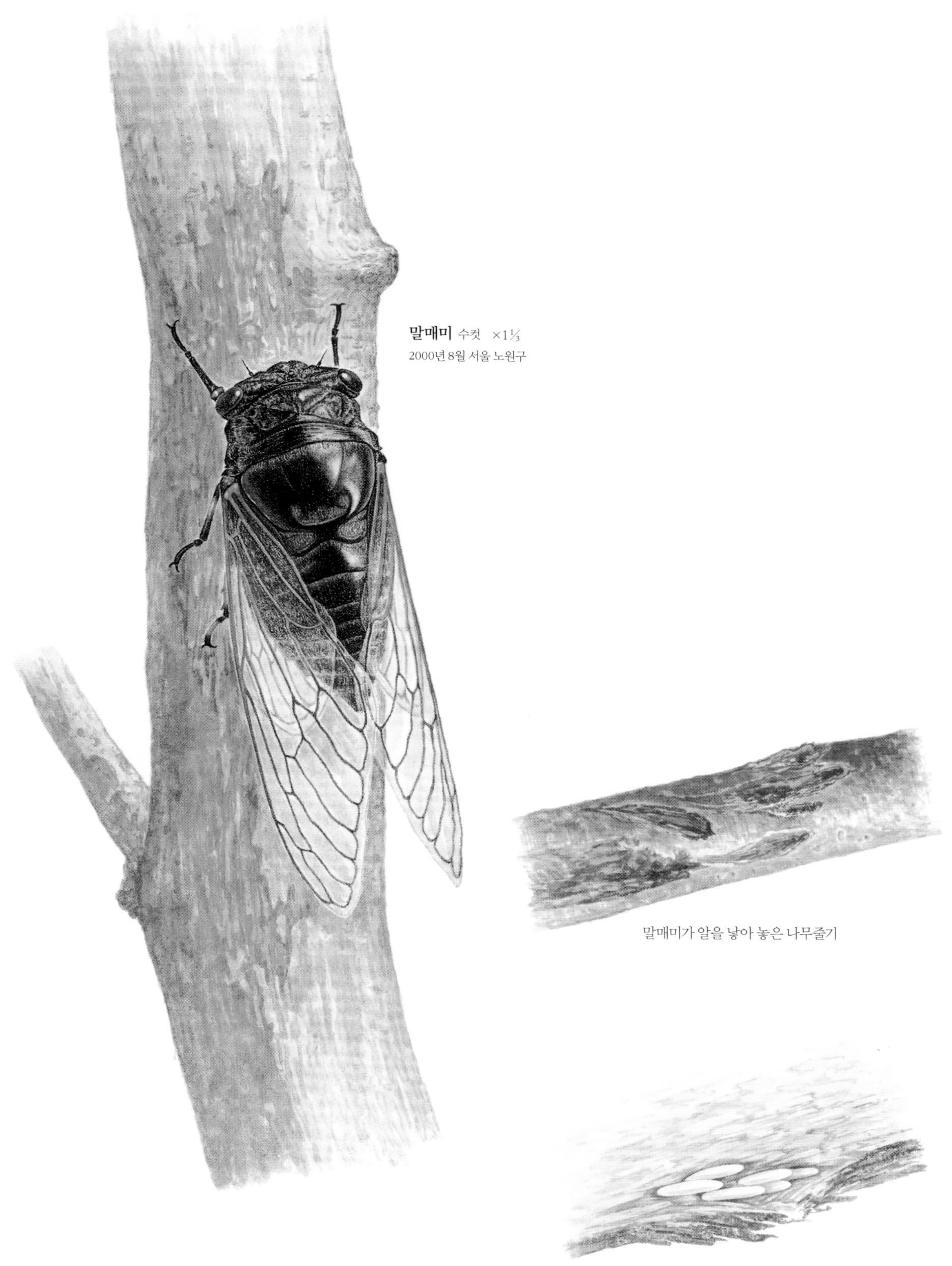

말매미 수컷 ×1⅓
2000년 8월 서울 노원구

말매미가 알을 낳아 놓은 나무줄기

나무줄기 속에 낳은 말매미 알

노린재목
매미과

유지매미

Graptopsaltria nigrofuscata

유지매미는 들이나 낮은 산에 있는 울창한 숲에 많이 산다. 유지매미는 "지글 지글 지글" 하며 우는데, 처음에는 굵은 소리로 천천히 울다가 점점 빨라지면서 높아지다가 다시 천천히 낮아지면서 멎는다. 우는 소리가 기름 끓는 소리 같다고 '기름매미'라고도 한다. 수컷은 낮에는 쉬엄쉬엄 울지만 저녁 무렵에는 여기저기 옮겨 다니면서 왁자하게 운다. 숲 근처 집까지 날아와 아무 데나 앉아서 운다. 7월 초부터 9월 중순까지 볼 수 있다.

유지매미는 참나무나 벚나무나 배나무나 소나무 그 밖에 온갖 나무에서 볼 수 있다. 다른 매미처럼 땅속으로 들어간 애벌레는 나무뿌리에 주둥이를 찔러서 물을 빨아 먹는다.

한살이 여름에 암컷이 나뭇가지에 낳은 알은 겨울을 나고, 이듬해 애벌레가 깨어난다. 애벌레는 땅속으로 들어가 3~4년 산다. 애벌레는 땅속에서 네 번 허물을 벗는다. 허물을 벗을 때마다 생김새가 달라진다. 땅속에서 나온 애벌레는 나뭇가지에 몸을 붙이고 마지막으로 허물을 벗고 어른벌레가 된다. 어른벌레는 3~4주쯤 산다.

생김새 유지매미는 몸길이가 34~36mm쯤 된다. 날개 끝까지는 50~60mm쯤 된다. 몸 색깔은 검은 바탕에 밤색 무늬가 있다. 날개에는 밤색, 검정색 무늬가 섞여 있다. 날개맥은 연두색이다. 마지막으로 허물을 벗는 애벌레는 밤색이다. 앞다리가 갈퀴처럼 생겼다.

다른 이름 기름매미[북]

크기 34~36㎜

나타나는 때 7~9월

먹이 나무즙

한살이 알 ▶ 애벌레 ▶ 어른벌레

국외반출승인대상생물종

유지매미 ×1⅓
2000년 8월 서울 노원구

땅속에 사는 애벌레

털매미

Platypleura kaempferi

털매미는 참매미나 유지매미보다 몸집이 작다. 온몸이 짧은 털로 덮여 있어서 '털매미'라는 이름이 붙었다. 몸과 날개에 알록달록한 무늬가 있어서 나무에 앉아 있으면 눈에 잘 띄지 않는다. "찌이이이" 하고 조금씩 소리가 낮아지다가 갑자기 높아지는데 이렇게 되풀이해서 울고 또 운다. 날씨를 가리지 않고 우는데 어둑어둑해질 때까지 운다. 옛날에는 울음소리가 "씨이이잉" 하고 들린다고 해서 '씽씽매미'라고도 했다. 6월부터 9월 사이에 들이나 낮은 산에서 볼 수 있다. 밤에 불빛을 보고 많이 날아든다.

털매미는 배나무, 복숭아나무, 사과나무 같은 과일나무나 미루나무나 느티나무에 날아와서 주둥이를 줄기에 꽂고 즙을 빨아 먹는다. 털매미가 먹은 자리에서는 달콤한 즙이 자꾸 흘러 나와서 나무가 병에 걸리기 쉽다. 이 즙에 날아다니는 곰팡이가 붙으면서 새까맣게 된다. 애벌레는 땅속에서 살면서 나무뿌리에서 즙을 빨아 먹고 산다.

나뭇진과 즙을 먹는 벌레 나무는 상처가 나면 치료하기 위해 나뭇진을 낸다. 털매미가 나무에서 즙을 빨고 나면 즙과 함께 나뭇진이 흘러나온다. 그러면 냄새를 맡고 나무에서 흘러나오는 즙과 나뭇진을 먹으려고 벌레들이 모여든다. 낮에는 '나비', '풍뎅이', '말벌'이 날아와서 먹고, 밤에는 '사슴벌레', '박각시나방', '하늘소'가 와서 먹는다.

털매미와 늦털매미 '털매미'와 '늦털매미'는 크기나 생김새가 무척 닮았다. 늦털매미는 털매미보다 몸이 둥글고 두꺼우며 뒷날개가 대부분 누런 밤색이다. 그리고 털매미보다 훨씬 늦게, 8월 말쯤 나와서 무서리가 내릴 무렵에 사라진다. 털매미 울음소리는 길게 이어지는 소리지만, 늦털매미 울음소리는 "씩 씩 씩 씩" 하고 짧게 끊어지는 소리다.

한살이 암컷이 여름에 나뭇가지에 낳은 알은 그해 9월쯤에 애벌레로 깨어난다. 땅속으로 들어간 애벌레는 2~4년 땅속에서 산다. 땅에서 나온 애벌레는 허물을 벗고 어른벌레가 된다. 어른벌레는 3~4주쯤 산다.

생김새 털매미는 몸길이가 20~28mm이다. 날개 끝까지는 35~40mm쯤 된다. 앞날개에 구름무늬가 있고, 뒷날개는 대부분 검고 테두리는 투명하다. 등에는 검은 바탕에 'W' 모양으로 풀색 무늬가 있다. 온몸이 짧은 털로 덮여 있다. 알은 길쭉하고 둥글다. 허물을 벗으려고 땅 위로 올라온 애벌레는 온몸이 진흙으로 덮여 있다. 몸은 짧고 둥그스름하며 유지매미나 참매미 애벌레보다 훨씬 작다.

다른 이름 씽씽매미

크기 20~28㎜

나타나는 때 6~9월

먹이 나무즙

한살이 알 ▶ 애벌레 ▶ 어른벌레

털매미 ×2½
1996년 7월 서울 노원구 불암산

참매미

Sonata fuscata

참매미는 "맴 맴 맴 맴 매앰" 하고 몇 차례 되풀이하다가 "맴…" 하면서 울음을 끝낸다. 낮에도 울고 궂은 날에도 울지만, 맑은 날 해 뜰 무렵 가장 왁자하게 운다. 한 번 울고 나서 다른 나무로 날아가기도 하고, 수컷이 울고 있는 나무에 다른 수컷과 암컷들이 나무로 날아와 모이기도 한다.

참매미는 7월 초에서 9월 중순까지 볼 수 있다. 산이나 숲이나 들판 어디서든 볼 수 있고 도시에서도 자주 볼 수 있다. 건물 벽에 앉아서 울기도 한다. 참매미는 벚나무, 참나무, 은행나무, 소나무 들에서 흔히 볼 수 있다. 나무의 높은 곳이나 낮은 곳이나 가리지 않고 잘 앉는다.

한살이 짝짓기를 마친 암컷은 나무줄기를 찢고 그 속에 알을 낳는다. 알은 나뭇가지 속에서 그대로 겨울을 지내고, 이듬해 애벌레로 깨어난다. 알에서 나온 애벌레는 땅속으로 들어가 2~4년을 보낸 뒤에 땅 위로 올라와 어른벌레가 된다. 어른벌레는 3~4주쯤 산다.

생김새 참매미는 몸길이가 33~37mm이다. 머리부터 날개 끝까지 길이는 55~65mm이다. 몸은 검정 바탕에 흰색, 풀색 무늬가 많이 나 있다. 날개는 옅은 밤색이 돌고 투명하다. 애벌레는 생김새와 크기가 유지매미와 비슷하다.

크기 33~37㎜

나타나는 때 7~9월

먹이 나무즙

한살이 알 ▶ 애벌레 ▶ 어른벌레

참매미 수컷 ×2
1996년 8월 서울 중랑구 망우산

날개돋이를 하는 참매미

진딧물

Aphididae

진딧물은 나무와 풀에 붙어서 즙을 빨아 먹는다. 크기는 깨알처럼 작지만 몇 마리만 있으면 금세 퍼진다. 연한 상추와 고춧잎, 보리 이삭, 찔레 순, 옥수숫대와 사과나무 잎 같은 곳에 다닥다닥 붙어서 즙을 빤다. 배추나 무 싹에도 날아오는데 진딧물이 퍼지면 어린잎은 더 자라지 못하고 말라 죽는다. 잎에 진딧물이 끼면 오그라들고 말리면서 시들시들해진다. 또 진딧물이 즙을 빨고 나면 그 식물은 병에 걸리기 쉽다. 진딧물은 먹고 난 자리에 끈적이는 단물을 내놓는다. 이 단물에 공기에 떠다니는 곰팡이가 붙으면 잎이 거뭇거뭇해지면서 자라지 않게 되고, 이삭도 검게 되면서 잘 영글지 않는다.

진딧물은 봄부터 6월까지 늘어났다가 비가 많이 오고 무더운 한여름에는 수가 줄어든다. 8월 중순이 지나면서 다시 많아진다. 봄 가뭄이 든 해에는 아주 많아진다.

진딧물 막는 법 무, 배추가 싹이 틀 때 망사를 덮어서 진딧물이 날아들지 못하게 한다. 비린내 나는 생선 뼈를 갈아 물에 섞어 밭에 뿌리면 진딧물이 줄어든다. 비린내가 나는 어성초를 심어도 진딧물이 덜 날아든다. 온실은 햇볕이 강한 날 채소에 물을 주고 문을 닫아 두면 온도가 높아지면서 진딧물이 죽어서 떨어진다. 담뱃잎을 태워 연기를 내서 없애기도 한다. 진딧물을 잡아먹는 무당벌레, 꽃등에, 풀잠자리가 많으면 진딧물이 퍼지는 것을 막아 준다.

여러 가지 진딧물 진딧물은 종류가 아주 많다. 우리나라에는 400종쯤 알려져 있다. 그 가운데는 '복숭아혹진딧물', '목화진딧물', '싸리수염진딧물', '콩진딧물', '조팝나무진딧물', '사과혹진딧물', '아카시아진딧물' 들이 있다. 복숭아혹진딧물과 목화진딧물은 5월 초부터 무, 배추, 고추, 토마토에 날아온다. 콩진딧물과 싸리수염진딧물은 콩에 모이고, 조팝나무진딧물은 귤나무에, 사과혹진딧물은 사과나무에 모인다.

한살이 한 해에 여러 번 생긴다. 봄에 알에서 깨어난 진딧물은 짝짓기를 하지 않고 새끼를 낳는다. 가을이 되면 암컷과 수컷이 짝짓기를 하고 알을 낳는다. 이 알로 겨울을 난다. 복숭아혹진딧물은 한 해에 열 번쯤 발생한다. 암컷은 50마리쯤 되는 새끼를 낳고, 한 달쯤 산다.

생김새 진딧물은 몸길이가 보통 1~3mm이다. 종류마다 크기와 색깔이 다 다르다. 몸 빛깔은 풀색이 가장 많은데 붉거나 검은 것도 있다. 같은 진딧물이어도 어디 있느냐에 따라 빛깔이 달라지기도 한다. 주둥이는 길고 날개가 있는 것과 날개 없는 것이 있다. 몸 겉면은 매끈하거나 흰 가루로 덮여 있다. 알은 아주 작고 달걀꼴이다. 애벌레는 어른벌레와 닮았고 어른벌레보다는 작다.

다른 이름 뜨물, 뜬물, 비리, 진두머리, 진디

크기 1~3㎜

나타나는 때 4~10월

먹이 식물 즙

한살이 알 ▶ 애벌레 ▶ 어른벌레

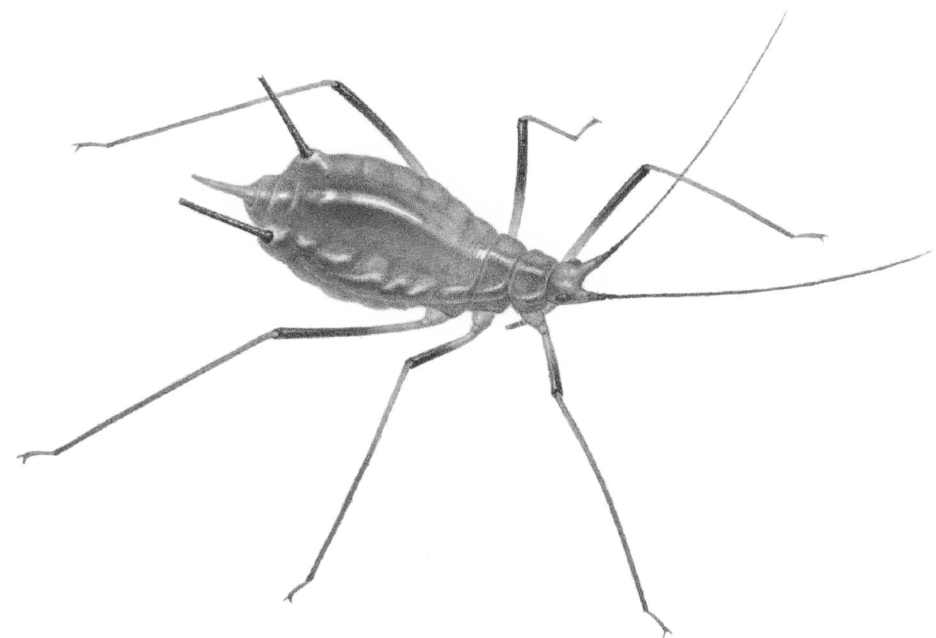

진딧물 ×22
1996년 7월 서울 노원구

풀잠자리

Chrysopidae

풀잠자리는 몸집이 작고 풀빛이다. 느리게 날고 앉을 때는 날개를 접고 앉는다. 늦봄부터 이른 가을 사이에 밭이나 과수원, 낮은 산어귀에서 볼 수 있다. 진딧물이 끼는 곳에 많이 돌아다닌다. 사마귀나 개구리나 새 같은 천적이 나타나면 몸에서 누린내를 뿜어서 쫓는다.

잠자리는 물속에다 알을 낳지만 풀잠자리는 풀잎이나 나뭇잎이나 꽃에다 알을 낳는다. 애벌레도 여기서 산다. 알에서 깨어난 애벌레는 작은 벌레를 잡아먹고 산다. 무당벌레처럼 농작물에 끼는 진딧물이나 응애, 깍지벌레, 총채벌레 들을 잡아먹어서 농사에 큰 도움을 준다. 그래서 진딧물이 많이 끼는 가지, 고추, 오이, 토마토 밭이나 온실에 풀잠자리 알이나 애벌레를 넣어 주기도 한다. 밭 군데군데 채소 잎에 알을 붙여 놓으면 알에서 애벌레가 깨어나서 진딧물을 먹어 치운다. 우리나라뿐만 아니라 다른 나라에서도 풀잠자리를 길러서 농작물에 해를 주는 벌레들을 막는 데 쓴다.

여러 가지 풀잠자리 우리나라에는 풀잠자리가 10종쯤 알려져 있다. '칠성풀잠자리', '어리줄풀잠자리', '풀잠자리', '북쪽풀잠자리', '대륙풀잠자리', '줄풀잠자리', '민풀잠자리' 들이다. 우리가 흔히 보는 것은 '칠성풀잠자리'와 '어리줄풀잠자리'다. 둘이 아주 닮았는데 어리줄풀잠자리가 좀 작다. 알이나 애벌레도 작다. 칠성풀잠자리는 진딧물 같은 벌레를 잡아먹지만 어리줄풀잠자리는 꽃가루를 먹고 산다. 둘 다 애벌레 때는 벌레를 잡아먹는다.

칠성풀잠자리 한살이 한 해에 두 번 발생한다. 첫 번째 어른벌레는 5~7월에, 두 번째 어른벌레는 6~9월에 나타난다. 보통 80~90일쯤 살면서 알을 1,500개가 넘게 낳는다. 애벌레는 사나흘이면 깨어난다. 늦가을에 나무껍질이나 가랑잎 밑에서 둥글고 흰 고치를 짓고, 번데기로 겨울을 난다. 봄이 되면 고치에 둥근 구멍을 내고 어른벌레가 나온다.

생김새 칠성풀잠자리는 몸길이가 13~15mm이다. 암컷이 수컷보다 크다. 몸 빛깔은 풀빛이고 날개도 풀빛이다. 더듬이가 길고 날개가 넓다. 알은 아주 작고 긴달걀꼴이다. 가는 실 끝에 하나씩 매달려 있다. 처음에는 풀빛을 띠다가 점점 잿빛이나 검은 밤색으로 바뀐다. 애벌레가 빠져나간 알 껍질은 흰색을 띤다. 애벌레는 몸에 털이 많고 다 자라면 10mm쯤 된다.

칠성풀잠자리

다른 이름 칠성풀잠자리붙이

크기 13~15㎜

나타나는 때 5~8월

먹이 진딧물, 응애, 깍지벌레

한살이 알 ▶ 애벌레 ▶ 번데기 ▶ 어른벌레

칠성풀잠자리 *Chrysopa pallens* ×2½
1999년 10월 서울 노원구

풀잠자리가 코스모스 줄기에 낳아 놓은 알

명주잠자리

Baliga micans

명주잠자리는 생김새가 잠자리와 많이 비슷하다. 숲속에서 살고 그늘지고 어두운 곳에서 큰 날개를 너풀너풀거리며 힘없이 난다. 더듬이가 굵고 사람 눈썹처럼 생겼다. 앉을 때는 날개를 배 위에 붙이고 앉는다. 날개는 투명하고 만지면 명주처럼 부드럽다.

명주잠자리 애벌레를 '개미귀신'이라고 한다. 개미귀신은 깔때기처럼 생긴 작은 모래 함정을 파서 개미를 잡는다. 그리고 꽁무니부터 땅속으로 들어가는데, 흙으로 제 몸을 덮을 만큼 들어가 있어서 밖에서는 보이지 않는다. 이 함정을 '개미지옥'이라고 한다. 개미지옥은 산비탈이나 강가 모래밭이나 바닷가 모래 속에도 있다. 개미가 지나가다 개미지옥에 빠지면 개미귀신이 땅속에서 큰턱으로 흙을 날리듯이 던진다. 그러면 개미지옥에 빠진 벌레는 자꾸 미끄러져서 빠져나가지 못한다.

개미귀신은 먹이를 잡으면 체액을 빨아 먹고 껍질은 밖으로 내버린다. 개미지옥에 거미나 잎벌레나 쥐며느리가 빠져도 다 잡아먹는다. 개미귀신은 1~2년 동안 흙 속에서 지내고 나서 명주잠자리가 된다.

한살이 5월부터 10월 사이에 어른벌레가 나타난다. 땅속에서 애벌레로 겨울을 나고, 그동안은 아무것도 먹지 않는다. 애벌레는 흙 속에서 1~2년을 지낸 뒤 흙을 동그랗게 빚고 그 속에서 번데기가 된다. 20일쯤 지나면 흙 속에서 나와 풀 줄기로 기어 올라가서 날개돋이를 한다. 어른벌레는 두 달쯤 산다.

생김새 명주잠자리는 몸길이가 40mm 안팎이다. 날개 편 길이는 80~95mm이다. 몸은 잿빛이 도는 밤색이고 길다. 가슴의 아래쪽과 다리에 노란 무늬가 있다. 날개는 투명하며 날개맥이 뚜렷하다. 다 자란 애벌레는 몸길이가 15mm쯤이다. 다 자란 애벌레는 꽁무니에서 실을 뽑아 흙과 섞어 지름이 15mm쯤 되는 경단을 만든다. 그 속에서 번데기가 된다. 번데기는 빛깔이 하얗다. 날개돋이할 때가 가까워지면 눈빛이 까매진다.

다른 이름 만만이[북], 서생원

크기 40㎜

나타나는 때 5~10월

먹이 작은 날벌레

한살이 알 ▶ 애벌레 ▶ 번데기 ▶ 어른벌레

명주잠자리 ×2
1996년 6월 경기도 가평 남이섬

명주잠자리 애벌레인 개미귀신

함정을 파고 개미를 잡아먹는 개미귀신
1996년 5월 경기도 가평

노랑뿔잠자리

Libelloides sibiricus sibiricus

노랑뿔잠자리는 날개가 노란색 바탕에 검은 줄무늬가 나 있다. 앞날개 끝자락이 투명해서 날개를 접고 앉아 있으면 뒷날개가 비쳐 보인다. 날아다니는 모습이 잠자리와 비슷하다. 4월 말부터 6월까지 양지바르고 확 트인 들판이나 풀밭에 나타난다. 한참 날아다니다가 낮게 자란 풀이나 나뭇가지 위에 날개를 접고 내려앉는다. 햇빛이 잘 드는 데서 날개를 반쯤 벌리고 앉기도 한다.

암컷은 짝짓기를 하고 억새 같은 풀 줄기에 알을 낳는다. 잠자리 애벌레들은 물속에서 살지만 노랑뿔잠자리의 애벌레는 땅 위에서 산다. 알에서 깨어난 애벌레는 풀섶이나 돌 밑에 살면서 작은 벌레들을 잡아먹는다. 옛날에는 참 흔했는데 요즘 수가 많이 줄어들어 보기 어렵다.

여러 가지 뿔잠자리 우리나라에 사는 뿔잠자리에는 '뿔잠자리'와 '노랑뿔잠자리'가 있다. 노랑뿔잠자리는 날개에 노란빛이 돌고, 뿔잠자리는 노란빛이 없고 거의 투명하다. 노랑뿔잠자리는 넓게 트인 곳을 낮에만 날아다닌다. 뿔잠자리는 숲속이나 그 언저리를 날아다니는데 자주 날지는 않는다. 밤에 불빛을 보고 날아들기도 한다.

한살이 한 해에 한 번 발생한다. 애벌레로 겨울을 난다고 하는데 뚜렷이 밝혀지지 않았다.

생김새 노랑뿔잠자리는 수컷 몸길이가 18~23mm이고 암컷은 21~27mm이다. 몸은 검고 온몸에 검은 털이 빽빽이 나 있다. 더듬이가 길고 끝이 동그란 곤봉 모양이다. 날개는 노랗거나 검은데 앞날개는 앞쪽이 노랗고 끝쪽은 투명하다. 배 끝에 갈고리처럼 생긴 돌기가 한 쌍 나 있다.

크기 18~27㎜

나타나는 때 4~6월

먹이 작은 날벌레

한살이 알 ▶ 애벌레 ▶ 번데기 ▶ 어른벌레

노랑뿔잠자리 ×2
2000년 5월 서울 노원구

길앞잡이

Cicindelinae

길앞잡이는 늦봄이나 이른 여름에 산길에서 볼 수 있다. 양지바른 길 위에 앉았다가 다가가면 푸르륵 날아서 다시 길 위에 앉는다. 몇 발자국 다가가면 저만큼 다시 날아가서 앞에 앉는다. 꼭 길을 가르쳐 주는 것처럼 앞서서 날아간다. 그래서 '길앞잡이'라고 한다.

길앞잡이는 땅 위를 빠르게 날거나 뛰어다니면서 작은 벌레를 잡아먹고 산다. 애벌레는 땅속으로 곧게 굴을 파고 그 안에 산다. 개미 같은 작은 벌레가 굴 위로 지나가면 튀어 올라서 잡아먹는다. 등에 있는 갈고리를 굴 벽에 걸치고 있어서 굴 아래로 떨어지지 않는다. 먹이를 잡을 때도 쉽게 튀어 오를 수 있다.

'좀길앞잡이'는 낮은 산이나 들에 많다. 봄부터 6월까지 많이 볼 수 있고, 한여름에는 드물다가 9월이 되면 다시 나타난다. 해발 1000m가 넘는 높은 산에는 '산길앞잡이'가 산다. 봄부터 가을까지 보이는데 한여름이 지나고 나면 많아진다.

여러 가지 길앞잡이 우리나라에 사는 길앞잡이는 15종이다. 그 가운데 '주홍길앞잡이'는 1960년대까지만 해도 서울의 청량리나 홍릉에도 많이 살았다. 하지만 지금은 어디서도 보이지 않는다. 강가나 바닷가의 모래밭에는 '강변길앞잡이', '꼬마길앞잡이', '큰무늬길앞잡이', '닻무늬길앞잡이'가 산다. 바닷가는 해수욕장이 되고, 강가 모래는 집 짓는다고 퍼 가는 바람에 이런 길앞잡이들은 살 곳이 없어졌다. 우리나라에 흔하던 '길앞잡이'는 몸이 푸른색인데 붉은색, 검정색, 흰색 무늬들이 있어서 매우 화려하다.

좀길앞잡이 한살이 어른벌레는 봄부터 초여름 사이에 땅을 얕게 파고 알을 하나씩 낳는다. 알에서 깨어난 애벌레는 혼자서 굴을 파고 벌레를 잡아먹으며 자라서 가을에 어른벌레가 된다. 어른벌레는 겨울을 나고, 이듬해 봄부터 먹이도 잡아먹고 알도 낳는다.

생김새 좀길앞잡이는 몸길이가 15~19mm이고 딱지날개 위가 넓다. 등은 광택이 없고, 아주 짙은 밤색인데 풀색을 띠는 것도 있고 검은 것도 있다. 몸 아래쪽은 광택이 나는 푸른색이거나 푸른 보랏빛이다. 딱지날개에는 누런 빛깔이 나는 둥근 무늬와 긴 무늬들이 있다. 다른 길앞잡이는 딱지날개 끝에 있는 무늬가 보통 갈고리 모양인데, 좀길앞잡이는 앞과 뒤쪽이 끊겨 있어서 갈고리 모양이 아니다. 다리와 더듬이는 아주 길고 가늘다. 좀길앞잡이 애벌레만 따로 조사된 것은 없다.

좀길앞잡이

크기 15~19㎜

나타나는 때 4~9월

먹이 작은 벌레

한살이 알 ▶ 애벌레 ▶ 번데기 ▶ 어른벌레

좀길앞잡이 *Cicindela japana* ×4
1996년 5월 경기도 연천

홍단딱정벌레

Coptolabrus smaragdinus

홍단딱정벌레는 몸집이 큰 딱정벌레다. 큰 것은 몸길이가 40mm도 넘는다. 몸이 딱딱한 날개와 껍질로 덮여 있고 빛깔이 붉고 화려하다. 생김새가 똑같고 빛깔만 푸른 것도 같은 종인데 '청단딱정벌레'라고 달리 말하기도 한다.

홍단딱정벌레는 큰 나무들이 많이 우거져 그늘이 진 산속에 산다. 축축한 땅 위를 느릿느릿 기어다니면서 땅바닥에 사는 벌레나 달팽이와 지렁이 같은 작은 동물들을 닥치는 대로 잡아먹는다. 달팽이를 잡으면 이빨로 뚜껑딱지를 뜯어내고 머리를 틀어박은 채 속살을 파먹는다. 나무에 기어 올라가 큰 나방을 잡아먹기도 한다. 잘 걷지만 날지는 못한다. 앞날개가 두꺼운 딱지날개로 바뀌었고, 뒷날개는 없기 때문이다.

여러 가지 딱정벌레 딱정벌레과에 딸린 곤충들은 땅 위에 살면서 작은 동물들을 잡아먹고 산다. 보통은 몸집이 작고 검다. 돌이나 가랑잎이나 썩은 나무토막 밑에서 산다. 작은 딱정벌레들은 먼지벌레과에 넣고, 크고 화려하며 가짓수가 적은 것은 딱정벌레과로 다시 나누기도 한다. 우리나라에서 먼지벌레는 400종쯤 알려졌지만 아직 이름도 밝혀지지 않은 종이 더 많다. 딱정벌레는 50종쯤 알려져 있고 그중에서 '홍단딱정벌레'가 가장 크다. '멋쟁이딱정벌레'는 크기나 생김새가 홍단딱정벌레와 비슷하다. 무늬나 생김새가 조금 다른 '명주딱정벌레'도 있다. 모두 다 먹이나 사는 곳이 비슷하고 뒷날개가 없어서 날지 못한다.

한살이 어른벌레는 이른 봄부터 늦가을까지 볼 수 있다. 한여름에 가장 많다. 알은 땅속에 낳고 애벌레는 땅속이나 땅 위에 산다. 아직 한살이가 자세하게 밝혀지지 않았다.

생김새 홍단딱정벌레는 몸길이가 25~45mm이다. 등이 둥글고 붉은빛을 띠며 윤이 난다. 여기에 푸른색이 섞인 것도 있고, 아예 풀색이거나 파란색인 것도 있다. 딱지날개에는 큰 혹 석 줄과 작은 혹 넉 줄이 번갈아가며 늘어서 있다. 다리는 검고 윤이 난다.

다른 이름 진홍단딱정벌레, 청단딱정벌레

크기 25~45㎜

나타나는 때 5~9월

먹이 지렁이, 달팽이 같은 작은 동물

한살이 알 ▶ 애벌레 ▶ 번데기 ▶ 어른벌레

홍단딱정벌레 ×3
1997년 10월 경북 예천

물방개

Cybister japonicus

물방개는 연못이나 웅덩이나 논이나 도랑에 산다. 물이 얕고 물풀이 있는 곳에 많다. 애벌레와 어른벌레가 모두 물속에 산다. 물방개는 둥글넓적하게 생겼다. 뒷다리가 배를 젓는 노처럼 생기고 가는 털이 나 있어서 빠르고 힘차게 헤엄칠 수 있다. 다른 벌레나 물고기나 달팽이를 잡아먹는다. 죽은 물고기나 개구리도 먹어서 '물속의 청소부'라는 별명이 붙었다. 숨을 쉴 때는 딱지날개 밑이나 다리와 몸통 사이에 지니고 있던 공기로 숨을 쉰다. 탁한 공기를 바꿀 때는 배 끝을 물 밖으로 내놓고 바꾼다.

암컷은 딱지날개에 아주 가는 주름이 있어서 윤기가 없지만, 수컷은 딱지날개가 기름을 칠한 듯이 반들거린다. 그래서 물방개를 '기름도치'라고도 한다. 옛날에는 잡아서 구워 먹기도 했다. 먹을 수 있어서 물방개를 '쌀방개'라고도 했다. 얼마 전까지만 해도 들판이나 논가에 있는 물웅덩이에 물방개가 흔했다. 밤에 불빛을 보고 날아오기도 했다. 물이 더러워지면서 사라져서 지금은 귀해졌다.

여러 가지 물방개 물방개는 전 세계에 4천 종이 넘게 알려져 있고, 우리나라에는 50종쯤 알려져 있다. 우리나라에 사는 것 가운데는 '물방개'가 가장 크다. '꼬마줄물방개'는 크기가 10~11mm쯤 된다. 등딱지가 누런 밤색이고 검은 줄이 있다. '줄물방개'는 꼬마줄물방개보다 조금 크고 딱지날개 양옆에 굵고 누런 줄이 두 줄 있는데 날개 중간 뒤쪽에서 합쳐진다. '검정물방개'는 온몸이 번들거리는 검정색이어서 쉽게 알아볼 수 있다.

한살이 어른벌레는 한 해에 한 번 생긴다. 봄에 짝짓기를 하고 물풀이나 돌 틈에 알을 낳는다. 알을 낳고 한 달쯤 지나면 애벌레가 깨어난다. 다 자란 애벌레는 물 밖으로 기어 나와서 땅속에 구멍을 파고 그 속에서 번데기가 된다. 번데기에서 어른벌레가 되면 다시 물속으로 돌아간다. 어른벌레로 겨울을 난다.

생김새 물방개는 몸길이가 35~40mm다. 딱지날개는 풀빛이 도는 검은색이다. 딱지날개 가장자리에 누르스름한 테두리가 있다. 수컷은 등이 매끈매끈하고 윤이 나지만, 암컷은 까실까실하고 윤이 나지 않는다. 알은 가늘고 길다. 길이는 10mm쯤 되며 조금 휘었고 누런색을 띤다. 애벌레는 가늘고 길며, 날카로운 큰턱이 있다.

다른 이름 기름도치[북], 말선두리, 물강구, 방개, 쌀방개

크기 35~40㎜

나타나는 때 4~10월

먹이 물벌레, 물고기, 개구리

한살이 알 ▶ 애벌레 ▶ 번데기 ▶ 어른벌레

멸종위기야생생물 Ⅱ급

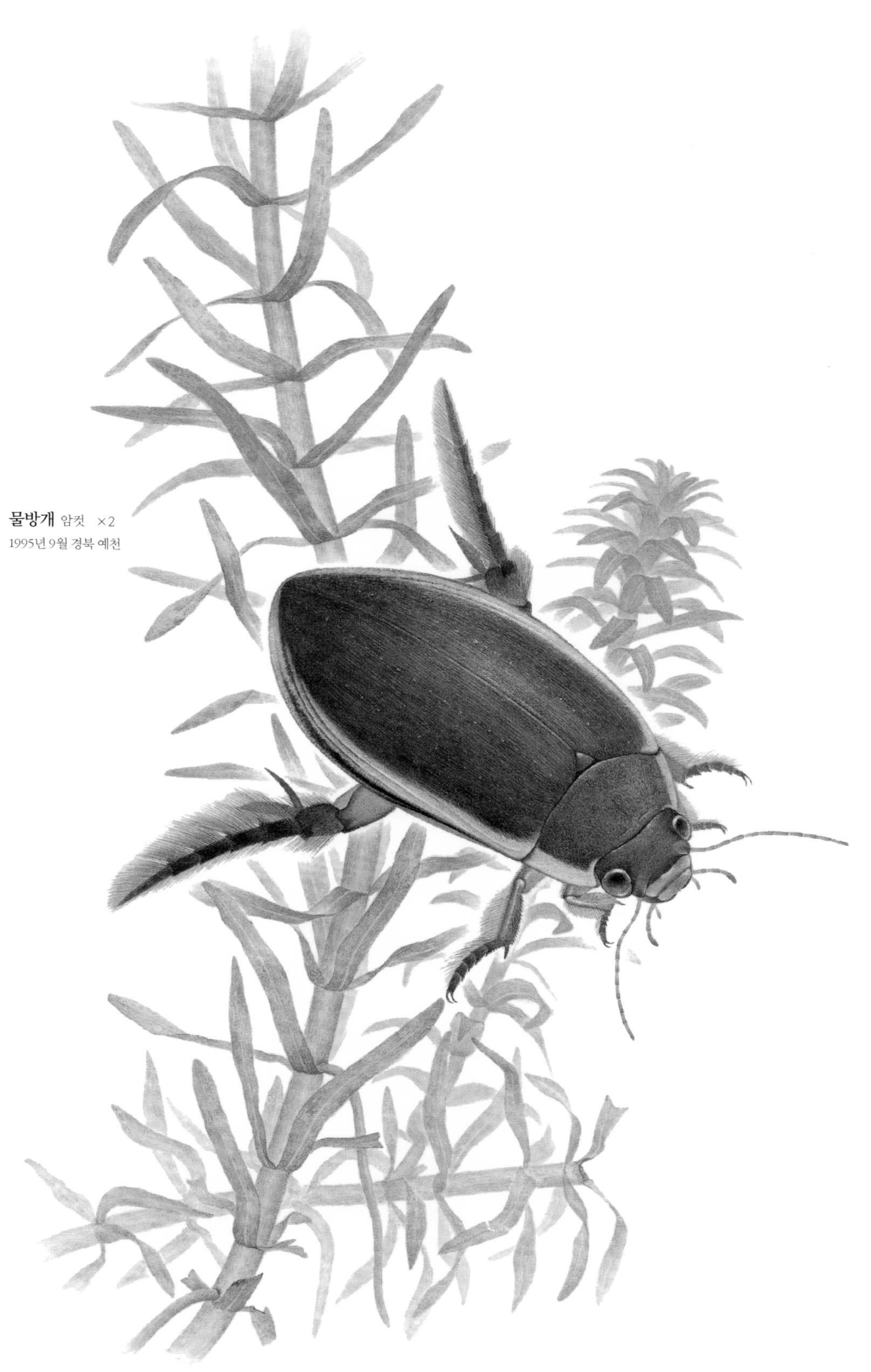

물방개 암컷 ×2
1995년 9월 경북 예천

물맴이

Gyrinus japonicus

물맴이는 고여 있거나 느리게 흐르는 물에서 산다. 몸통은 달걀꼴인데 작고 새카맣고 진주알처럼 윤기가 난다. 물 위를 좌좌 재빠르게 헤엄치는데 이리저리 방향을 바꿔 가면서 달리거나 원을 그리며 맴돈다. 그러다가 여러 마리가 한데 모여서 함께 둥글게 원을 하나 그리며 빙글빙글 맴돈다. 연못이나 웅덩이뿐만 아니라 논에서도 맴돌이를 한다. 물이 더러워지면서 지금은 보기 힘들게 되었다. 두세 마리씩은 가끔 보여도 수십 마리가 한데 모여서 도는 것은 보기 어렵다.

물맴이가 재빠르게 헤엄쳐 다니는 것은 공중에서 물 위로 떨어지는 벌레들을 잡아먹으려는 것이다. 물맴이 눈은 위아래로 나뉘어 있다. 위쪽 눈은 날아다니는 곤충을 보고, 아래쪽 눈은 물에 떨어진 먹이를 본다. 앞다리는 아주 크고 튼튼해서 먹이를 잡기 좋고, 가운뎃다리와 뒷다리는 짧지만 넓적한 노처럼 생겨서 빠르게 헤엄칠 수 있다. 적을 만났거나 쉴 때는 재빨리 물 밑으로 내려가 숨어 있다가 괜찮아지면 물 위로 똑바로 솟구쳐 올라온다. 밤에는 불빛을 보고 날아들기도 한다. 손으로 잡으면 냄새를 피운다.

여러 가지 물맴이 물맴이는 우리나라에 6종이 있다. 거의 고인 물에 살지만 흐르는 물에 사는 것도 있다. 흐르는 물은 사람들이 산을 개발하면서 많이 더러워졌다. 그래서 흔하던 '물맴이'도 많이 줄어들었고, 가장 몸집이 큰 '왕물맴이'도 지금은 거의 보이지 않는다. 다른 종들은 옛날에도 많지 않았다.

한살이 봄부터 여름 사이에 물가에 자라는 물풀이나 물 위에 떠 있는 풀 또는 나뭇조각에 알을 낳는다. 애벌레는 물속에서 장구벌레 같은 작은 벌레를 잡아서 체액을 빨아 먹는다. 애벌레가 다 자라면 물가로 나와 흙 속에서 번데기가 된다. 어른벌레는 겨울만 빼고 봄부터 가을까지 아무 때나 돌아다닌다.

생김새 물맴이는 몸길이가 6~7mm쯤 된다. 몸이 달걀꼴이고 럭비공을 반으로 잘라 놓은 것처럼 등이 높다. 몸 빛깔은 새까만데 머리 가장자리는 구리색, 딱지날개 가장자리는 구릿빛이 도는 붉은색이다. 등 전체가 반짝인다. 암컷은 아주 가는 홈이 오톨도톨하게 파여서 반짝이지 않는다. 알 길이는 1.5mm쯤 된다.

다른 이름 물무당, 물매암이

크기 6~7㎜

나타나는 때 3~10월

먹이 물 위에 떨어지는 벌레

한살이 알 ▶ 애벌레 ▶ 번데기 ▶ 어른벌레

물맴이 ×8
1996년 10월 경기도 남양주

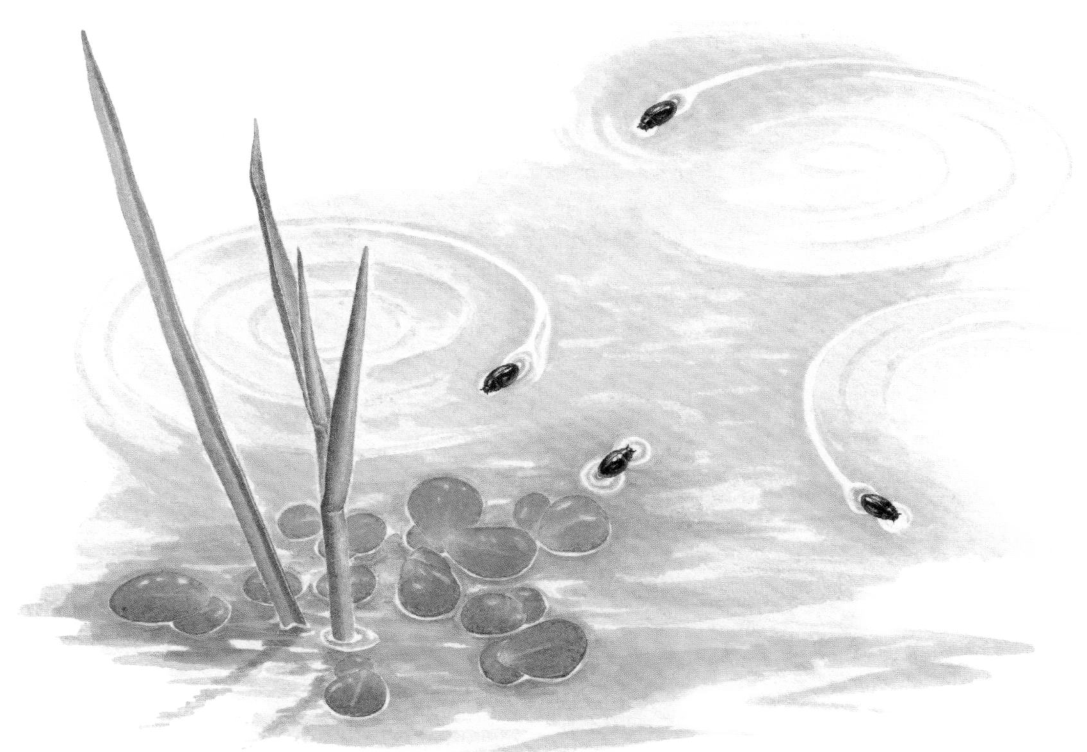

물 위를 맴도는 물맴이

물땡땡이

Hydrophilidae

물땡땡이는 연못이나 논처럼 고인 물에서 산다. 봄부터 가을까지 아무 때나 볼 수 있다. 물방개보다 조금 작고 느리게 헤엄친다. 물방개는 구워 먹어서 '쌀방개', 물땡땡이는 구워 먹지 않아서 '똥방개', '보리방개'라고 하기도 했다. 드물지만 물땡땡이도 둠벙에서 고기를 잡다가 그물에 걸리면 잡아서 먹었다.

'잔물땡땡이'는 여름밤에 불빛을 보고 날아온다. 애벌레는 작은 벌레를 잡아먹고, 어른벌레는 돌말 같은 물풀이나 물에 떨어진 가랑잎이나 썩은 풀을 먹는다. 우리나라에서는 잔물땡땡이보다 '물땡땡이'를 더 흔하게 볼 수 있다. 물땡땡이는 잔물땡땡이보다 크고 등이 높다. 물땡땡이는 머리와 날개 끝 쪽이 좁아서 뾰족해 보이고 잔물땡땡이는 몸 뒤쪽이 둥글다. 물속에 사는 물땡땡이들은 알을 묵처럼 말랑말랑하고 속이 비치는 알주머니 안에 낳는다. 물땡땡이는 이 알주머니를 물풀에 붙여 놓고, 잔물땡땡이는 물 위에 띄워 놓는다. 물땡땡이는 낮에도 쉽게 볼 수 있지만 잔물땡땡이는 낮에는 숨어 있을 때가 많다.

다른 이름 똥방개, 보리방개

여러 가지 물땡땡이 우리나라에는 물땡땡이가 30종쯤 알려져 있다. 물땡땡이들은 겹눈이 아주 크고, 겹눈 사이에 있는 더듬이는 아주 짧고 끝이 곤봉처럼 생겼다. 봄부터 가을 사이에 어느 때나 볼 수 있다. 다른 곤충보다 크기가 작은 편이다. 가장 큰 것이 50mm이고, 소똥에 모이는 것은 2~4mm쯤 되는 작은 것이다. 물속에 사는 종이 많지만 물이 가까운 땅속에서 사는 것도 있다. '소똥물땡땡이'는 꾸덕꾸덕 마른 소똥 속에 살면서 소똥을 먹는다. '모래톱물땡땡이'는 모래 속에 살면서 썩은 풀을 먹는다. 물땡땡이 무리는 이처럼 썩은 풀이나 똥을 먹고 살아서 '청소 곤충'이라는 별명이 붙었다.

한살이 아직 한살이가 자세하게 밝혀지지 않았다.

생김새 잔물땡땡이는 몸길이가 15~18mm이다. 우리나라 물땡땡이 가운데 두 번째로 크다. 등딱지가 검고 윤이 난다. 입술 둘레에 난 수염과 더듬이가 누런 밤색이다. 다리는 붉은 밤색이다. 배마디 옆에 있는 무늬도 붉은 밤색이다.

잔물땡땡이

크기 15~18㎜

나타나는 때 4~10월

먹이 물풀, 썩은 풀

한살이 알 ▶ 애벌레 ▶ 번데기 ▶ 어른벌레

잔물땡땡이 *Hydrochara affinis* ×4
1997년 8월 경기도 포천

송장벌레

Silphidae

송장벌레는 흔히 동물의 시체에 모인다. 죽은 동물을 뜯어 먹고, 그 속에 알을 낳는다. 그래서 '송장벌레'라는 이름이 붙었다. 새나 쥐나 뱀 같은 동물이 죽어서 땅 위에 나뒹굴면 밤에 냄새를 맡고 모여든다. 봄부터 가을 사이에 돌아다니지만 여름에 더 많다.

송장벌레는 동물 시체를 발견하면 암컷과 수컷이 함께 땅을 판다. 시체 바로 밑으로 들어가서 알맞은 넓이로 구덩이를 파고 시체를 묻는다. 다 묻고 나면 짝짓기를 하고 그 속에 알을 낳는다. 알에서 깨어난 애벌레는 시체를 먹고 자란다. 송장벌레 가운데는 살아 있는 나비나 나방 애벌레, 달팽이를 잡아먹는 것도 있다.

여러 가지 송장벌레 송장벌레 무리는 전 세계에 200종 남짓 살고 있다. 우리나라에는 27종이나 살고 있어서 많이 사는 셈이다. 이들 가운데 '넉점박이송장벌레'와 '큰넓적송장벌레'가 흔한 편이고 우리나라 어디서나 보인다. '큰수중다리송장벌레'는 몸이 크고 납작하고 빛깔이 검다. '검정송장벌레'는 몸통이 도톰하고 색깔은 검다. 송장벌레 가운데 가장 커서 몸길이가 아무리 작아도 25mm이고, 큰 것은 45mm나 된다. 송장벌레는 더듬이가 곤봉 모양이다. 온몸이 까만 것도 있지만 딱지날개에 주황색 띠무늬가 있는 종이 많다. '우단송장벌레', '점박이송장벌레', '대모송장벌레' 따위는 다 몸이 납작하고, 앞가슴등판은 주황색이다.

한살이 한 해에 한 번 발생한다. 어른벌레는 나무나 흙 속에서 겨울을 난다. 이른 봄에 짝짓기를 하고 알을 낳는다. 애벌레는 번데기를 거쳐서 어른벌레가 된다.

생김새 큰넓적송장벌레는 몸길이가 17~23mm이다. 몸이 넓고 납작하고 푸른빛이 도는 검은 색이다. 딱지날개에 세로줄이 있다. 날개 끝 부분이 들어간 것이 암컷이고, 둥근 것은 수컷이다. 머리 앞쪽에 집게처럼 생긴 큰턱이 있다.

큰넓적송장벌레

크기 17~23㎜

나타나는 때 5~8월

먹이 죽은 동물

한살이 알 ▶ 애벌레 ▶ 번데기 ▶ 어른벌레

큰넓적송장벌레 *Eusilpha jakowlewi* 암컷 ×4½
1995년 11월 경기도 광릉

죽은 지렁이에 모인 송장벌레

넓적사슴벌레

Dorcus titanus castanicolor

넓적사슴벌레는 우리나라에서 흔히 볼 수 있는 사슴벌레 가운데 하나다. 옛날에는 참나무에서 넓적사슴벌레를 잡아 싸움을 붙이며 놀기도 했다. '집게벌레'라고 많이 불렀다.

넓적사슴벌레는 사슴벌레과 곤충 가운데 몸집이 가장 크다. 몸 빛깔은 보통 광택이 나는 검은빛이지만 이따금 보랏빛이 도는 갈색을 띠기도 한다. 머리는 짧다. 수컷은 집게처럼 생긴 크고 튼튼한 큰턱이 있다. 큰턱은 앞으로 나란히 곧게 뻗다가 끝 부분에서 갑자기 안쪽으로 구부러진 모양이다. 큰턱 안쪽에는 크고 작은 돌기들이 있는데 머리와 가까운 쪽 돌기가 가장 크며 끝 쪽으로 가면서 작은 돌기들이 들쭉날쭉 나 있다. 암컷의 큰턱은 수컷에 견주면 짧지만 날카롭고 뾰족하여 단단한 나무도 쉽게 구멍을 낼 수 있다.

넓적사슴벌레는 주로 넓은잎나무에서 붙어산다. 낮에는 땅속으로 파고들거나 참나무 같은 나무 속에 숨거나 나무줄기에 붙어서 쉰다. 주로 밤에 움직이며 나뭇진이나 익은 과일에 잘 모인다. 불빛이 있으면 날아오기도 한다. 그래서 거리 등 밑에서 사람에게 밟혀 죽거나 밤길을 달리는 차에 치여 죽는 경우가 많다.

옛날 민간에서는 류머티즘이나 임산부가 아이를 낳는 것이 순조롭지 않을 때 약으로 썼다. 요즘에는 애완 곤충으로 많이 기른다.

한살이 어른벌레는 5~10월까지 볼 수 있다. 늦은 봄부터 가을에 알을 낳는다. 수컷은 먹이가 많은 나무에서 암컷이 오기를 기다렸다가 짝짓기를 한다. 암컷은 주로 죽은 참나무 가운데 굵기가 굵고 땅속에 묻혀 있는 나무에 알을 낳는다. 밤나무, 미루나무, 뽕나무 같은 나무에도 알을 낳는다. 어른벌레로 겨울을 난다.
생김새 넓적사슴벌레 수컷은 몸길이가 20~50mm, 암컷은 20~35mm이다. 수컷은 큰턱이 4~23mm이고, 암컷의 큰턱은 수컷에 비해 짧지만 날카롭고 뾰족하다. 집게처럼 생긴 큰턱 안쪽에는 돌기가 우툴두툴 나 있다. 몸은 넓고 납작하며 몸 빛깔은 흔히 광택이 나는 검은빛이다. 암컷이 수컷보다 광택이 난다.

크기 20~50㎜
나타나는 때 5~10월
먹이 나뭇진, 익은 과일
한살이 알 ▶ 애벌레 ▶ 번데기 ▶ 어른벌레

넓적사슴벌레 수컷과 암컷 ×1
2017년 6월 경기도 남양주 덕소

톱사슴벌레

Prosopocoilus inclinatus

톱사슴벌레는 앞으로 길게 뻗은 큰턱이 돋보인다. 큰턱이 길 뿐만 아니라 아래쪽으로 휘었다. 큰턱 안쪽에 작은 이빨처럼 생긴 돌기가 나 있어서 마치 사슴이나 노루의 뿔처럼 보인다. 덩치가 작은 것들은 안쪽 돌기가 작고 많아서 마치 톱날 같다. 그래서 '톱사슴벌레'라는 이름이 붙었다. 큰턱은 암컷을 차지하려고 수컷끼리 싸우거나 먹이를 두고 다른 곤충과 싸울 때 쓴다. 집게 같은 큰턱으로 상대를 잡고 들어 올려 던지거나 꽉 물어서 힘을 못 쓰게 한다.

톱사슴벌레는 상수리나무나 졸참나무에서 흘러나오는 진을 먹는다. 과일나무에 모여 과일에서 단물을 핥아 먹기도 한다. 혀가 솔처럼 생겨서 핥아 먹기에 알맞다. 밤에 돌아다니고 불빛에 날아든다.

짝짓기를 마친 암컷은 나무둥치 밑을 파고 알을 하나씩 낳는다. 알을 낳은 자리는 흙으로 덮어서 안 보이게 한다. 애벌레는 죽은 나무속을 파먹으며 자라서 여름에 어른벌레가 된다. 숲이 줄어들면서 사슴벌레도 수가 많이 줄었다.

여러 가지 사슴벌레 사슴벌레 무리는 큰턱의 생김새를 보고 종류를 알아볼 수 있다. '애사슴벌레'는 몸집이 작고 턱이 가는 편이다. '왕사슴벌레'는 큰턱이 짧고 턱에 난 이가 위쪽으로 많이 휘어져 있다. '넓적사슴벌레'는 큰턱뿐만 아니라 몸뚱이도 납작하다.

한살이 알에서 어른벌레가 되는 데 이삼 년쯤 걸린다. 알은 이 주일쯤 지나면 깨어난다. 애벌레는 내내 나무 속에서 살면서 세 번 허물을 벗는다. 봄에 번데기가 된 것은 이십 일쯤 지나면 어른벌레가 되어 나무 밖으로 나온다. 가을에 번데기가 된 것은 이듬해 봄까지 번데기로 지낸다.

생김새 톱사슴벌레 수컷은 몸길이가 23~45mm, 암컷은 23~33mm쯤 된다. 수컷은 큰턱이 6~25mm 남짓이고 암컷은 큰턱이 있는 듯 없는 듯 아주 작다. 몸 색깔은 보통 붉은 밤색이지만 더러는 검은 밤색도 있다. 알은 젖빛이고 달걀처럼 조금 둥글다. 길이는 2mm쯤 된다. 갓 깨어난 애벌레는 몸이 하얗다가 조금 지나면 입 쪽은 밤색, 머리는 누르스름하게 바뀐다. 다 자란 애벌레는 몸길이가 50mm쯤 된다. 번데기 모습이 어른벌레와 아주 비슷하다.

다른 이름 집게벌레, 하늘가재, 찍게

크기 23~45㎜

나타나는 때 6~9월

먹이 나뭇진

한살이 알 ▶ 애벌레 ▶ 번데기 ▶ 어른벌레

톱사슴벌레 수컷 ×2
1995년 7월 서울 노원구 불암산

나무에 붙어 있는 톱사슴벌레 암컷과 수컷
1999년 8월 서울 노원구

보라금풍뎅이

Chromogeotrupes auratus

보라금풍뎅이는 소똥구리처럼 똥을 먹고 산다. 조금 마른 소똥을 들춰 보면 그 밑에 보라금풍뎅이들이 모여 있는 것을 볼 수 있다. 몸은 공처럼 동글동글하고 반짝이는 보랏빛인데 푸른빛이 도는 것도 있고 붉은빛이 도는 것도 있다. 금빛이 도는 풀색이나 자주색도 있다. 이들은 똥을 둥글게 만들어서 똥 속에 알을 낳는다.

우리나라 남쪽 지방에서는 보기 어렵고, 강원도 북쪽 지방에는 제법 많다. 남쪽에서도 지리산처럼 높은 산에서는 보인다. 높은 산에는 소 같은 집짐승이 없어서 사람 똥이나 죽은 새나 쥐의 시체에도 모인다.

여러 가지 금풍뎅이 금풍뎅이는 우리나라에 네 종류가 있다. '보라금풍뎅이'와 '북방보라금풍뎅이', '무늬금풍뎅이'와 '참금풍뎅이'다. 보라금풍뎅이와 북방보라금풍뎅이는 무척 닮았다. 자세히 보면 머리 앞쪽이 서로 다르게 생겼다. 또 북방보라금풍뎅이 수컷은 앞다리 종아리마디 아래쪽에 돌기가 한 개 있지만 보라금풍뎅이는 돌기가 서너 개다. 둘 다 어려서나 자라서나 똥을 먹는다. 무늬금풍뎅이와 참금풍뎅이는 드물어서 보기가 어렵고, 보라금풍뎅이와 많이 다르게 생겼다.

한살이 어른벌레는 4월부터 짐승 똥이나 시체에 모인다. 똥을 뭉쳐서 땅속으로 가져가 거기에다 알을 낳는다. 애벌레가 깨어나면 똥을 먹고 자라다가 겨울을 나고 이듬해 봄에 어른벌레가 된다.

생김새 보라금풍뎅이는 몸길이가 14~20mm이다. 둥근 공 모양이다. 빛깔은 매우 화려하고 여러 가지다. 수컷 앞다리 종아리마디에 긴 돌기가 서너 개 있다. 암컷은 돌기가 없다.

크기 14~20㎜

나타나는 때 6~9월

먹이 동물 똥, 죽은 동물

한살이 알 ▶ 애벌레 ▶ 번데기 ▶ 어른벌레

보라금풍뎅이 ×4
1995년 8월 강원도 춘천

소똥구리

Scarabaeidae

소똥구리는 소똥이나 말똥이 있는 곳에서 똥을 먹고 산다. 어른벌레는 똥을 경단처럼 동그랗게 빚어서 미리 파 놓은 굴로 굴려 간다. 그리고 나서 소똥 경단 속에 알을 낳는다. 알에서 깨어난 애벌레는 소똥 경단을 먹고 자란다. 소똥이나 말똥에는 덜 소화된 풀과 함께 영양분이 들어 있다. 소똥구리는 똥을 먹어서 없애 주고, 똥에 파리가 날아오면 쫓아 버린다.

예전에는 소가 지나다니는 길이나 소를 매어 둔 냇가에서 소똥구리가 똥 경단을 굴리는 것을 쉽게 볼 수 있었다. 요즘은 소똥구리를 보기가 아주 힘들어졌다. 소똥구리는 풀을 먹은 소가 눈 똥에서만 산다. 사료를 먹고 눈 똥에는 덜 소화된 풀과 영양분이 없다. 게다가 방부제가 들어 있어서 자칫하면 이것을 먹고 소똥구리가 죽기도 한다. 농약을 많이 치면서 소똥구리가 굴을 파고 사는 땅도 오염되었다. 그래서 이제는 소똥구리가 거의 사라졌다.

소똥구리는 환경부에서 멸종위기야생생물 Ⅱ급으로 정하여 보호하고 있다.

다른 이름 말똥구리, 쇠똥구리

여러 가지 소똥구리 우리나라에 사는 소똥구리는 30종이 넘게 알려져 있다. 크기나 생김새도 여러 가지고, 사는 모습도 가지각색이다. '왕소똥구리', '뿔소똥구리', '소똥구리'는 크기가 크고, '애기뿔소똥구리'나 '창뿔소똥구리'는 그보다 작다. 뿔소똥구리는 애기뿔소똥구리보다 훨씬 크고, 더 많은 곳에 퍼져 산다. 우리나라에 가장 많던 소똥구리는 이제 거의 보이지 않는다. 소똥구리 무리 가운데는 사람 똥이나 동물 시체에 모이는 것도 있다.

한살이 애기뿔소똥구리는 한 해에 한 번 발생한다. 땅속에서 어른벌레로 겨울을 난 뒤 이듬해 봄에 밖으로 나온다. 이른 여름에 땅속에 굴을 파고 소똥을 가져와서 굴속에 밀어 넣고 거기에다 알을 낳는다. 애기뿔소똥구리는 소똥에 알을 낳고 나서 소똥 옆에서 알을 지킨다. 알이 깨어나고 애벌레로 자라서 어른벌레가 될 때까지 지켜 준다. 곤충들은 알을 낳고 나면 죽는 것이 많다. 하지만 뿔소똥구리와 소똥구리 무리는 바로 죽지 않고 새끼를 보살펴 준다.

생김새 애기뿔소똥구리는 몸길이가 14~16mm이다. 몸이 아주 똥똥하다. 온몸이 새까맣고, 반짝반짝 윤이 난다. 수컷은 이마에 기다란 뿔이 있고, 앞가슴등판에도 양옆과 앞쪽에 뿔이 여러 개 있다. 알은 젖빛이고 긴달걀꼴이다. 길이는 5~6mm, 굵기는 2~3mm이다. 소똥구리도 다른 풍뎅이들처럼 애벌레를 '굼벵이'라고 한다. 굼벵이는 젖빛이고, 조금 길고 둥근 통 모양이다. 앞가슴등판이 불룩하게 솟아올랐다.

애기뿔소똥구리

크기 14~16㎜

나타나는 때 4~10월

먹이 동물 똥

한살이 알 ▶ 애벌레 ▶ 번데기 ▶ 어른벌레

멸종위기야생생물 Ⅱ급

애기뿔소똥구리 *Copris tripartitus* 수컷 ×5
1993년 대전 동구

소똥을 먹는 소똥구리 애벌레

왕풍뎅이

Melolontha incana

왕풍뎅이는 다른 풍뎅이들보다 몸집이 크다. 그래서 '왕풍뎅이'라는 이름이 붙었다. 왕풍뎅이는 참나무가 많은 낮은 산에서 산다. 밤나무나 참나무 잎을 먹는데 나무에 해가 될 만큼 많이 먹지는 않는다. 봄부터 가을까지 보이는데 한여름에 많고, 밤에 불빛을 보고 날아온다.

알은 나무가 우거진 숲의 땅속에다 낳는다. 과수원에 날아와서 알을 낳기도 한다. 애벌레가 깨어나면 땅속에 살면서 나무뿌리를 갉아 먹는다. 애벌레 수가 많아지면 나무가 잘 못 자라고 열매가 굵어지지 못할 정도로 뿌리를 먹어 치운다. 복숭아나무, 배나무, 포도나무에도 자주 날아오는데 수가 많아지면 농사에 해가 된다.

한살이 알에서 어른벌레가 되는 데 두 해가 걸린다. 첫해는 어린 애벌레로, 두 번째 해는 다 자란 애벌레로 땅속에서 겨울을 난다. 6월에 땅속에서 흙집을 짓고 번데기가 된다. 6월 말에 날개돋이를 한다. 7월에서 8월 사이에 전등불에 날아드는 일이 잦다. 밤에 짝짓기를 하고 땅속에 들어가 알을 낳는다. 알은 8월에서 9월 사이에 깨어난다.

생김새 왕풍뎅이는 몸길이가 30mm 안팎이다. 몸 바탕색은 밤색이나 붉은 밤색이다. 아주 짧고, 잿빛이 도는 누런 털로 온몸이 덮여 있다. 수컷은 더듬이 끝 마디가 무척 크고 길다. 애벌레는 '굼벵이'라고 한다. 머리는 밤색이고 몸은 젖빛이다.

크기 30㎜ 안팎

나타나는 때 7~9월

먹이 나뭇잎

한살이 알 ▶ 애벌레 ▶ 번데기 ▶ 어른벌레

왕풍뎅이 수컷 ×3
1995년 8월 강원도 춘천

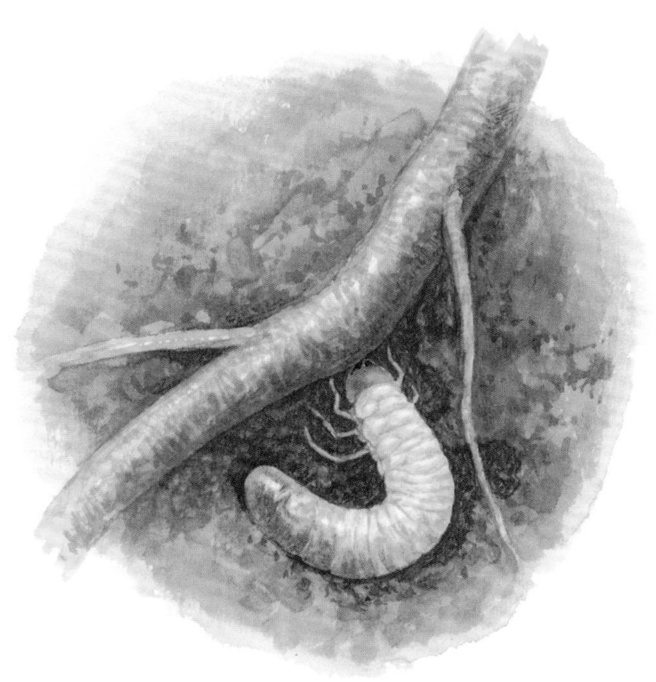

왕풍뎅이 애벌레

장수풍뎅이

Allomyrina dichotoma

장수풍뎅이는 우리나라 풍뎅이 가운데 가장 크고, 몸이 단단한 껍질로 싸여 있다. 수컷은 머리에 긴 뿔이 나 있고 가슴등판에도 뿔이 나 있다. 머리 뿔은 사슴뿔처럼 가지가 있고, 가슴 뿔도 나뭇가지처럼 끝이 갈라졌다.

장수풍뎅이는 넓은잎나무가 많은 산에서 산다. 해가 지면 참나무에 모여들어 참나무 진을 먹고 짝짓기를 하기도 한다. 장수풍뎅이 혀는 붓처럼 생겨서 나뭇진을 잘 핥아 먹는다. 나무를 옮겨갈 때는 딱딱한 겉날개를 쳐들고 얇은 속날개를 넓게 펴서 날아간다. 장수풍뎅이는 몸집이 커서 날 때 “부르르릉” 하고 요란한 소리가 난다. 밤에 불빛을 보고 날아오기도 한다. 낮에는 나무 틈이나 가랑잎 아래 숨어 있어서 눈에 잘 띄지 않는다. 숨어 있으니 곤충을 잡아먹는 새들에게 들키지도 않는다.

장수풍뎅이 암컷은 한여름에 썩은 가랑잎이나 두엄 밑으로 파고 들어가 알을 낳는다. 썩고 있는 풀이나 나무는 애벌레 먹이가 되고, 또 따뜻해서 살기에도 좋다.

한살이 한여름에 알을 낳으면 열흘이나 보름쯤 지나서 애벌레가 깨어 나온다. 가을이 되면 허물을 두 번 벗고 세 살이 된다. 곤충은 알에서 깨어나면 한 살이고 허물을 한 번 벗을 때마다 한 살씩 더 먹는다. 세 살 난 장수풍뎅이 애벌레는 땅속에서 겨울잠을 잔다. 이듬해 봄에 깨어나서 5월 말이나 6월 초까지 더 많이 먹고 더 크게 자란다. 다 자라면 몸길이가 100mm쯤 된다. 두엄에서 땅바닥까지 파고 내려가 땅바닥에 번데기 방을 만든다. 그곳에서 번데기가 되어 보름이나 20일쯤 지나면 어른벌레가 된다. 보통 어른벌레가 된 뒤에도 땅속에서 열흘에서 보름쯤 머물렀다가 땅 밖으로 나온다.

생김새 장수풍뎅이는 몸길이가 작은 것도 30mm가 넘고, 큰 것은 55mm를 넘는다. 몸은 붉은 밤색이고 뚱뚱하다. 암컷은 수컷보다 색이 더 짙고, 머리와 가슴등판에 뿔이 없다. 알은 길이가 3mm이고 젖빛이다. 시간이 지날수록 점점 커진다. 갓 나온 애벌레는 희고 몸길이가 10mm쯤 된다. 몸에 짧은 털이 조금 나 있다. 알에서 나와 조금 지나면 머리 부분이 밤색으로 바뀐다.

크기 30~55㎜

나타나는 때 7~9월

먹이 나뭇진

한살이 알 ▶ 애벌레 ▶ 번데기 ▶ 어른벌레

국외반출승인대상생물종

장수풍뎅이 수컷 ×1
2000년 8월 서울 노원구

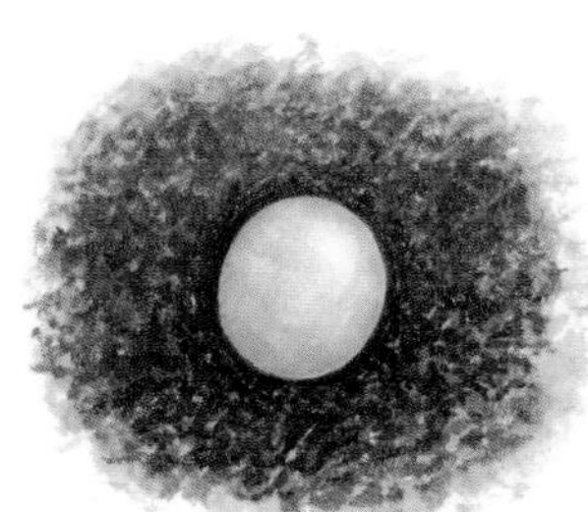

땅속에 낳은 장수풍뎅이 알

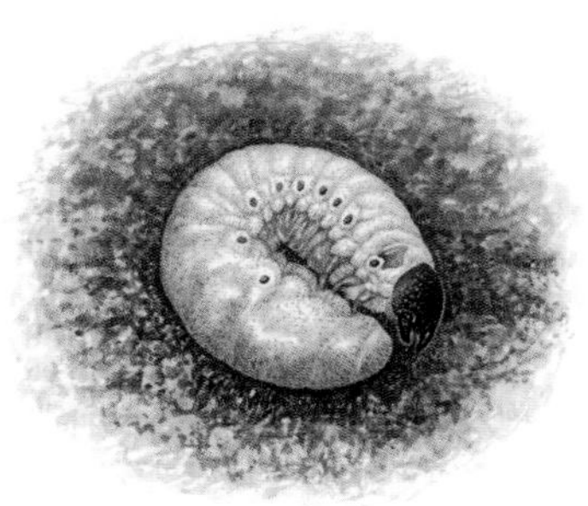

땅속에서 겨울을 나는 장수풍뎅이 애벌레

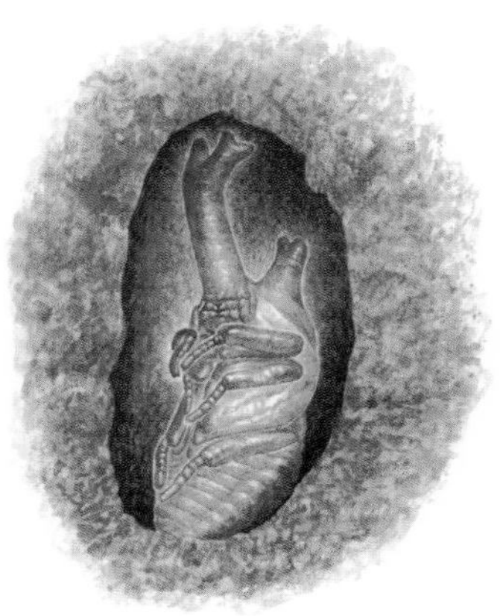

번데기 방 속의 장수풍뎅이 번데기

등얼룩풍뎅이

Blitopertha orientalis

등얼룩풍뎅이는 3월에서 11월 사이에 잔디밭이나 햇볕이 잘 드는 풀섶에서 볼 수 있다. 작고 동글동글하며 가끔씩 날기도 한다. 낮에 나와서 나뭇잎이나 풀잎을 갉아 먹는다. 애벌레는 땅속에서 잔디 뿌리를 갉아 먹는다. 채소나 곡식이나 어린 나무뿌리도 먹는다.

생김새는 '연노랑풍뎅이'와 비슷하게 생겼다. 등얼룩풍뎅이는 딱지날개에 무늬가 있고, 연노랑풍뎅이는 무늬 없이 누렇기만 하다. 생김새만 닮은 것이 아니라 사는 곳이나 먹이도 비슷하다. 본디 우리나라에는 연노랑풍뎅이가 아주 많고 등얼룩풍뎅이는 드물었다. 하지만 요즘은 골프장이 늘면서 잔디 뿌리를 좋아하는 등얼룩풍뎅이가 많아지고 있다.

한살이 어른벌레는 6월쯤 알을 낳는다. 한살이는 아직 뚜렷하게 알려진 것이 없다.

생김새 등얼룩풍뎅이는 몸길이가 8~13.5mm이다. 딱지날개 위에 검거나 흰 둥근 무늬가 부챗살처럼 늘어서 있는데 어떤 것은 이 무늬가 뚜렷하지 않거나 없다. 온몸이 새까만 것도 있다. 무늬가 없는 것은 '연노랑풍뎅이'와 아주 비슷하다. 애벌레는 '굼벵이'라고 하는데 몸은 둥근 통 모양으로 길고 하얗다.

크기 8~13.5㎜

나타나는 때 3~11월

먹이 나뭇잎, 풀잎

한살이 알 ▶ 애벌레 ▶ 번데기 ▶ 어른벌레

등얼룩풍뎅이 수컷 ×6
1999년 6월 서울 노원구

풀잎에 앉아 있는 등얼룩풍뎅이
1999년 6월 서울 노원구

몽고청줄풍뎅이

Anomala mongolica

몽고청줄풍뎅이는 들판이나 산어귀 풀섶에서 산다. 몸이 뚱뚱하고 짙은 풀색이다. 밤이 되면 느릿느릿 기어다니면서 풀잎이나 나뭇잎을 갉아 먹는다. 낮에는 나뭇잎이나 풀잎에 매달려 있거나 땅속에 숨어 있어서 눈에 잘 띄지 않는다. 드물지만 낮에도 꽃 속이나 나뭇잎에 앉아 있기도 한다. 불빛을 보고 날아오기도 한다. 애벌레는 땅속에서 풀뿌리나 나무뿌리를 갉아 먹고 산다. 몽고청줄풍뎅이는 빛깔이 갖가지고, 다른 종인데 비슷하게 생긴 것이 많다. 그래서 이름을 알아내기가 어렵다.

몽고청줄풍뎅이와 비슷하게 생긴 풍뎅이를 통틀어서 '줄풍뎅이'라고 한다. 우리나라에는 13종이 있다. 줄풍뎅이는 몸 빛깔이 본디 푸른색인데 어떤 종은 색깔이 여러 가지다. 누런 밤색이나 붉은색, 보라색, 검은색을 띠기도 한다. 작은 것들은 크기가 11~14mm이고, 중간은 15mm쯤, 큰 종류는 17~25mm쯤 된다. 우리나라에서 가장 흔한 것은 '카멜레온줄풍뎅이'다. 크기는 중간이고, 색깔은 여러 가지다. 그다음으로 제주도와 남부 지방에는 '청동풍뎅이'가 많고, 중부 지방에는 몽고청줄풍뎅이가 많다. 바닷가 가까운 곳에는 '해변청동풍뎅이'가 있는데 흔하지는 않다. 모두 몸길이가 20mm쯤 되는 큰 것들이다.

여러 가지 풍뎅이 풍뎅이과에는 여러 종류의 풍뎅이가 딸려 있다. '줄풍뎅이' 무리, '콩풍뎅이' 무리, '다색풍뎅이' 무리, '금줄풍뎅이' 무리 따위가 있는데 그중에서도 줄풍뎅이가 가장 많다. 이렇게 종류는 갖가지라도 사는 모습은 다 비슷하다. 낮은 산이나 들판에 사는데 과일나무나 마당에 심은 나무에도 많다. 어른벌레는 풀잎이나 나뭇잎을 갉아 먹고 애벌레는 땅속에서 뿌리를 갉아 먹으며 자란다. 과일 농사에 해가 되는 것도 있다.

한살이 몽고청줄풍뎅이 한살이에 대해 아직 밝혀진 것이 없다.

생김새 몽고청줄풍뎅이는 몸길이가 17~25mm이다. 몸은 풀색인데 조금 검은 것도 있다. 몸집이 통통하고 등이 둥근 편이다. '청동풍뎅이'와 '해변청동풍뎅이'는 거의 똑같이 생겼다. 애벌레는 '굼벵이'라고 한다. 몸은 둥근 통 모양인데 길고, 빛깔은 하얗다. 다른 굼벵이에 견주면 다리가 길다.

다른 이름 몽고청동풍뎅이

크기 17~25㎜

나타나는 때 6~8월

먹이 나뭇잎, 풀잎

한살이 알 ▶ 애벌레 ▶ 번데기 ▶ 어른벌레

몽고청줄풍뎅이 ×4
1996년 7월 강원도 춘천

점박이꽃무지

Protaetia orientalis submarmorea

점박이꽃무지는 여름날 낮에 흔하고 잘 날아다닌다. 4월부터 9월까지 볼 수 있는데 6월에서 8월 사이에 가장 많이 보인다. '꽃무지'도 풍뎅이의 한 종류인데 등과 딱지날개에 흰무늬가 흩어져 있다. 꽃무지는 꽃에 잘 모이는데 점박이꽃무지들은 꽃보다는 나뭇진이 흘러나오는 나무줄기나 새가 쪼아서 흠집이 난 과일에 더 잘 모인다. 다른 풍뎅이들은 밤에 돌아다니는 것이 많지만 꽃무지들은 낮에 돌아다니는 것이 많다. 그래서 아이들이 흔히 '풍뎅이'라고 하면서 잡아 가지고 노는 것은 거의 다 점박이꽃무지거나 '풍이'다.

점박이꽃무지는 예전에는 초가지붕 속이나 두엄 더미 속에 알을 낳았다. 두엄 더미 속은 따뜻하고 축축한데다 먹을 것이 많아서 애벌레가 살기 좋다. 애벌레는 썩은 풀이나 가랑잎을 먹는다. 애벌레는 등에 털이 있고 다리가 짧다. 누워서 등에 난 털로 기는데 다른 굼벵이들보다 빨리 긴다.

약재 굼벵이는 오래 전부터 약으로 써 왔다. 살아 있는 것도 있고, 말린 것도 있다. 이 굼벵이는 '풍이'나 '점박이꽃무지' 애벌레다. 《동의보감》에서는 굼벵이를 '제조'라고 한다. 뼈가 부러졌거나 삔 데, 쇠붙이에 다친 데를 치료하고 젖이 잘 나게 한다고 한다.

한살이 알에서 어른벌레가 되는 데 한 해나 두 해가 걸리는 것으로 짐작된다. 한살이에 대해 자세히 알려지지 않았다.

생김새 점박이꽃무지는 몸길이가 20~25mm이고 등이 넓적하다. 빛깔은 풀색이고 윤이 난다. 조금 붉거나 엷은 밤색인 것도 있다. 머리방패판의 앞쪽은 위쪽으로 휘어져 올라갔고, 가운데는 안쪽으로 파였다. 딱지날개에는 작지만 칼로 파낸 듯이 또렷한 반달 모양 홈이 많다. 앞가슴등판과 딱지날개에 흰무늬가 흩어져 있다. 애벌레는 '굼벵이'라고 한다. 몸은 희고 길고 둥근 통 모양이다. 등에 짧고 빳빳한 털이 많이 나 있다.

다른 이름 흰점박이꽃무지, 점박이풍뎅이, 흰점박이풍뎅이, 애점박이꽃무지

크기 20~25㎜

나타나는 때 4~9월

먹이 나뭇진, 과일

한살이 알 ▶ 애벌레 ▶ 번데기 ▶ 어른벌레

점박이꽃무지 ×3
1996년 5월 경기도 남양주

풀색꽃무지

Gametis jucunda

풀색꽃무지는 우리나라에 사는 풍뎅이 가운데 가장 많다. 몸은 짙은 풀색이고, 등은 평평하다. 화창한 봄날이나 가을날 낮에 여러 마리가 꽃에 모여든다. 꽃 속에 머리를 틀어박고서 꿀도 먹고 꽃잎과 꽃술도 갉아 먹는다. 봄과 가을에 많이 보이고 한여름에는 드물다.

풀색꽃무지는 산과 들에 피는 온갖 꽃에 모인다. 찔레꽃이나 마타리 꽃이나 맥문동 꽃에 많다. 또 사과나무, 배나무, 복숭아나무, 앵두나무, 포도나무, 밤나무, 귤나무 꽃에도 모여든다. 씨방에 흠집을 내서 열매를 떨어지게 하기도 하고, 열매가 울퉁불퉁하게 자라게 한다. 애벌레는 땅속에 살면서 나무뿌리나 썩은 가랑잎도 먹고, 마른 소똥도 먹는다.

한살이 어른벌레는 3월에서 11월 사이에 나타난다. 5월 말에서 6월 중순 사이에 가장 많이 나타나고 9월부터 10월 사이에도 많이 나타난다. 가을에는 번데기로 있거나, 번데기를 거쳐 새로 어른벌레가 된 것이 관찰되었다.

생김새 풀색꽃무지는 몸길이가 12mm 안팎이다. 몸 색깔은 검고, 등은 평평하고 풀색이다. 앞가슴등판과 딱지날개에 누르스름한 작은 무늬들이 흩어져 있다. 온몸에 누런 털이 나 있다. 등이 아주 어두운 풀색이거나 붉은색이 섞인 것도 있고, 새까만 것도 있다. 머리방패판 앞쪽은 'V' 모양으로 깊게 파였다. 애벌레는 '굼벵이'라고 한다. 몸은 하얗고, 둥근 통 모양으로 길다. 등에 짧은 털이 많이 있다.

다른 이름 애꽃무지, 애기꽃무지, 애초록꽃무지

크기 12㎜ 안팎

나타나는 때 3~11월

먹이 꽃잎, 꽃술, 꿀

한살이 알 ▶ 애벌레 ▶ 번데기 ▶ 어른벌레

풀색꽃무지 ×3
2000년 9월 경기도 남양주

방아벌레

Elateridae

방아벌레는 뒤집어 놓으면 조금 있다가 탁 하면서 높이 튀어 올랐다가 떨어진다. 떨어질 때는 바른 자세로 떨어진다. 그래서 '똑딱벌레'라고도 한다. 곤충은 뒤집히면 제힘으로 몸을 바로 하지 못하는 것들이 많다. 하지만 방아벌레는 몸이 뒤집히면 공중으로 튀어 올랐다가 떨어지면서 몸을 바로 한다. 방아벌레는 가슴 양 끝에 조금 튀어나온 돌기가 있는데 이것이 지렛대 구실을 한다. 몸이 뒤집히면 이 돌기를 받침대로 삼아 튀어 오를 수 있다.

방아벌레는 몸이 납작하고 길쭉하다. 뒤쪽으로 갈수록 좁아져서 끝이 뾰족해 보인다. 나무줄기나 풀 위에 앉아 있는 일이 잦다. 더러는 개울가 모래땅에 사는 종류도 있지만 크기가 작아서 눈에 잘 띄지는 않는다.

'진홍색방아벌레'는 죽은 나무나 꽃에 모여든다. 이른 봄에 과수원이나 마당에 날아와 과일나무 새싹을 갉아 먹기도 한다. 애벌레는 아주 이른 봄에 죽은 나무껍질을 벗겨 보면 그 속에 숨어 있다.

다른 이름 똑딱벌레

여러 가지 방아벌레 방아벌레 무리는 거의 몸이 납작하면서 길쭉하다. 또 몸 앞쪽과 뒤쪽이 점점 좁아진다. 그래서 긴달걀꼴처럼 보인다. 몸길이는 보통 10~30mm인데 2mm밖에 안 되는 아주 작은 것도 있고, 65mm나 되는 큰 것도 있다. 우리나라에는 100종 가까이 알려져 있는데 땅 색과 비슷하거나 검은 밤색, 아니면 누런 밤색인 것이 많다. '진홍색방아벌레'처럼 빛깔이 새빨갛거나 새까매서 화려한 것도 더러 있다.

한살이 애벌레로 겨울을 나는 것이라 짐작될 뿐 자세한 한살이는 알려진 것이 없다. 애벌레는 둥근 통 모양이고 매우 가늘고 길다. 단단해서 서양에서는 '철사벌레'라고도 한다.

생김새 진홍색방아벌레는 몸길이가 10~11mm이다. 머리와 가슴은 검고 반짝반짝 윤이 난다. 딱지날개는 새빨갛고 윤이 난다. 자세히 들여다보면 검은 털이 나 있다. 더듬이는 네 번째 마디부터 마디마다 한쪽 끝이 넓게 늘어나서 전체가 톱날처럼 생겼다.

진홍색방아벌레

크기 10~11㎜

나타나는 때 4~7월

먹이 죽은 나무, 꽃

한살이 알 ▶ 애벌레 ▶ 번데기 ▶ 어른벌레

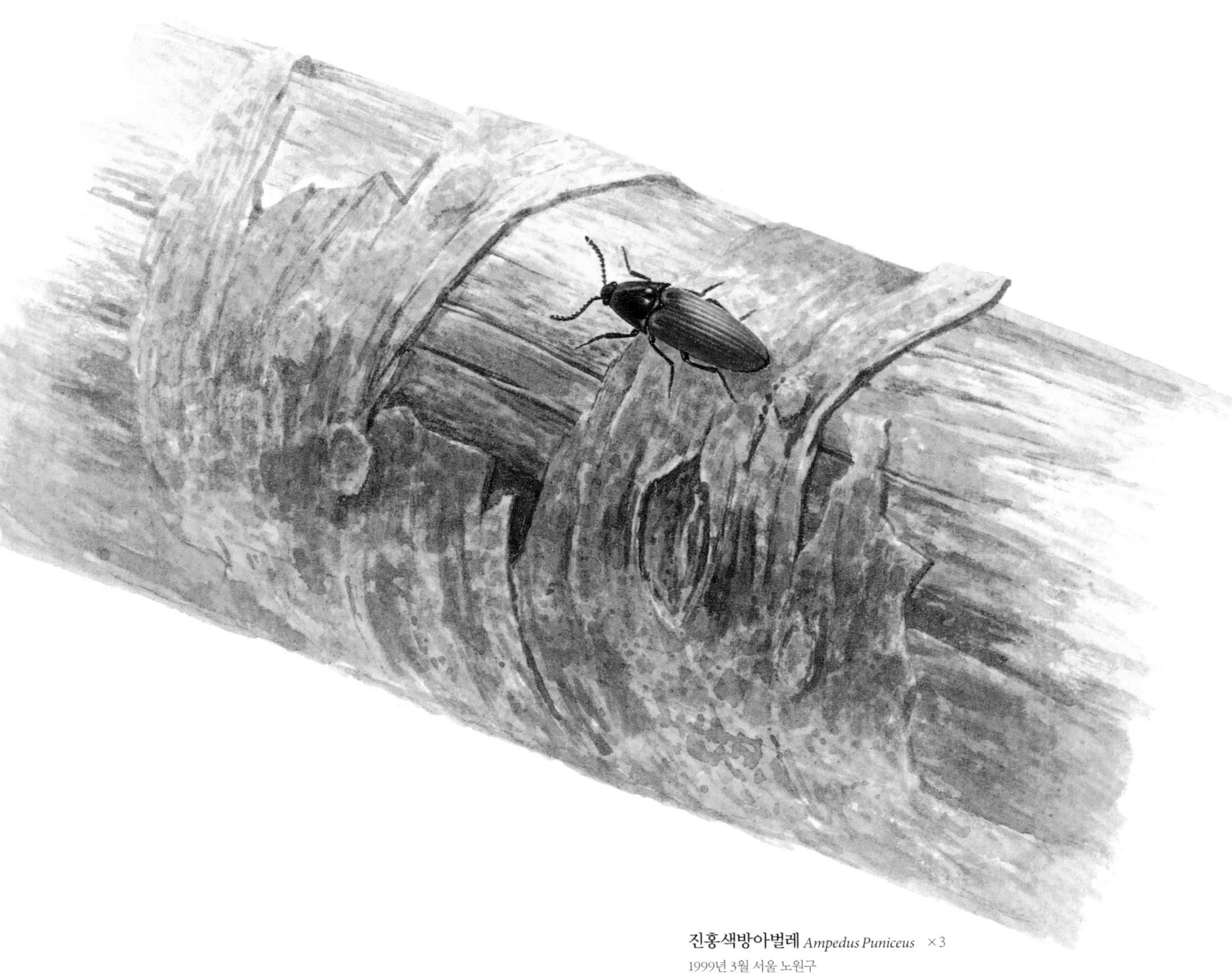

진홍색방아벌레 *Ampedus Puniceus* ×3
1999년 3월 서울 노원구

홍반디

Lycidae

홍반디는 몸이 작고 길쭉하며 빛깔이 붉다. 나무가 우거진 산속에서 산다. 여름날 낮에 나뭇잎 위에 앉아 있는 모습을 볼 수 있다. 애벌레는 나무껍질 밑이나 썩은 나무 속에서 산다. 홍반디는 사람이 나타나도 서둘러 도망치지 않고 손으로 잡으면 고약한 냄새를 피운다. 얼핏 보면 반딧불이와 비슷하게 생겼고 '반디'라는 이름이 붙었지만 반딧불이와 달리 밤에 빛을 내지는 못한다.

홍반디는 우리나라에 10종이 알려져 있다. 몸은 붉거나 검은색을 띤 것이 많다. 더듬이는 톱날 모양이거나 빗살 모양이고, 딱지날개는 보통 그물 모양인 것이 많다. 홍날개와 무척 닮았다.

경고색 홍반디는 몸 빛깔이 눈에 잘 띄는 빨간색이나 검정색이다. 홍반디가 눈에 잘 띄는 빛깔을 하고 있는 것은 '나를 잡으면 쓴맛을 보여 주겠다'는 뜻이다. 이렇게 눈에 잘 띄는 색깔로 위험을 경고하는 것을 '경고색'이라고 한다. 이처럼 독이 있거나 특별한 무기가 있는 곤충들은 몸 빛깔이 화려해서 눈에 잘 띄는 것이 많다. 홍반디는 몸에서 쓴맛이 나는 물을 낸다. 제 몸을 지킬 수 있으니까 눈에 잘 띄게 치장한 것이다.

의태 홍반디 중에는 고약한 냄새를 피우는 것이 많지만 그렇지 않은 것도 있다. 냄새를 피우지 않는 것도 생김새는 냄새를 피우는 것과 닮았다. 더러는 하늘소를 닮은 것도 있다. 이런 종류는 고약한 냄새를 피우는 홍반디나 힘센 하늘소를 닮아서 남의 눈을 속이고 제 몸을 보호하는 것이다. 이처럼 다른 동물이나, 둘레에 있는 흙이나 풀이나 나무를 닮아서 눈속임하는 것을 '의태'라 한다.

한살이 아직 한살이가 자세하게 밝혀지지 않았다.

생김새 큰홍반디는 몸길이가 15mm 안팎이다. 가슴과 딱지날개가 붉고 가슴 가운데가 까맣다. 머리가 가슴 아래 숨어 있고, 더듬이는 앞머리 가운데 박혀 있다.

큰홍반디

크기 15㎜ 안팎

나타나는 때 4~7월

먹이 나뭇진

한살이 알 ▶ 애벌레 ▶ 번데기 ▶ 어른벌레

국외반출승인대상생물종

큰홍반디 *Lycostomus porphyrophorus* ×2
1999년 8월 충북 제천

반딧불이

Lampyridae

반딧불이는 배 뒤쪽에서 불빛을 낸다. 여름밤에 여러 마리가 떼 지어 불빛을 깜박이며 난다. 풀잎에 앉아 있기도 하고 짝을 찾아 날기도 한다. 느리게 날아서 아이들도 손으로 잡을 수 있을 정도다. 반딧불이가 내는 불빛은 다른 불빛처럼 뜨겁지 않다.

반딧불이는 논이나 개울이나 골짜기 가까이에서 산다. 물가에 알을 낳고 애벌레 때 물속에서 산다. 애벌레는 다슬기와 달팽이를 잡아먹는다. 농약을 치며 농사를 짓기 전에는 어디서나 볼 수 있었지만, 지금은 거의 다 사라졌다. 물이 맑고 공기도 맑은 곳을 찾아가야 볼 수 있다. 요즘은 귀해져서 반딧불이가 많이 사는 곳을 천연기념물이나 보호 구역으로 정해서 보호하고 있다.

다른 이름 개똥벌레, 반디뿔, 불한듸

여러 가지 반딧불이 우리나라에는 '애반딧불이', '늦반딧불이', '파파리반딧불이' 같은 반딧불이가 7~8종이 산다. 애반딧불이와 파파리반딧불이는 깜박깜박 빛을 내고, 늦반딧불이는 깜박이지 않고 줄곧 빛을 낸다. 파파리반딧불이 불빛이 가장 밝다. 늦반딧불이는 우리나라에 사는 반딧불이 가운데 몸집이 크다. 파파리반딧불이가 가장 먼저 나타나고, 늦반딧불이가 가장 늦어 늦여름이나 가을에 나온다.

천연기념물 전라북도에 있는 '무주 설천면 일원의 반딧불이와 그 먹이(다슬기) 서식지'는 1982년에 천연기념물로 정했다. 그러나 그곳마저도 사람들이 물을 더럽혀서 다슬기와 반딧불이 애벌레가 줄어들고 있다고 한다. 반딧불이 말고 천연기념물로 정해진 곤충에는 '장수하늘소'가 있다. 장수하늘소는 1968년에 천연기념물로 지정되었다. 1950년대만 해도 흔했지만 지금은 수가 아주 적다.

한살이 어른벌레가 한 해에 한 번 생긴다. 암컷은 여름에 짝짓기를 하고 이삼일 뒤 물가나 논둑 둘레의 이끼나 풀뿌리에 알을 300~500개쯤 낳는다. 알에서 나온 애벌레는 물속에 들어가 살다가 겨울이 되면 물이 얕은 곳이나 물이 말라붙은 논바닥 속에서 겨울잠을 잔다. 이듬해 늦은 봄에 땅 위로 올라와 흙으로 고치를 만들고 그 속에서 번데기가 된다. 열흘쯤 지나면 어른벌레가 된다.

생김새 애반딧불이는 몸길이가 10mm쯤 된다. 몸은 검다. 앞가슴등판은 불그스름하고 가운데에는 굵고 검은 줄이 있다. 알은 동그랗고 노르스름하다. 크기가 아주 작다. 애벌레는 20mm쯤 되고 머리 부분에 검은 줄무늬가 있다. 알에서 깨어났을 때는 하얗다가 점점 진해져서 까맣게 된다. 애벌레도 몸 뒤쪽에서 빛을 낸다.

애반딧불이

크기 10㎜ 안팎

나타나는 때 6~8월

먹이 이슬

한살이 알 ▶ 애벌레 ▶ 번데기 ▶ 어른벌레

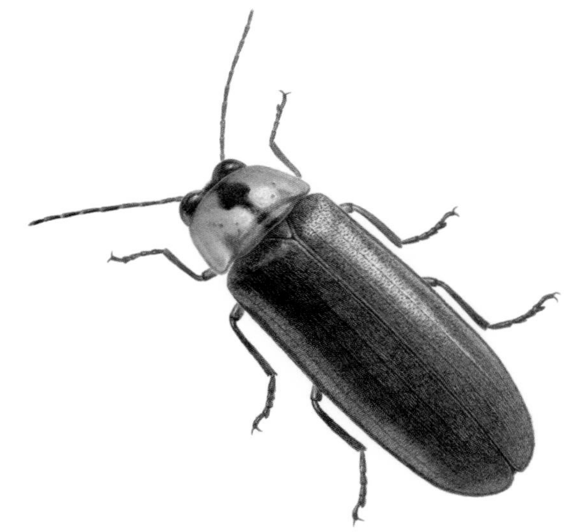

애반딧불이 *Luciola lateralis* ×6
1997년 6월 전북 부안

밤에 불을 밝힌 반딧불이

남생이무당벌레

Aiolocaria hexaspilota

남생이무당벌레는 우리나라에 사는 무당벌레 가운데 가장 크다. 등은 주홍색이나 붉은색인데 굵은 그물 무늬가 있다. 일 년 내내 볼 수 있는데 봄과 가을에 많이 보인다. 애벌레나 어른벌레나 모두 '호두나무잎벌레'나 '버들잎벌레'의 애벌레나 '진딧물'이나 '깍지벌레'를 잡아먹는다. 사과나무나 배나무에서 즙을 빨아 먹는 '배나무이'를 잡아먹기도 한다. 이렇게 여러 가지 벌레를 잡아먹다 보니 산에서도 볼 수 있지만, 밭이나 과수원에서도 볼 수 있다. 알을 애벌레 먹이가 있는 나뭇잎 뒷면에다 낳는다.

무당벌레의 보호법 무당벌레는 적이 나타나면 몸을 움츠린 채 땅으로 떨어진다. 떨어지면서 몸을 뒤집는다. 다리를 움츠려 몸에 찰싹 붙이고는 죽은 것처럼 움직이지 않는다. 아니면 다리 무릎샘에서 쓴맛이 나는 물을 낸다. 새가 무당벌레를 먹으면 맛이 써서 토해 내게 된다. '무당벌레', '칠성무당벌레'도 마찬가지다.

무당벌레의 겨울나기 무당벌레는 찬 바람을 피할 수 있는 바위틈이나 벽 틈, 가랑잎 아래서 겨울을 난다. 겨울 동안 먹지도 않고 움직이지도 않는다. 무당벌레가 겨울을 나는 곳에는 무늬와 크기가 다른 여러 종의 무당벌레가 모인다. 모여서 겨울을 나면 추위를 견디기도 좋고 봄에 짝짓기를 하려는 암컷과 수컷이 서로 만나기도 쉽다.

한살이 무리를 지어 어른벌레로 겨울을 난다. 이듬해 4월이 되면 밖으로 나와서 짝짓기를 한다. 알은 40~50개씩 나뭇잎 뒷면에다 낳는다. 애벌레는 두 주 만에 자라서 잎 뒷면에 거꾸로 매달려 번데기가 된다.

생김새 남생이무당벌레는 몸길이가 10mm쯤이고 동글납작하다. 몸은 검고 딱지날개는 주홍색이나 붉은색에 그물 같은 검은 줄무늬가 있다. 앞가슴등판의 양옆에는 노랗거나 귤빛이 나는 긴달걀꼴 무늬가 있다. 알은 주홍색이고 달걀꼴이다. 애벌레는 몸길이가 15~17mm이다. 분홍색에 가까울 만큼 엷은 밤색에 검은 무늬가 많이 있다.

크기 10㎜

나타나는 때 4~10월

먹이 잎벌레의 애벌레, 진딧물, 깍지벌레

한살이 알 ▶ 애벌레 ▶ 번데기 ▶ 어른벌레

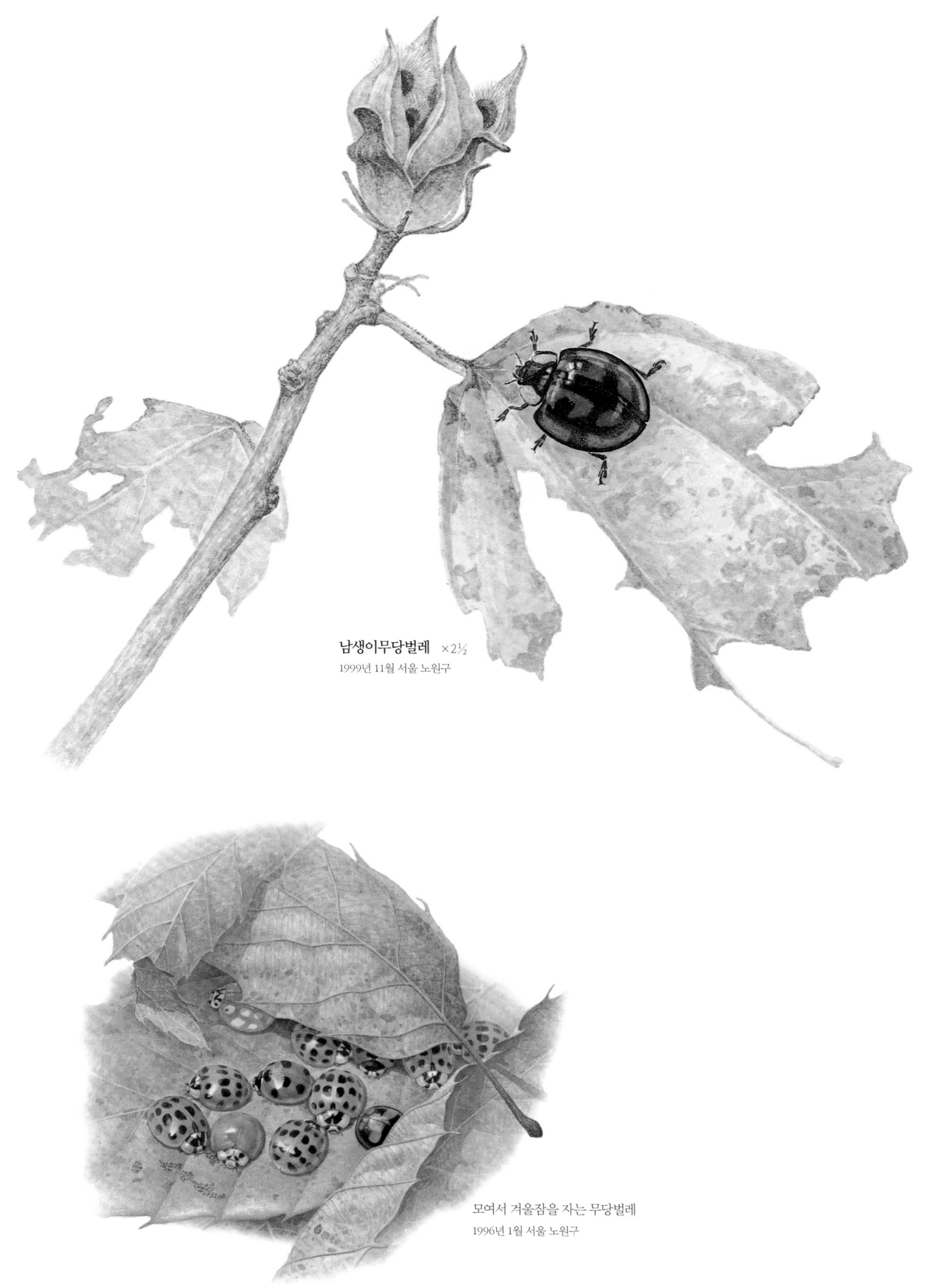

남생이무당벌레 ×2½
1999년 11월 서울 노원구

모여서 겨울잠을 자는 무당벌레
1996년 1월 서울 노원구

칠성무당벌레

Coccinella septempunctata

칠성무당벌레는 주홍빛 딱지날개에 까만 점이 일곱 개 있다. 그래서 예전에는 '칠점박이무당벌레'라고 했는데 지금은 짧게 '칠성무당벌레'라고 한다. 이른 봄부터 가을 사이에 진딧물이 있는 곳이면 어디서나 쉽게 볼 수 있다. 어른벌레가 사는 곳에는 까맣고 길쭉한 애벌레가 많다. 애벌레와 어른벌레는 영 다르게 생겼지만 모두 진딧물을 잡아먹고 산다. 고추나 보리 같은 채소와 곡식에 꼬이는 진딧물도 먹고 사과나무나 배나무 같은 과일나무에 꼬이는 진딧물도 잡아먹는다. 진딧물을 잡아먹어서 농사에 큰 도움을 준다. 애벌레로 두 주쯤 사는데 애벌레 한 마리가 진딧물을 400~700마리쯤 잡아먹는다. 이렇게 남을 잡아먹는 동물은 '천적'이라고 한다. 무당벌레 무리는 진딧물의 천적이다.

진딧물을 잡아먹는 천적 무당벌레뿐 아니라 '꽃등에', '풀잠자리', '애꽃노린재' 들은 밭이나 과수원에서 진딧물을 잡아먹는다. '풀잠자리'도 애벌레나 어른벌레가 모두 진딧물을 잡아먹는다. 애벌레 한 마리가 먹는 진딧물이 500~800마리나 된다. 애꽃노린재는 풀잠자리나 무당벌레보다 진딧물을 적게 잡아먹는다.

무당벌레와 잎벌레 무당벌레와 잎벌레는 크기도 비슷하고 생김새도 비슷하다. 몸이 둥글고 등이 볼록하다. 하지만 자세히 보면 잎벌레는 더듬이와 다리가 무당벌레보다 훨씬 길다. 잎벌레는 무당벌레와 달리 진딧물을 먹지 않고, 풀이나 나무의 잎이나 꽃을 먹고 산다. 애벌레는 뿌리도 먹는다.

한살이 한 해에 네다섯 번까지도 발생한다. 한 해에 한 부모로부터 아들, 손자, 증손자, 고손자까지 태어나는 셈이다. 어른벌레로 겨울을 난다. 봄이 되면 짝짓기를 해서 알을 낳는다. 알은 진딧물이 많은 곳에 한자리에 30~40개쯤 낳는다. 알을 낳은 지 사나흘쯤 지나면 애벌레가 깨어난다. 애벌레는 두 주쯤 지나면 번데기가 된다. 번데기는 일주일쯤 지나면 어른벌레가 된다.

생김새 칠성무당벌레는 몸길이가 6~7mm이다. 몸은 까맣다. 딱지날개는 주홍색이고 크고 뚜렷한 까만 점이 일곱 개 있다. 딱지날개 밑에 얇은 뒷날개 한 쌍이 접혀 있다. 머리에는 큰턱이 있어서 큰턱으로 먹이를 물거나 씹어 먹는다. 알은 귤색인데 아주 작고 길쭉하다. 애벌레는 몸길이가 8mm쯤 되며 긴달걀꼴이다. 머리는 검고 몸은 밤색이다. 몸에 가시가 나 있다. 번데기는 누렇다가 점점 까매진다.

다른 이름 칠점박이무당벌레

크기 6~7㎜

나타나는 때 3~11월

먹이 진딧물

한살이 알 ▶ 애벌레 ▶ 번데기 ▶ 어른벌레

칠성무당벌레 ×9
1998년 11월 경기도 남양주

잎 뒷면에 낳아 놓은 칠성무당벌레 알

진딧물을 잡아먹는 칠성무당벌레 애벌레

칠성무당벌레 번데기

큰이십팔점박이무당벌레

Henosepilachna vigintioctomaculata

큰이십팔점박이무당벌레는 다른 무당벌레보다 등이 높고, 아주 짧은 흰 털이 온몸을 덮고 있다. 딱지날개는 붉은 밤색인데 까만 점이 스물여덟 개나 있다. '이십팔점박이무당벌레'도 같다.

큰이십팔점박이무당벌레와 이십팔점박이무당벌레는 아주 비슷하고 둘 다 밭에 심어 놓은 감자나 가지의 잎에 많다. 가랑잎 속에서 어른벌레로 겨울을 나고 봄이 되어 나타난 것이다. 여름이 다가오면 알과 애벌레, 번데기를 한꺼번에 볼 수 있다. 잎을 갉아 먹은 자리는 처음에는 하얗다가 점점 누렇게 되면서 말라 죽는다. 다른 무당벌레들은 채소 해충인 진딧물을 잡아먹어서 농사에 이롭지만, 이 무당벌레 무리는 애벌레나 어른벌레가 채소 잎을 갉아 먹는 해충들이다.

큰이십팔점박이무당벌레 막는 법 이른 봄에 밭 둘레에 자란 잡풀을 태운다. 어른벌레와 애벌레를 손으로 하나하나 잡아 주는 것도 한 방법이다. 무당벌레들은 모두 비슷하게 생겨서 잘 보고 잡아야 한다. 이십팔점박이무당벌레 무리는 해충이지만 '칠성무당벌레'나 '무당벌레'는 진딧물을 잡아먹어서 농사에 도움을 주기 때문이다.

여러 가지 무당벌레 무당벌레 무리는 전 세계에 4천 종도 넘게 알려져 있다. 종마다 크기나 무늬 따위가 다르다. 우리나라에는 91종이 알려져 있는데 아주 작아서 몸길이가 2mm밖에 안 되는 종도 여럿 있다. 우리나라에서 가장 흔한 것은 '칠성무당벌레'와 '무당벌레'다. 두 종 모두 진딧물을 잡아먹는다. '남생이무당벌레'도 제법 많은데 호두나무잎벌레나 버들잎벌레의 애벌레, 진딧물이나 깍지벌레 같은 갖가지 애벌레와 어른벌레를 잡아먹는다. '이십팔점박이무당벌레', '큰이십팔점박이무당벌레', '중국무당벌레', '콩팥무당벌레'는 여러 가지 채소 잎이나 풀잎을 갉아 먹는다.

한살이 한 해에 세 번 발생한다. 한 해에 어머니, 딸, 손녀가 모두 나오는 셈이다. 가랑잎이나 풀 더미 속에서 어른벌레로 겨울을 난다. 봄에 나와서 잎을 갉아 먹고 잎 뒷면에 알을 낳는다. 한 자리에 30개씩 모두 400~500개쯤 낳는다. 나흘쯤 지나면 알에서 애벌레가 깨어난다. 애벌레는 두세 주가 지나면 번데기가 되고, 번데기는 5일쯤 지나서 어른벌레가 된다.

생김새 큰이십팔점박이무당벌레는 몸길이가 6~8mm이다. 몸은 밤색인데 조금 누런 것도 있고 붉은 것도 있다. 잔털로 덮여 있다. 딱지날개에 점이 28개 있다. 가슴등판에도 검은 무늬가 있다. 알은 길쭉하며 노랗다. 애벌레도 연한 노란색인데 자라면서 잿빛이 도는 흰색으로 바뀐다. 몸길이는 7mm쯤 된다. 몸에 나뭇가지처럼 갈라진 검은 가시가 나 있다. 번데기는 잿빛이 도는 누런색이다.

다른 이름 큰이십팔점벌레[북], 왕무당벌레붙이

크기 6~8㎜

나타나는 때 4~10월

먹이 채소 잎

한살이 알 ▶ 애벌레 ▶ 번데기 ▶ 어른벌레

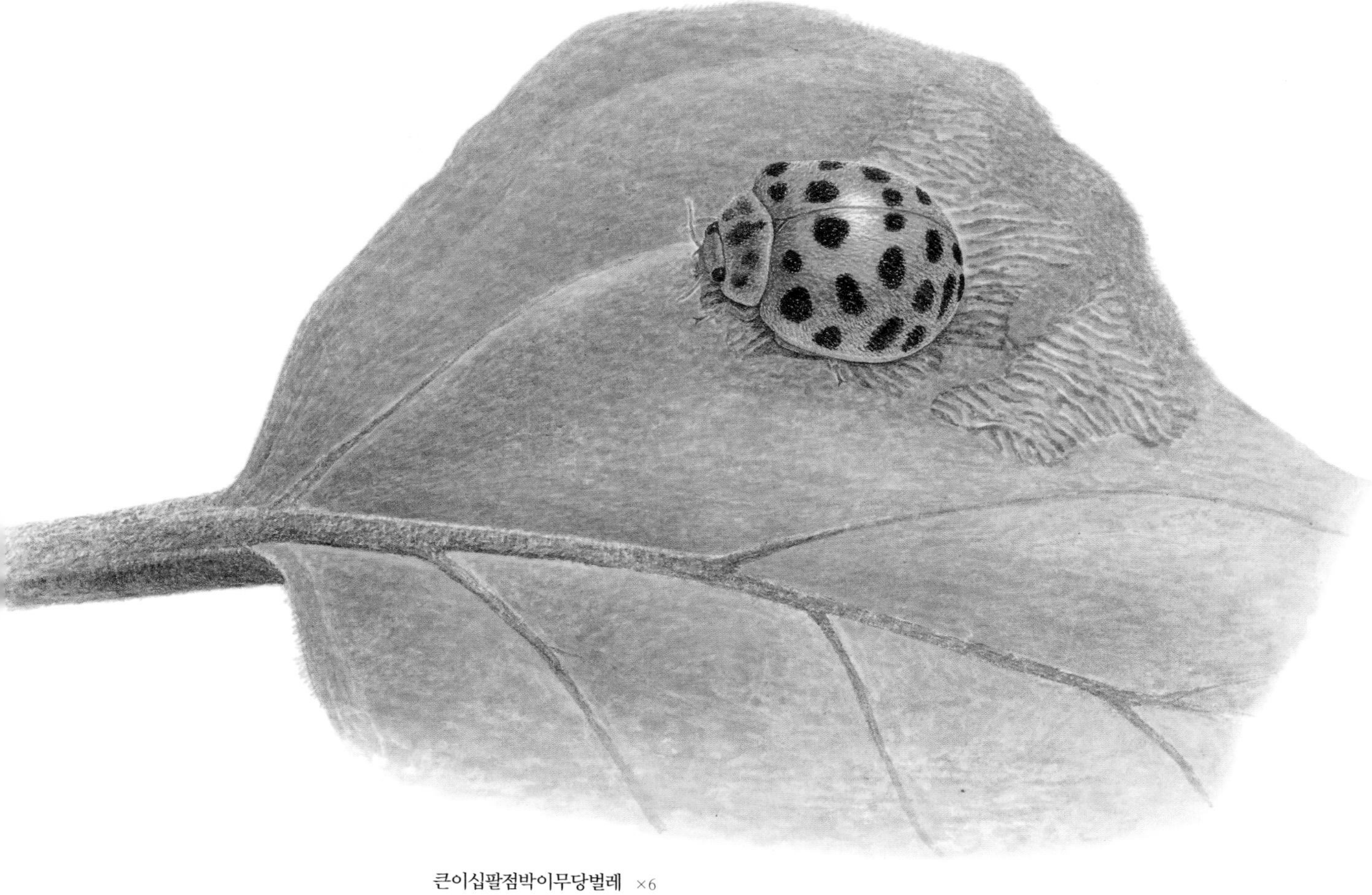

큰이십팔점박이무당벌레 ×6
2000년 7월 경기도 의정부

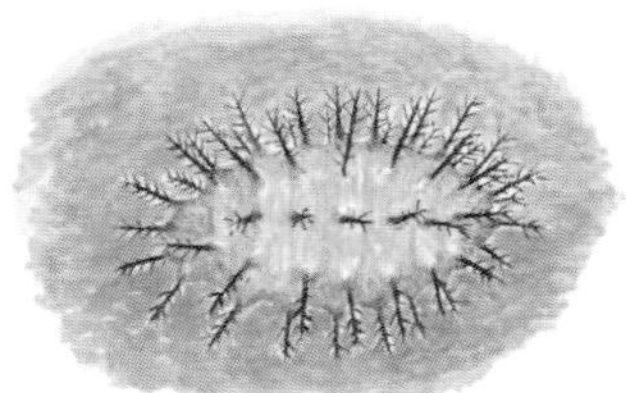

큰이십팔점박이무당벌레 애벌레

홍날개

Pyrochroidae

홍날개는 '홍반디'와 닮았다. 몸이 붉거나 검은 것도 닮았고, 더듬이가 톱날 모양이거나 빗살 모양인 것도 닮았다. 홍반디는 몸이 연약하고 납작한데, 홍날개는 단단하고 원통 모양에 가깝다. 자세히 보면 홍반디는 머리가 가슴 밑에 숨어 있는데 홍날개는 가슴 밖으로 쭉 나와 있다. 그래서 머리, 가슴, 배가 뚜렷이 보인다.

홍날개나 홍반디나 둘 다 사람의 발길이 드문 산속에 산다. 애벌레도 모두 나무껍질 밑이나 썩은 나무 속에 산다. 하지만 홍반디는 나뭇잎이나 꽃 위에서 자주 보이고, 홍날개는 죽은 나무에서 자주 보인다. 그리고 홍반디와 홍날개 조상은 아주 다르다. 지금까지 우리나라에는 홍날개가 8종이 알려져 있다. 홍반디나 홍날개나 한살이에 대해서 연구된 것은 없다.

홍반디와 홍날개 딱정벌레목은 어떤 곤충에서 갈라져 나왔는지 아직은 잘 모른다. '밤잠자리'가 조상이라고 생각하는 학자들이 있다. 조상은 몰라도 '길앞잡이', '딱정벌레', '물맴이' 따위가 먼저 생겨났다. 먼저 생겨난 것들은 몸이 조금 덜 발달하였다. '물땡땡이'와 '풍뎅이' 무리는 이들보다 조금 더 발달했다. 그다음은 '반딧불이', '방아벌레', '병대벌레' 따위가 있다. 홍반디는 병대벌레 무리다. 그다음 '무당벌레', '거저리', '하늘소', '잎벌레', '바구미' 순서로 더 발달했다. 딱정벌레목에서는 바구미가 가장 잘 발달한 곤충이다. 홍날개는 거저리 무리의 하나이므로 딱정벌레 가운데에서는 아주 많이 발달한 종류인 셈이다. 홍반디와 홍날개는 서로 많이 닮았지만 조상은 아주 다르다.

한살이 아직 한살이가 자세하게 밝혀지지 않았다.

생김새 애홍날개는 몸길이가 6.5~9.5mm이다. 머리는 검은데 붉은 무늬가 있는 것도 있다. 앞가슴은 붉은 것도 있고 검은 것도 있다. 검은 무늬가 있는 것도 있다. 딱지날개는 붉은색인데 다른 홍날개처럼 뚜렷한 그물 모양은 아니다. 수컷은 눈 사이가 높이 튀어 올랐고, 암컷은 그보다 평평하다.

애홍날개

크기 6.5~9.5㎜

나타나는 때 3~5월

먹이 썩은 나무

한살이 알 ▶ 애벌레 ▶ 번데기 ▶ 어른벌레

애홍날개 *Pseudopyrochroa rubricollis* 수컷 ×3
1998년 4월 경기도 남양주 천마산

가뢰

Meloidae

가뢰는 땅 위나 나뭇잎, 꽃 위를 기어다니면서 잎과 꽃과 줄기를 갉아 먹고 산다. 몸 빛깔은 검푸른 색이고, 배가 유난히 크고 뚱뚱하다. 배가 뚱뚱하지 않고 길고 원통 모양인 것도 있다. 앞날개는 아주 작고, 뒷날개가 없어서 날지 못한다. 보통 한낮에는 숨어 있다가 아침이나 저녁 때쯤 천천히 기어서 돌아다닌다. 애벌레는 흔히 땅속에 사는데 아주 어렸을 때는 메뚜기 알을 먹는 종류가 많고 벌이 낳은 알을 먹고 사는 종류도 있다. 조금 자라면 다른 곤충 알이나 애벌레를 잡아먹는다.

가뢰는 옛날부터 여러 나라에서 약으로 써 왔다. 조선 시대에 나온 《향약집성방》과 《동의보감》에는 가뢰를 '반묘'라 하고 약으로 쓰는 법을 일러 놓았다. 머리와 날개와 발은 독이 많아서 떼 버리고 찹쌀과 함께 쌀이 벌겋게 될 때까지 볶아서 쓴다. 날것을 먹으면 토하고 설사도 하기 때문에 반드시 익혀서 약으로 쓴다. 부스럼이나 옴이나 버즘을 낫게 하고, 오줌을 잘 누게 한다. 가뢰는 딱지날개 속에 독이 있어서 많이 먹으면 죽을 수도 있다.

여러 가지 가뢰 가뢰과에 딸린 곤충은 전 세계에 2천 종이 넘게 살고, 우리나라는 20종이 알려져 있다. 5종은 검푸른 색에 배가 유난히 뚱뚱한 '남가뢰' 무리이고, 나머지는 모두 몸이 길고 둥근 통 모양인데 날개가 길어서 배를 다 덮는다. 온몸이 검고 눈 둘레만 빨간 '먹가뢰'가 가장 흔했다. 30년 전만 해도 뒷동산에 가면 싸리나무에 바글바글 모여 있는 것을 흔히 보았다. 하지만 요즈음은 거의 보이지 않는다. 다음으로 많았던 종은 온몸이 파랗고, 딱지날개는 푸른색으로 반짝이는 '청가뢰'다. 청가뢰도 많이 줄었다. 다른 종들은 본디부터 많지 않았다. 온몸이 노랗거나 붉거나 검은 무늬가 있는 종도 있다.

한살이 땅속에 구멍을 파고 알을 낳는다. 애벌레는 여러 차례 허물을 벗고 번데기를 거쳐서 어른벌레가 된다. 애벌레는 허물을 벗을 때마다 생김새가 다르다.

생김새 애남가뢰는 몸길이가 7~20mm이다. 날개가 배보다 짧다. 온몸이 검고 조금 푸르스름한 빛을 띤다. 어른벌레는 늦가을에나 볼 수 있고, 애벌레에 대해서는 알려진 것이 없다.

애남가뢰

크기 7~20㎜

나타나는 때 4~11월

먹이 식물 잎, 꽃, 줄기

한살이 알 ▶ 애벌레 ▶ 번데기 ▶ 어른벌레

애남가뢰 *Meloe auriculatus* 암컷 ×4½
1999월 11월 경기도 남양주

나뭇잎 위에 있는 애남가뢰 수컷
1999년 11월 경기도 남양주

톱하늘소

Prionus insularis

톱하늘소는 '톱사슴벌레'만큼 몸집이 크고 새카맣다. 앞가슴 양옆에 커다란 톱날 같은 것이 삐죽삐죽 나와 있고 더듬이도 톱날 같아서 '톱하늘소'라는 이름이 붙었다. 하늘소들은 보통 더듬이가 제 몸보다 훨씬 길고 굵은 끈처럼 생겼다. 톱하늘소는 더듬이가 제 몸보다 짧고 톱날 같아 보인다.

톱하늘소는 큰 나무가 우거진 깊은 산속에 산다. 어른벌레는 5월에서 9월까지 보이는데 한여름에 더 많이 보인다. 낮에는 나무줄기에 난 구멍이나 틈에 숨어 있다가 밤이 되면 나와서 나뭇잎 위에 앉아 있거나 수풀 사이를 날아다닌다. 손으로 잡으면 "끼이 끼이" 하고 소리를 낸다. 등불에도 날아온다. 애벌레는 살아 있는 나무나 죽은 나무속을 파먹고 산다. 소나무, 잣나무, 편백나무 같은 바늘잎나무와 느릅나무, 느티나무, 아그배나무 같은 넓은잎나무에 두루 산다.

돌드레 하늘소는 더듬이도 튼튼하고 다리도 튼튼해서 아이들이 잡아다가 '돌드레' 놀이를 한다. 돌멩이를 주워 놓고 하늘소가 발로 잡게 한 다음 더듬이를 들어 올리면 하늘소가 발로 돌을 들어 올린다. 옛날에는 하늘소가 돌을 들어 올리는 것을 보고 돌드레, 돌짬이, 돌다래미라고 했다. 북녘에서는 지금도 '돌드레'라고 하고, 남녘에서는 '하늘소'로 이름을 바꿨다.

한살이 아직 한살이가 자세하게 밝혀지지 않았다.

생김새 톱하늘소는 몸길이가 23~48mm이다. 몸은 윤이 나는 검은색이다. 더러는 검은 밤색도 있다. 앞가슴등판 양쪽이 톱날처럼 튀어나와 있다. 더듬이도 마디마다 끝이 넓어서 톱날 같아 보인다. 다른 하늘소는 더듬이가 11마디인데 톱하늘소만 12마디다.

크기 23~48㎜

나타나는 때 5~9월

먹이 나무속

한살이 알 ▶ 애벌레 ▶ 번데기 ▶ 어른벌레

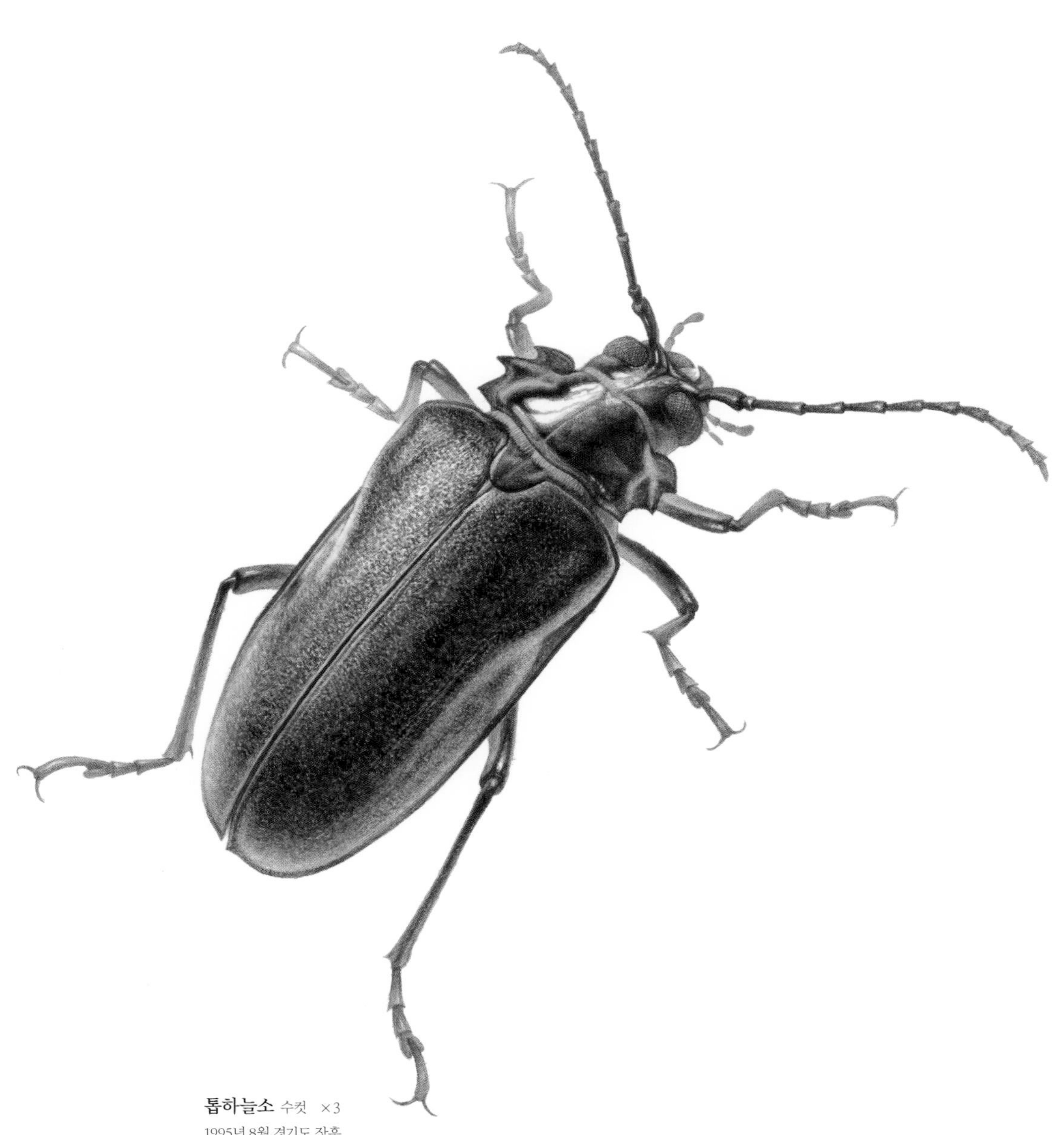

톱하늘소 수컷 ×3
1995년 8월 경기도 장흥

꽃하늘소

Cerambycidae

꽃하늘소 무리는 꽃에 모여서 꽃잎을 뜯어 먹고, 꽃술을 파먹는다. 다른 하늘소에 견주면 크기가 작고 종류가 많다. 몸길이가 어쩌다 30mm쯤 되는 것도 있지만 대개 10~20mm밖에 안 된다. 다른 하늘소는 밤에 돌아다니는데 꽃하늘소는 낮에 돌아다니고, 이 꽃에서 저 꽃으로 잘 날아다닌다. 그래서 꽃이 많이 피어 있는 산이면 쉽게 볼 수 있다. 애벌레 때는 풀 줄기나 나무 속을 파먹고 산다.

'긴알락꽃하늘소'는 몸에 노란 줄무늬가 있다. 5월부터 8월까지 산에 피는 갖가지 꽃에 날아오는데 5월에 가장 흔하다. 애벌레는 죽은 두릅나무나 졸참나무 속을 파먹고 산다. '남색초원하늘소'는 산어귀에서도 보인다. 몸은 새카맣지만 딱지날개는 검푸른 색이다. 온몸이 검은 털로 덮였다. 더듬이에도 털이 있고 먼지떨이 같은 털다발이 있다. 6월에서 7월 사이에 나타나서 노랑원추리 줄기와 잎을 먹는다.

여러 가지 꽃하늘소 우리나라에 사는 하늘소는 300종쯤 된다. 이들은 크게 일곱 종류로 나뉘는데 그 가운데 꽃하늘소 무리가 70종 가까이 되고 수가 가장 많다. 꽃하늘소는 다른 하늘소보다 몸집이 작고, 몸 뒤쪽이 홀쭉하다. 또 낮에 돌아다니고, 잘 날고, 꽃에 모이는 점이 다른 하늘소와 다르다. '긴알락꽃하늘소'와 아주 닮은 꽃하늘소들도 있다. '넉줄꽃하늘소'와 '열두점박이꽃하늘소', '줄깔따구꽃하늘소' 들은 긴알락꽃하늘소와 닮았는데 딱지날개 무늬와 다리 빛깔이 조금씩 다르다.

한살이 아직 한살이가 자세하게 밝혀지지 않았다.

생김새 남색초원하늘소는 몸길이가 11~16mm이다. 가늘고 긴 둥근 통 모양이다. 몸은 새카맣고, 딱지날개는 검푸른 색이다. 온몸이 검은 털로 덮였다. 더듬이는 길고, 첫째 마디와 셋째 마디에 검은 털다발이 있다. 긴알락꽃하늘소는 몸길이가 12~18mm이다. 몸이 가늘고 길다. 딱지날개 앞쪽이 넓고 뒤로 갈수록 좁아진다. 빛깔은 검정색인데 딱지날개에 노란 무늬가 네 쌍 있다. 앞쪽 무늬는 말굽처럼 휘었고, 뒤쪽 무늬 세 쌍은 곧게 뻗었다. 추운 지방에서는 노란 무늬가 작아진다. 수컷은 더듬이 끝 쪽 다섯 마디가 누런색이고, 암컷은 더듬이와 다리가 불그스름한 누런빛이다.

남색초원하늘소

크기 11~16㎜

나타나는 때 6~7월

먹이 노랑 원추리 줄기, 잎

한살이 알 ▶ 애벌레 ▶ 번데기 ▶ 어른벌레

긴알락꽃하늘소

크기 12~18mm

나타나는 때 5~8월

먹이 꽃잎, 꽃술

한살이 알 ▶ 애벌레 ▶ 번데기 ▶ 어른벌레

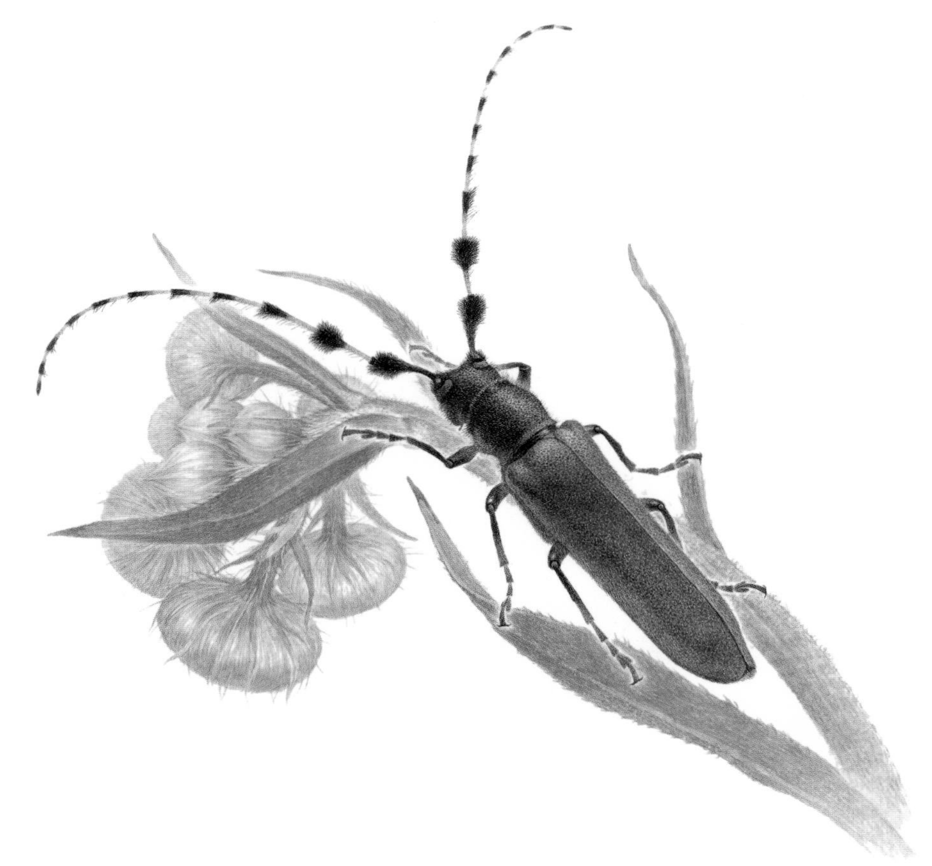

남색초원하늘소 *Agapanthia pilicornis* ×3½
1995년 6월 강원도 춘천

긴알락꽃하늘소 *Leptura arcuata* ×4
1999년 5월 경기도 남양주

찔레꽃을 먹는 긴알락꽃하늘소
1999년 5월 경기도 남양주

하늘소

Massicus raddei

하늘소는 '장수하늘소' 다음으로 우리나라에서 큰 하늘소다. 몸집이 커서 장수하늘소라고 잘못 알기도 한다. 하늘소는 늦봄부터 가을까지 보이는데 여름에 많다. 밤에 돌아다니고, 불빛에 날아온다. 마을 가까운 낮은 산에도 사는데 굵은 참나무가 있어야 한다. 살아 있는 참나무나 밤나무에 알을 낳기 때문이다. 참나무에 살아서 '참나무하늘소'라고도 한다.

어른벌레는 나무껍질을 입으로 물어뜯고, 나무줄기 속에 알을 하나씩 낳는다. 애벌레가 깨어나면 나무속을 파먹고 산다. 어릴 때는 연한 나무속을 갉아 먹다가 자라면서 점점 줄기 한가운데로 뚫고 들어간다. 그러다 보면 나무는 말라 죽거나 바람에 부러지고 만다. 옛날에 전라도에서는 하늘소를 '뽕나무벌비'라고 하여 머리에 상처가 나서 곪았을 때 약으로 썼다. 어른벌레와 애벌레를 모두 다 썼다.

한살이 한살이가 자세히 밝혀져 있지 않다. 알에서 어른벌레가 되기까지 두세 해쯤 걸리는 것으로 짐작된다. 애벌레는 나무속을 파먹고 산다. 나무 속에서 번데기를 거쳐 어른벌레가 된 다음에 나무 밖으로 나온다.

생김새 하늘소는 몸길이가 34~57mm쯤 된다. 몸은 가늘고 긴 통 모양이다. 본디 몸은 까맣거나 검은 밤색인데 누런 털이 덮고 있어서 누렇게 보인다. 앞가슴등판에 가로로 주름들이 있다. 날개는 끝이 둥글고, 딱지날개 안쪽 끝은 짧은 가시처럼 뾰족하다.

다른 이름 뽕나무벌비, 참나무하늘소, 미끈이하늘소

크기 34~57㎜

나타나는 때 6~8월

먹이 나뭇진, 나무줄기

한살이 알 ▶ 애벌레 ▶ 번데기 ▶ 어른벌레

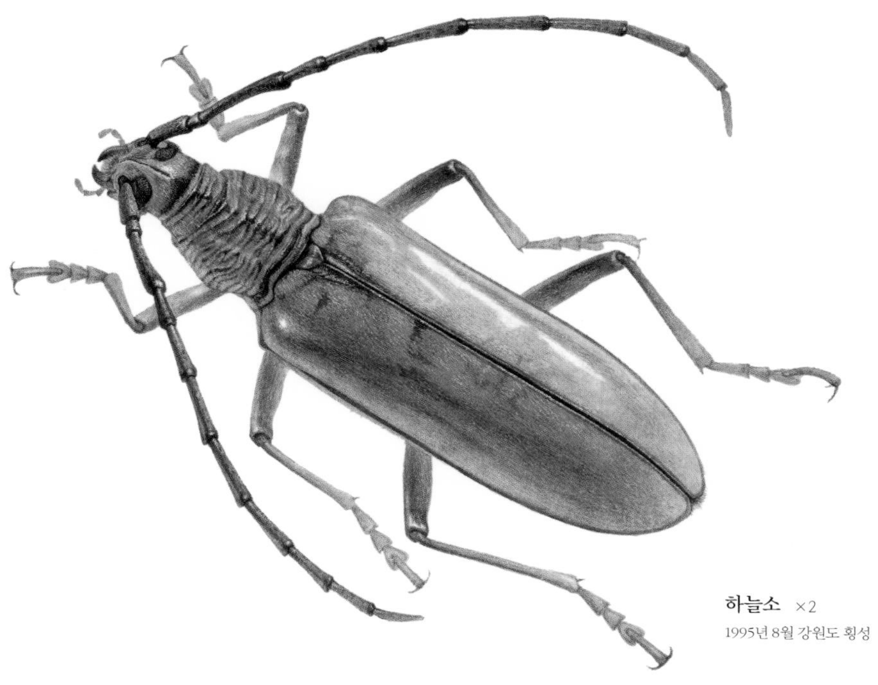

하늘소 ×2
1995년 8월 강원도 횡성

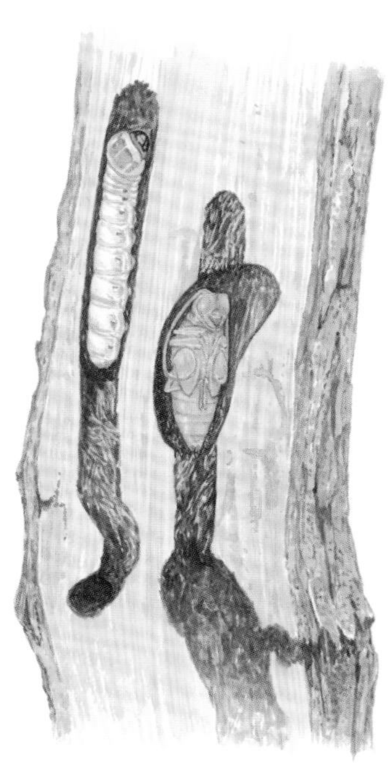

나무줄기 속에서 사는 하늘소 애벌레와 번데기

무늬소주홍하늘소

Amarysius altajensis

무늬소주홍하늘소는 딱지날개가 붉고 가운데에 크고 까만 곤봉 모양 무늬가 있다. 크기는 그다지 크지 않지만 생김새가 남다르고 낮에 돌아다녀서 알아보기가 쉽다. 이 하늘소가 사는 곳은 넓은잎나무가 많은 산속이다. 생강나무나 고로쇠나무에 모이는데 애벌레가 이 나무들을 파먹고 사는 듯하다.

무늬소주홍하늘소와 크기나 겉모양이 비슷한데 딱지날개 가운데 검은 무늬가 없는 것은 '소주홍하늘소'다. 이 하늘소도 생강나무나 고로쇠나무에서 볼 수 있다. 등나무 꽃을 비롯한 온갖 꽃에 날아온다. 봄부터 가을까지 보이는데 5월에 많다.

무늬소주홍하늘소와 소주홍하늘소 두 종 모두 몸길이는 14~19mm이다. '무늬소주홍하늘소'는 딱지날개 가운데에 크고 검은 무늬가 있다. 무늬가 없는 것도 가끔 있다. 앞가슴 양옆은 둥글고, 딱지날개가 '소주홍하늘소'보다 길어서 폭의 3.5배쯤 된다. '소주홍하늘소'는 딱지날개에 검은 무늬가 없고, 딱지날개 길이는 폭의 세 배쯤 된다. 앞가슴은 뒤쪽이 모가 조금 졌다. 무늬소주홍하늘소는 숫자가 많고, 소주홍하늘소는 수가 훨씬 적다. 그런데 지금까지 무늬소주홍하늘소에 대해 밝혀진 것은 없고, 소주홍하늘소는 한살이가 조금 알려졌다.

소주홍하늘소 한살이 5월 초에 어른벌레가 된다. 암컷은 살아 있는 생강나무나 고로쇠나무 가지에 알을 낳는다. 알에서 깨어 나온 애벌레는 나무속을 뱅글뱅글 돌아가며 파먹는다. 어릴 때는 가는 가지를 파먹지만 커 갈수록 점점 굵은 쪽을 파먹는다. 먹고 난 가지는 죽어서 부러진다. 애벌레는 가지 가운데 안쪽으로 깊이 파고 들어가서 번데기 방을 만든다. 애벌레로 겨울을 나고 봄에 번데기가 된다. 어른벌레가 되면 작은 구멍을 파서 나무 밖으로 나온다.

생김새 무늬소주홍하늘소는 몸길이가 14~19mm이다. 가늘고 긴 통 모양이고, 등 쪽은 조금 평평하다. 몸은 새카맣고 까만 털이 나 있다. 딱지날개는 빨갛거나 붉은 밤색인데 가운데에 크고 까만 곤봉 무늬가 있다.

크기 14~19㎜

나타나는 때 5~6월

먹이 나뭇진

한살이 알 ▶ 애벌레 ▶ 번데기 ▶ 어른벌레

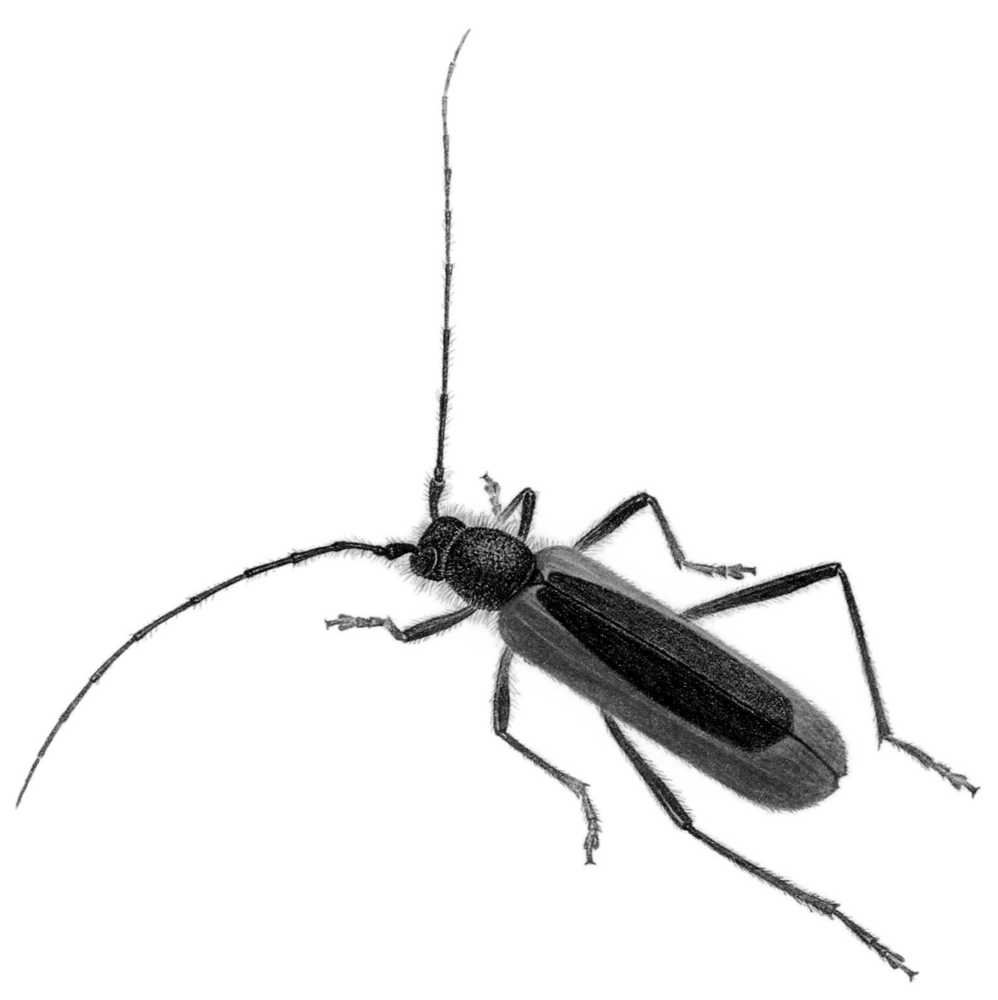

무늬소주홍하늘소 수컷 ×4

2000년 5월 경기도 남양주 천마산

우리목하늘소

Lamiomimus gottschei

우리목하늘소는 떡갈나무, 신갈나무, 상수리나무 같은 참나무에 많이 산다. '떡갈나무하늘소'라고도 한다. 이른 봄에 참나무 밑동이나 죽은 나무 둘레에서 볼 수 있다. 수도 많고 낮에 돌아다녀서 눈에 자주 띈다.

우리목하늘소는 발밑에 돌을 놓고 더듬이를 잡아 올리면 버둥대면서 돌을 발로 번쩍 들어 올린다. 옛날 아이들이 하던 '돌다래미' 놀이다. 더 큰 돌을 들어 올린 쪽이 이기는 놀이다.

암컷은 죽은 지 얼마 안 되는 참나무 밑동에 알을 낳는다. 애벌레는 나무껍질을 갉아 먹으면서 자란다. 큰턱 힘이 세 단단한 나무껍질이나 나무속을 씹어 자를 수가 있다. 다 자란 애벌레는 같은 자리에 번데기 방을 틀고 어른벌레로 탈바꿈을 한다. 애벌레가 어른벌레가 되는 기간은 2년이 넘는 것으로 알려져 있다.

여러 가지 하늘소 하늘소 무리는 딱지날개가 매우 단단하며 나무껍질과 비슷한 무늬가 있어 나무에 붙어 있을 때는 눈에 잘 띄지 않는다. 딱지날개는 종마다 무늬나 빛깔 모양이 다르다. 더듬이 길이도 종마다 다른데, 몸길이의 절반 정도 되는 것부터 5배에 이르는 것까지 다양하다. 흔히 수컷 더듬이가 암컷 더듬이보다 길다. 더듬이는 11~12마디로 이루어져 있다. 각 마디는 길쭉한 원통형부터 넓적한 세모꼴까지 여러 가지이다. 가는 털로 뒤덮여 있으며 털이 한데 모여서 뭉치처럼 보이는 종도 있다. 천적을 만나 위협을 느끼면 죽은 척 하는 하늘소도 있다. 대부분 곧바로 다리를 오므리고 땅바닥으로 떨어져서 도망가지만, 오랫동안 죽은 척 하는 경우도 있다.

한살이 어른벌레가 되는 데 3~4년쯤 걸린다.

생김새 우리목하늘소는 몸길이가 24~35mm이다. 몸 전체는 짙은 갈색이며 딱지날개에는 넓은 황갈색 가로띠와 반점이 있다. 몸 윗면은 검은 바탕에 노란 털이 나 있다. 수컷이 암컷보다 몸이 작고 더듬이는 더 길다. 수컷 더듬이는 몸길이보다 길고 암컷 더듬이는 몸길이보다 짧다. 앞가슴등판 양옆으로 뾰족한 돌기가 있다. 가운뎃다리 종아리마디에도 돌기가 있다.

다른 이름 떡갈나무하늘소

크기 24~35㎜

나타나는 때 5~8월

먹이 나무껍질

한살이 알 ▶ 애벌레 ▶ 번데기 ▶ 어른벌레

우리목하늘소 ×2
2004년 5월 경기도 남양주

뽕나무하늘소

Apriona germari

뽕나무하늘소는 '장수하늘소'나 '하늘소'처럼 눈에 띄게 몸집이 크다. 하늘소와 비슷하게 생겼는데 크기가 작고, 빛깔도 다르다.

뽕나무하늘소는 뽕나무, 사과나무, 배나무, 버드나무, 귤나무, 무화과나무, 느릅나무, 포플러, 녹나무, 오동나무, 벚나무, 해당화 같은 넓은잎나무를 먹고 산다. 여름에 새로 난 나뭇가지 껍질이나 과일을 물어뜯고 즙을 빨아 먹는다. 밤에는 불빛을 보고 날아오기도 한다. 암컷은 큰 나무에서 한두 해밖에 자라지 않은 가는 가지를 골라 껍질을 물어뜯고 그 속에 알을 하나씩 낳는다. 그래서 나무껍질에 자국이 남는다. 알에서 깨어난 애벌레는 나무속을 파먹으면서 자란다. 뽕나무하늘소는 사과나무나 무화과나무에 알을 많이 낳는다. 나무 속에 뽕나무하늘소 애벌레가 살면 나무가 약해지고 심할 때는 나무가 말라 죽는다.

뽕나무하늘소가 퍼지는 것을 막으려면 알을 깐 나뭇가지를 잘라서 태운다. 천적인 '말총벌'과 '홍고치벌'은 나무 속에 있는 뽕나무하늘소 애벌레를 찾아내 알을 낳는다. 말총벌과 홍고치벌 애벌레가 깨어나면 하늘소 애벌레를 먹고 자란다.

한살이 알에서 어른벌레가 되는 데 두 해가 걸린다. 어른벌레는 7월 중순에서 8월 사이에 한 자리에 하나씩 알을 70개쯤 낳는다. 열흘쯤 지나면 애벌레가 깨어나서 나무속을 파먹는다. 나무줄기 속에서 애벌레로 겨울을 난다. 두 해째 겨울을 나고 이듬해 늦은 봄에 번데기가 된다. 번데기로 두세 주를 보내고 여름에 어른벌레가 된다. 7월 말에 가장 많이 나타난다.

생김새 뽕나무하늘소는 몸길이가 35~45mm이다. 몸은 잿빛이나 푸른빛이 도는 누런 밤색 털로 덮여 있다. 앞가슴등판 양옆에는 뾰족한 가시가 있고, 딱지날개 앞쪽에 작은 알갱이들이 우툴두툴 나 있다. 수컷은 더듬이가 몸길이보다 조금 길고 암컷은 조금 짧다. 알은 길이가 7mm쯤 되며 길쭉하다. 다 자란 애벌레는 길이가 60mm쯤 되는데 다리가 없다. 몸이 젖빛이고 머리는 검다.

다른 이름 뽕나무돌드레, 천우충, 철포충, 뽕집게

크기 35~45㎜

나타나는 때 6~8월

먹이 나뭇진, 과일즙

한살이 알 ▶ 애벌레 ▶ 번데기 ▶ 어른벌레

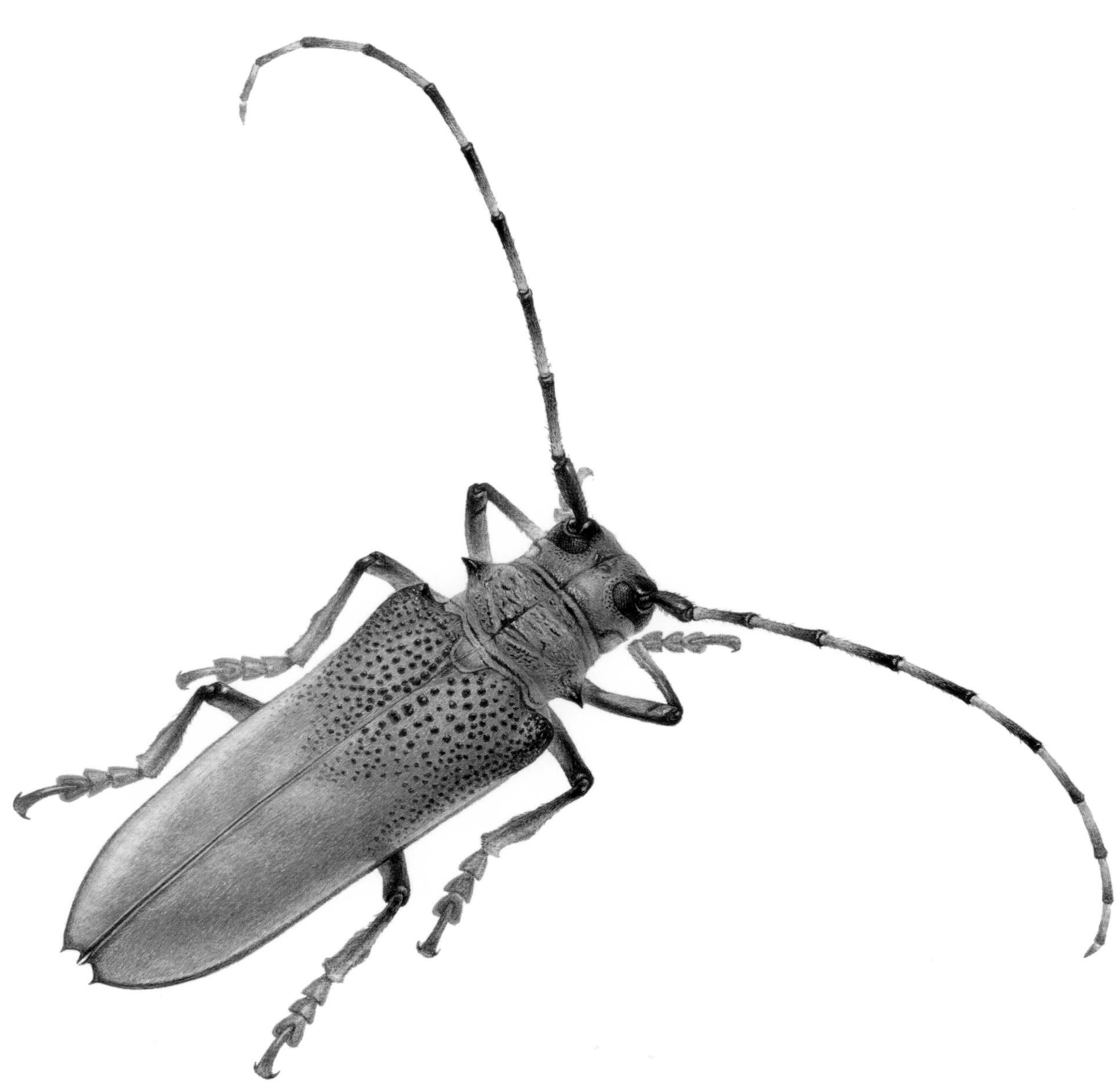

뽕나무하늘소 ×2
1995년 7월 전북 부안

딱정벌레목
하늘소과

털두꺼비하늘소

Moechotypa diphysis

털두꺼비하늘소는 온몸이 아주 짧고 검붉은 털로 덮여 있다. 몸은 뚱뚱하고, 앞가슴등판이 울퉁불퉁하다. 이른 봄부터 늦가을까지 보이는데 5월 말에서 6월 사이에 가장 많이 보인다. 산이 가까운 들판이나 마을에 자주 날아온다. 손으로 잡으면 "끼이 끼이" 하고 소리를 낸다.

어른벌레는 베어 낸 지 얼마 안 된 상수리나무나 졸참나무, 굴피나무, 밤나무, 가시나무, 개서어나무, 복숭아나무에 알을 낳는다. 표고를 기르려고 베어 둔 참나무에도 낳는다. 털두꺼비하늘소는 나무껍질을 입으로 뜯어 상처를 내고 그 밑에 알을 낳는다. 애벌레는 나무 속에 살면서 나무를 파먹고 산다. 애벌레가 사는 나무에서는 톱밥 같은 나무 부스러기가 떨어진다.

한살이 어른벌레는 한 해에 한 번 발생한다. 두 해에 한 번 나오는 것도 있다. 보통 5월 초부터 알을 낳는다. 마른 나무보다는 축축한 나무를 좋아하고 너무 굵은 나무보다는 지름이 10㎝가 안 되는 나무에 낳기를 좋아한다. 열흘쯤 지나면 알에서 애벌레가 깨어 나온다. 애벌레는 두 달쯤 뒤에 번데기가 되고, 번데기는 8일쯤 지나면 어른벌레가 된다.

생김새 털두꺼비하늘소는 몸길이가 19~27mm이다. 몸은 짧고 통통하고 까맣다. 온몸이 아주 짧고 가는 검붉은 털로 덮여 있다. 더듬이는 셋째 마디부터 아래쪽이 하얗다. 다리의 넓적다리마디와 종아리마디에도 하얀 고리 무늬가 있다. 앞가슴등판 양옆에는 굵은 가시 돌기가 있다.

크기 19~27㎜
나타나는 때 4~10월
먹이 나뭇진
한살이 알 ▶ 애벌레 ▶ 번데기 ▶ 어른벌레
국외반출승인대상생물종

털두꺼비하늘소 암컷 ×3⅓
1995년 11월 서울 북한산

나무껍질을 뜯어내고 있는 털두꺼비하늘소

삼하늘소

Thyestilla gebleri

삼하늘소는 '삼'이라는 풀에 사는 작은 하늘소이다. 삼은 줄기 껍질로 삼베를 짜고, 씨는 약으로 쓴다. '대마'라고도 한다. 2~3m 높이까지 자라는 키가 큰 풀인데 예전에는 집집마다 밭에 심어 길렀다. 삼밭에 가 보면 여러 마리가 이 풀 저 풀에 모여 있다. 삼하늘소 어른벌레는 낮에 나와 삼에서 눈이나 잎을 갉아 먹고 애벌레는 삼나무 줄기 속을 파먹고 자란다.

삼을 많이 심어 기를 때는 마을 근처에도 삼하늘소가 흔했다. 지금은 삼을 기르지 않아서 마을에서는 삼하늘소를 볼 수가 없다. 지금도 산속에 집이 있던 자리에는 어쩌다 삼이 남아 있는데 이런 곳에서는 삼하늘소를 볼 수 있다. 삼하늘소는 봄부터 가을까지 나타나는데 6월에 가장 많다.

한살이 아직 한살이가 자세하게 밝혀지지 않았다.
생김새 삼하늘소는 몸길이가 10~15mm이다. 몸은 짧고 뚱뚱하다. 몸 색깔은 검고 배 쪽은 흰 털이 덮여 있어 하얗게 보인다. 머리, 등, 딱지날개에 흰 줄무늬가 있다. 온몸이 다 까만 것도 있다.

크기 10~15㎜
나타나는 때 봄~가을
먹이 삼 잎이나 눈
한살이 알 ▶ 애벌레 ▶ 번데기 ▶ 어른벌레
국외반출승인대상생물종

삼하늘소 ×4
2000년 5월 경기도 연천

잎벌레

Chrysomelidae

잎벌레는 무당벌레와 비슷하게 생긴 작은 딱정벌레다. 모두 다 풀잎이나 나뭇잎을 갉아 먹는다. 줄기만 남기거나 잎맥만 그물처럼 남기고 다 먹어 치우는 잎벌레도 있다. 애벌레도 잎을 먹는데 더러는 뿌리를 갉아 먹는 것도 있다.

'청줄보라잎벌레'는 우리나라에 사는 잎벌레 가운데 가장 크다. 어른벌레는 봄부터 가을까지 보이는데 6월에 가장 많다. 층층이꽃, 들깨, 쉽싸리 같은 꿀풀과에 딸린 풀을 갉아 먹는다.

'사시나무잎벌레'도 잎벌레 중에서 몸집이 큰 편이다. 봄부터 가을까지 보이는데 5월이나 6월에 가장 흔하다. 사시나무, 황철나무, 버드나무 잎을 갉아 먹는다. 어른벌레로 겨울을 나고, 봄에 나뭇잎에 알을 낳는다. 6월쯤 애벌레가 깨어나서 잎을 갉아 먹기 시작한다. 애벌레가 갉아 먹고 난 자리는 잎맥만 남기 때문에 잎이 촘촘한 그물처럼 된다. 어른벌레나 애벌레나 건드리면 모두 고약한 냄새가 나는 희뿌연 물을 내놓는다.

여러 가지 잎벌레 우리나라에 사는 잎벌레는 370종쯤 된다. 잎벌레는 딱정벌레 가운데 몸집이 아주 작은 편이다. 몸길이가 1.5~3mm밖에 안 되는 것이 많다. 우리나라에서 크기가 가장 큰 종은 '청줄보라잎벌레'다. 몸길이가 11~15mm이다. 다음으로 큰 종들은 '중국청람색잎벌레', '열점박이별잎벌레'와 '사시나무잎벌레'다. 잎벌레는 보통 풀색이나 짙푸른 색이 많고, 더듬이는 끈처럼 길다. 생김새는 저마다 다르다. 몸이 조금 길고, 앞가슴이 좁아서 마치 하늘소처럼 보이는 것도 있다. '금자라잎벌레' 무리는 몸이 납작하고 둥글다. 등딱지가 속이 비치면서 금빛으로 반짝이고, 네 귀퉁이에는 검은 무늬가 다리처럼 보여서 자라와 비슷하다. '가시잎벌레' 무리는 고슴도치처럼 온몸에 큰 가시가 나 있다.

한살이 아직 한살이가 자세하게 밝혀지지 않았다.

생김새 사시나무잎벌레는 몸길이가 11mm쯤 된다. 몸은 광택이 도는 검은빛이거나 짙푸른 빛이 감돈다. 딱지날개는 붉은 밤색이다. 청줄보라잎벌레는 몸길이가 11~15mm이다. 몸이 까맣지만 등 쪽은 푸른빛과 붉은빛 광택이 있다. 보는 각도에 따라서 빛깔이 다르게 보인다. 위에서 내려다보면 붉은 줄이 두 줄 보인다. 등에는 큰 홈들이 많이 파여서 곰보처럼 보인다. 앞가슴과 딱지날개의 양옆은 홈이 더 크다. 한살이나 애벌레에 대해서는 알려진 것이 없다.

사시나무잎벌레

크기 11㎜

나타나는 때 5~9월

먹이 풀잎, 나뭇잎

한살이 알 ▶ 애벌레 ▶ 번데기 ▶ 어른벌레

청줄보라잎벌레

크기 11~15㎜

나타나는 때 봄~가을

먹이 식물 뿌리나 줄기

한살이 알 ▶ 애벌레 ▶ 번데기 ▶ 어른벌레

사시나무잎벌레 *Chrysomela populi* ×$3\frac{1}{2}$
1999년 4월 경기도 남양주

청줄보라잎벌레 *Chrysolina virgata* ×$3\frac{1}{3}$
1996년 6월 경기도 연천

왕벼룩잎벌레

Ophrida spectabilis

왕벼룩잎벌레는 우리나라에 사는 잎벌레 가운데 크다고 '왕벼룩잎벌레'라고 한다. 잎벌레 무리는 빛깔이 곱고 알록달록 무늬가 있어서 예쁘지만 모두 식물 잎을 갉아 먹는 해충이다.

왕벼룩잎벌레는 애벌레나 어른벌레나 모두 옻나무, 개옻나무, 붉나무를 먹는다. 먹이식물에 따라 몸 빛깔이 달라진다. 옻나무와 개옻나무를 먹은 애벌레는 노란색을 띠고 붉나무를 먹은 애벌레는 청람색을 띤다.

옻나무는 만지면 옻이 올라 가렵다. 왕벼룩잎벌레가 옻나무를 먹이로 삼은 건 살아남기 위한 자기 보호법이다. 먹이를 갖고 다투지 않아도 되고 옻나무 잎에서 얻은 독성 물질로 천적을 막아 낼 수 있기 때문이다.

왕벼룩잎벌레 애벌레는 자기가 눈 똥으로 온몸을 뒤덮어서 새나 개미 같은 천적으로부터 몸을 지키기도 한다. 언뜻 보면 나뭇잎이 말라 죽은 것같이 보인다. 특히 꽁지와 머리 부분이 똥으로 덮여 있어서 머리가 보이지 않는다. 똥으로 든든하게 무장을 하는 셈이다.

8월 말부터 10월 중순에 보이는데 9월 중순부터 알을 낳기 시작한다. 가지 사이에 홈을 내어 그 사이에 알을 낳고 덩어리를 만든 후에 똥으로 덮는다. 어른벌레가 되면 잠깐 모여 살다가 흩어져서 산다.

곤충의 먹이식물 곤충이 먹이로 삼는 식물을 '먹이식물' 또는 '기주식물'이라고 한다. 먹이를 알면 곤충을 찾기가 쉽다. 왕벼룩잎벌레는 독성이 있는 옻나무과 식물을, 호랑나비는 탱자나무, 귤나무, 산초나무처럼 냄새가 강한 운향과 식물을 먹이식물로 한다. 알도 먹이식물에 낳고, 애벌레도 같은 먹이식물을 먹고 자란다. 독성이 있거나 향이 강한 식물을 먹이로 삼는 것은 곤충이 살아남기 위한 방법이라고 할 수 있다.

한살이 한 해에 한 번 발생한다. 8월 말부터 10월 중순까지 보인다. 9월 중순부터 알을 낳는다. 알로 겨울을 나고 이듬해 4월에 깨어난다. 다 자란 애벌레는 8mm로 가늘고 머리는 갈색이다. 번데기는 땅속 흙집 속에서 되며, 크기는 2~3mm이다.

생김새 몸길이는 9~12mm이고, 머리 폭은 1~1.3mm이다. 모양은 길고 뚱뚱하다. 몸은 붉은 밤색으로 반짝거린다. 딱지날개에는 노란색의 불규칙한 무늬가 나 있다.

크기 9~12㎜

나타나는 때 8~10월

먹이 옻나무, 개옻나무, 붉나무

한살이 알 ▶ 애벌레 ▶ 번데기 ▶ 어른벌레

왕벼룩잎벌레 ×5
2016년 9월 경기도 남양주

붉나무 잎을 먹은 왕벼룩잎벌레 애벌레
2005년 5월 경기도 남양주

옻나무 잎을 먹은 왕벼룩잎벌레 애벌레
2010년 6월 경기도 남양주

거위벌레

Attelabidae

거위벌레는 넓게 보면 바구미 무리에 속하는 딱정벌레다. 머리 뒤쪽이 길게 늘어나 마치 거위 목처럼 보여 거위벌레라고 한다. 바구미는 주둥이가 길게 늘어난 것이고, 거위벌레는 주둥이는 조금 늘어나고 머리 뒤쪽이 많이 늘어난 것이다. 그렇지만 거위벌레 암컷은 머리가 조금밖에 늘어나지 않았다.

거위벌레는 큰 나무가 자라는 산에 많다. 늦봄이나 이른 여름에 산에 가면 거위벌레가 말아 놓은 나뭇잎 뭉치가 나뭇잎에 매달려 있거나 길에 떨어져 있는 것을 볼 수 있다. 거위벌레 암컷은 나뭇잎 한 장을 돌돌 말거나 나뭇잎 몇 장을 같이 말고 그 속에 알을 낳는다. 걸음걸이로 나뭇잎 길이를 재고 날카로운 큰턱으로 가운데 잎맥만 두고 잎을 가로로 자른다. 잎을 물어서 단단하게 접히도록 흠집을 내고, 다리 여섯 개로 꼭꼭 누르면서 돌돌 말아 올린다. 애벌레가 깨어나면 어미가 말아 놓은 나뭇잎을 갉아 먹고 자란다. 애벌레는 그 속에서 번데기를 거쳐서 어른벌레가 된다. 다 자란 거위벌레는 먹던 나뭇잎 뭉치를 뚫고 밖으로 나온다.

다른 이름 몽똑바구미[북]

여러 가지 거위벌레 거위벌레는 우리나라에 60종쯤 알려져 있다. 거위벌레마다 알을 낳는 나무가 다르다. 나뭇잎이 아니라 열매나 나뭇가지에 알을 낳는 것도 있다. '단풍뿔거위벌레'는 단풍나무 잎을 여러 장 말아서 알집을 만든다. '포도거위벌레'는 포도나무 잎을 말아 놓고 알을 낳는다. '황철거위벌레'는 포플러나무나 사과나무 잎을 말아서 그 속에 알을 낳는다. '도토리거위벌레'는 도토리 속에 알을 낳는다. '왕거위벌레'는 우리나라에 사는 거위벌레 가운데 가장 흔하다. 참나무 잎이나 개암나무 잎에 알을 낳는다.

한살이 알을 낳은 지 네댓새가 지나면 애벌레가 깨어나 말아 놓은 잎을 먹는다. 열흘쯤 지나면 번데기가 되고 다시 일주일이 지나면 어른벌레가 된다. 애벌레는 구더기처럼 생겼다. 다리가 없고 머리가 단단하다.

생김새 왕거위벌레 암컷은 몸길이가 7~8mm이고, 수컷은 9~12mm다. 암컷이 뒷머리 길이가 짧아서 몸길이도 짧다. 둘 다 색깔은 붉은 밤색인데 조금 옅은 것도 있고 아주 짙어서 검붉은 밤색인 것도 있다. 머리나 가슴이나 다리가 붉은 것도 있고 까만 것도 있다.

왕거위벌레

크기 7~12㎜

나타나는 때 5~9월

먹이 나뭇잎

한살이 알 ▶ 애벌레 ▶ 번데기 ▶ 어른벌레

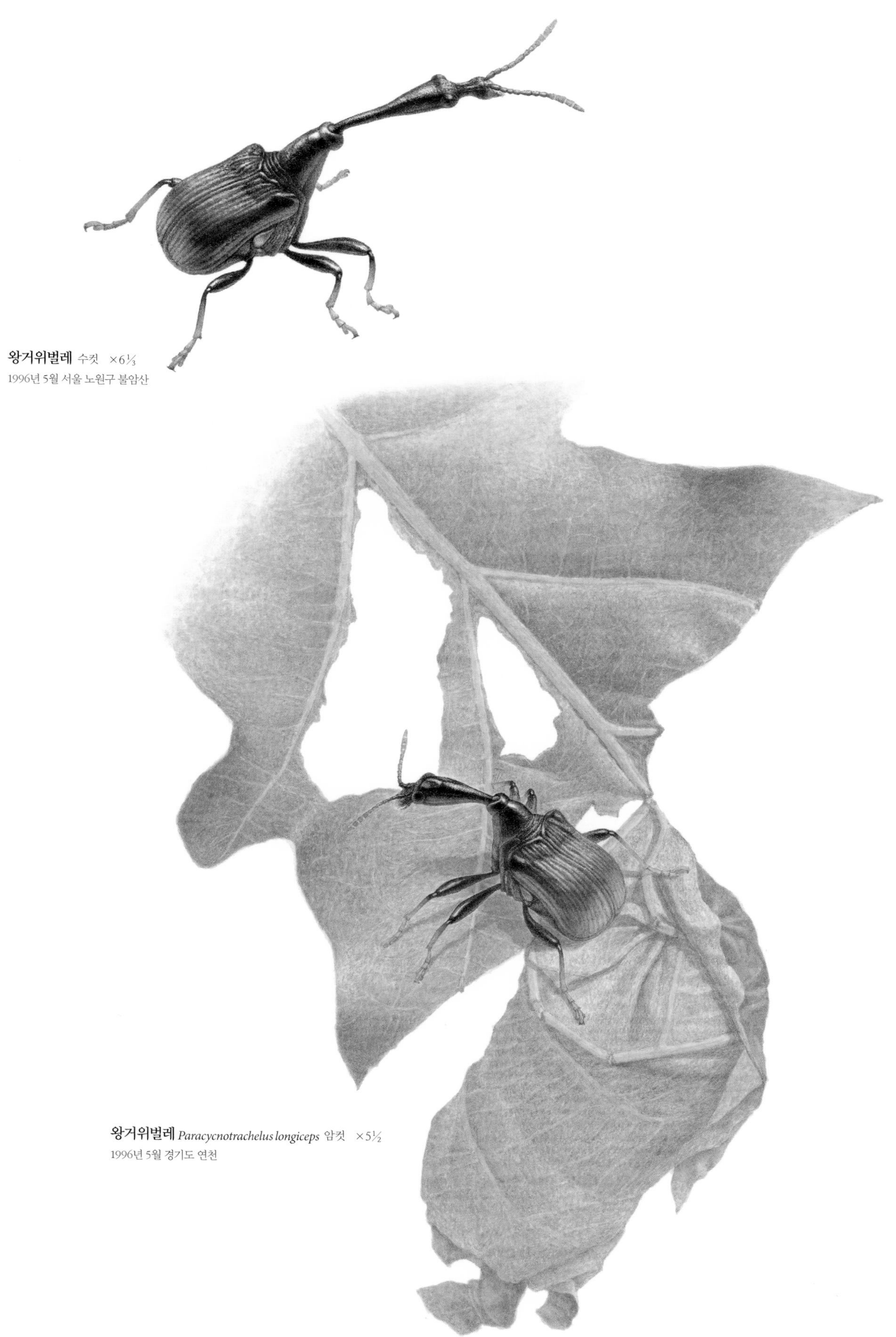

왕거위벌레 수컷 ×6⅓
1996년 5월 서울 노원구 불암산

왕거위벌레 *Paracycnotrachelus longiceps* 암컷 ×5½
1996년 5월 경기도 연천

쌀바구미

Sitophilus oryzae

쌀바구미는 갈무리해 둔 쌀이나 보리나 밀이나 수수나 옥수수에 꼬이는 해충이다. 쌀 알갱이보다 작고 몸 빛깔은 검은 밤색이다. 쌀통 속에서 기어다니면서 낟알을 갉아 먹고, 낟알 속에 알을 낳는다. 어른벌레는 석 달에서 넉 달을 살면서 알을 백 개가 넘게 낳는다. 그대로 두면 쌀통 속에서 어른벌레가 거듭 태어나면서 수가 늘어난다. 따뜻하고 습도가 높은 곳, 바람이 잘 통하지 않고 햇볕이 잘 들지 않는 곳에서 아주 빨리 퍼진다. 무더운 여름에는 수가 더 늘어난다.

쌀바구미가 먹은 쌀은 속이 비어서 잘 부스러지고, 밥을 하면 맛이 없다. 쌀바구미는 어두운 곳을 좋아하고 햇빛을 싫어한다. 쌀바구미가 꼬인 쌀을 햇볕에 널어 두면 어른벌레가 기어 나가고 낟알 속에 있는 애벌레도 죽는다. 서늘한 곳에 쌀통을 두어도 쌀바구미가 잘 꼬이지 않는다. 또 붉은 고추나 마늘을 쌀통에 넣어 두면 쌀바구미가 덜 생긴다.

쌀벌레 쌀통 안에는 흔히 '쌀벌레'라고 하는 구더기처럼 생긴 벌레가 있다. 이 벌레들은 '화랑곡나방' 애벌레다. 화랑곡나방은 한 해에 두세 번 생기고 애벌레로 겨울을 난다. 애벌레는 몸길이가 10~15mm쯤이고, 젖빛이거나 누런 밤색이다. 애벌레는 낟알을 실로 얽어매어 놓고 그 속에서 낟알을 갉아 먹는다. 다 자라면 쌀통 끝에 붙어서 고치를 짓고 그 속에서 번데기가 된다. 어른벌레가 되면 쌀통에서 나와서 집 안을 날아다니고, 등불에도 날아든다. 막는 방법은 쌀바구미와 같다.

한살이 한 해에 서너 번 발생한다. 어른벌레는 늦가을에 곡식 틈이나 그 둘레에서 겨울잠을 잔다. 애벌레나 알로 겨울을 나기도 한다. 5월쯤에 깨어나 짝짓기를 하고, 낟알에 구멍을 뚫고 알을 하나씩 낳는다. 알에서 깨어난 애벌레가 다 자라면 낟알 속에서 번데기가 된다. 어른벌레는 100~120일쯤 살면서 알을 150개쯤 낳는다. 겨울을 나는 것은 200일 넘게 살기도 한다.

생김새 쌀바구미는 몸길이가 2~3mm쯤 된다. 빛깔은 검은 밤색이나 붉은 밤색이다. 등에 세로로 얽은 자국이 많고 겉날개에 노르스름한 점이 네 개 있다. 수컷은 주둥이가 짧고 뭉툭하며, 등이 거칠어 보인다. 암컷은 주둥이가 가늘고 길며 등이 반질반질하다. 알은 길이가 0.5mm다. 긴달걀꼴이고, 노르스름하다. 애벌레는 구더기처럼 생겼고 젖빛이다. 머리는 작고 몸통은 통통하다. 다 자라면 2~3mm쯤 된다. 번데기는 누런 밤색이고 3mm쯤 된다.

크기 2~3㎜
나타나는 때 여름
먹이 갈무리해 둔 곡식
한살이 알 ▶ 애벌레 ▶ 번데기 ▶ 어른벌레

쌀바구미 ×2.5
1997년 7월 경북 청송

쌀에 꼬인 쌀바구미

밤바구미

Curculio sikkimensis

밤바구미는 밤나무 해충이다. 애벌레가 밤을 파먹는다. 1960년대부터 밤나무를 많이 심어 기르면서 밤바구미도 부쩍 늘었다. 밤바구미는 여물어 가는 밤송이에 알을 깐다. 긴 주둥이로 밤 껍질 속까지 구멍을 뚫고 산란관을 꽂아 알을 낳는다. 알에서 깨어난 애벌레는 밤을 파먹으면서 자란다. 다 자라면 밤껍질에 둥근 구멍을 뚫고 밖으로 나온다. 밤바구미는 참나무 열매인 도토리나 붉가시나무 열매에도 알을 낳는다.

밤바구미 애벌레가 든 밤은 겉이 멀쩡해서 밤을 쪼개 보거나 애벌레가 구멍을 뚫고 밖으로 나오기 전에는 밤바구미가 들었는지 알 수 없고, 밤이 상했는지도 알 수가 없다. 밤을 따서 두어도 줄곧 파먹는다. 밤을 오래 두고 먹으려면 먼저 밤을 물에 담가서 물에 뜨는 것을 골라낸다. 애벌레가 먹은 밤은 속이 썩어서 독한 냄새를 풍긴다. 9월 말이 지나서 밤을 거두면 피해가 더 크다.

밤나무 해충 '밤바구미', '복숭아명나방', '밤애기잎말이나방', '밤송이진딧물'은 밤나무 해충이다. 복숭아명나방은 애벌레가 밤송이 가시를 잘라 먹다가 조금 자라면 밤 속을 파먹는다. 똥을 밤 밖으로 내보내 몸에서 나온 실로 밤송이에 붙여 놓기 때문에 겉에서도 파먹은 것을 알 수 있다. 밤을 땄을 때 벌레 구멍이 보이는 것은 대부분 복숭아명나방이 먹은 것이다.

한살이 어른벌레는 8월 중순에서 9월 중순 사이에 가장 많이 볼 수 있다. 15~23일쯤 산다. 밤을 거두기 20일쯤 전부터 밤 속에 알을 낳는다. 애벌레는 밤 속에서 한 달쯤 살고 밖으로 나온다. 밖으로 나온 애벌레는 땅속으로 들어가 겨울을 난다. 땅속에서 두 해 넘게 애벌레로 살기도 한다. 겨울을 난 애벌레는 번데기를 거쳐 여름에서 가을 사이에 어른벌레가 되어 땅 위로 올라온다. 어른벌레가 되면 아무것도 안 먹는다.

생김새 밤바구미는 주둥이를 뺀 몸길이가 6~10mm다. 주둥이는 아주 가늘고 길어서 5mm쯤 된다. 온몸이 비늘처럼 생긴 털로 빽빽하게 덮여 있다. 잿빛이 나는 노란 털인데 짙은 밤색 털이 섞여 있어서 무늬처럼 보인다. 알은 길이가 1mm쯤 된다. 둥글고 희다. 애벌레는 길이가 12mm쯤 된다. 희다가 자라면서 누래진다. 머리는 연한 밤색이고 다리는 없다.

크기 6~10㎜

나타나는 때 8~10월

먹이 안 먹는다.

한살이 알 ▶ 애벌레 ▶ 번데기 ▶ 어른벌레

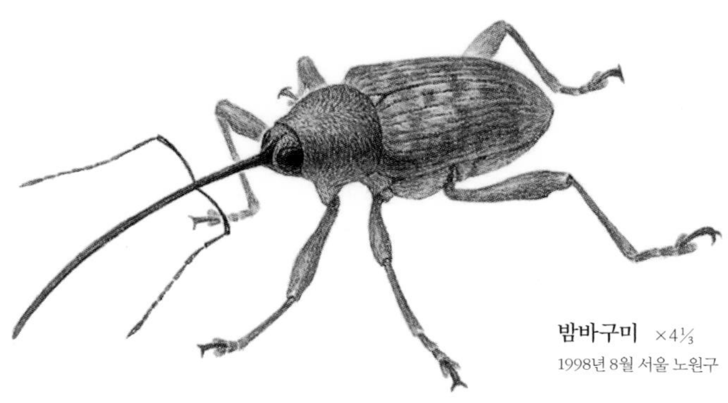

밤바구미 ×4⅓
1998년 8월 서울 노원구

밤송이에서 알을 낳을 곳을 찾는 밤바구미

밤을 파먹는 밤바구미 애벌레

배자바구미

Sternuchopsis trifidus

배자바구미는 칡넝쿨이나 칡 잎에 잘 앉아 있다. 크기가 작고 통통한데 빛깔은 검은색과 흰색이 얼룩덜룩하게 섞여 있다. 주둥이가 몸에 견주어 길지만 보통 때는 주둥이를 머리 밑으로 바짝 구부리고 있어서 위에서는 보이지 않는다. 게다가 몸통과 딱지날개가 울퉁불퉁해서 웅크리고 있으면 꼭 새똥처럼 보인다. 배자바구미는 새똥처럼 생겨서 자기를 잡아먹는 새나 다른 동물의 눈을 피할 수 있다. 이처럼 둘레에 있는 환경이나 다른 생물을 닮아서 위기를 벗어나는 것을 '의태'라고 한다.

배자바구미는 이른 봄부터 늦가을까지 볼 수 있고 6월에 가장 흔하다. 주둥이로 칡 줄기에 구멍을 내고 그 속에 알을 낳는다. 애벌레는 칡 줄기 속에서 깨어나 줄기 속을 파먹고 산다. 애벌레가 들어 있는 곳은 칡 줄기가 볼록하게 부풀어 있다. 애벌레는 그 속에서 번데기가 되고, 어른벌레가 되어 겨울을 난다. 봄이 되면 칡 줄기에서 나와 짝짓기를 한다.

의사와 의태 적을 만나면 죽은 척하여 위기를 넘기는 곤충들이 있다. 이렇게 죽은 체하는 것을 '의사'라고 한다. 딱정벌레 가운데에 바구미가 이런 짓을 많이 한다. 죽은 척하는 것은 실제로 잠깐 동안 기절해 있는 것이라고 한다. 잎이나 나뭇가지 위에서 죽은 척한 곤충은 땅으로 떨어지는 수가 많다. 땅 위에 풀이 우거진 곳이면 떨어진 벌레를 찾기 어렵다. 맨땅이어서 훤한 곳이라도 떨어진 벌레를 찾기는 어렵다. 이때는 곤충이 풀 색깔이나 땅 색깔을 닮아서 찾기 어려운 것이다.

한살이 아직 한살이가 자세하게 밝혀지지 않았다.

생김새 배자바구미는 주둥이를 뺀 몸길이가 9~10mm쯤 된다. 주둥이는 2mm쯤 된다. 몸이 통통하고 검다. 뒤쪽과 앞가슴의 양옆은 흰색이다. 가슴과 딱지날개가 울퉁불퉁하다. 온몸 여기저기에 흰색 비늘털들이 덮여 있어서 웅크리고 있으면 꼭 새똥처럼 보인다. 다리에서 넓적다리마디는 굵은데 안쪽에는 뾰족한 이빨 모양 돌기가 하나씩 있다.

크기 9~10㎜

나타나는 때 4~9월

먹이 칡

한살이 알 ▶ 애벌레 ▶ 번데기 ▶ 어른벌레

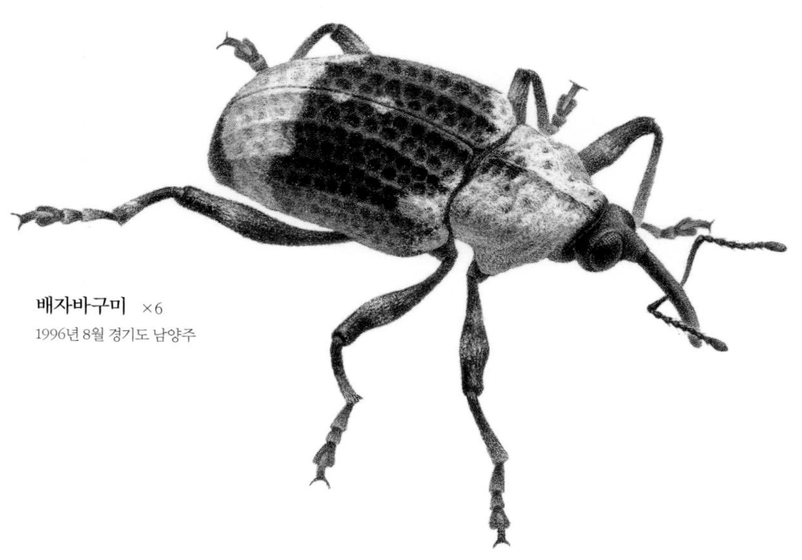

배자바구미 ×6
1996년 8월 경기도 남양주

칡 줄기에서 알 낳을 곳을 찾는 배자바구미

말총벌

Euurobracon yokohamae

말총벌은 몸이 가늘고 '맵시벌'과 비슷하게 생겼다. 암컷 배 끝에 긴 꼬리처럼 보이는 산란관이 달려 있는데 몸길이보다 열 배쯤 길다. 산란관이 하도 길어서 빨리 날지 못한다. 산란관은 보통 때는 하나로 보이는데 알을 낳을 때가 되면 세 갈래로 갈라진다. 가운데 있는 관으로 알을 낳고 양쪽에 있는 두 개는 산란관을 보호한다.

말총벌은 밤나무나 참나무처럼 단단하고 두꺼운 껍질이 있는 나무에 많이 붙어 있다. 나뭇진이나 꽃가루를 먹고 나무 속에 사는 하늘소 애벌레나 번데기에 알을 낳아 붙여 놓는다. 산란관이 길고 잘 휘어져서 나무 속 깊은 곳까지 넣을 수 있다. 알에서 애벌레가 깨어나면 하늘소 애벌레나 번데기를 먹고 자란다. 이듬해 봄에 어른벌레가 된 말총벌은 하늘소 애벌레 몸을 뚫고 밖으로 나온다.

말총벌은 고치벌 무리에 속한다. 고치벌은 살아 있는 곤충의 애벌레 몸에 알을 낳는다. 고치벌은 번데기가 되면 누에처럼 고치를 짓는다. 크기는 누에고치보다 훨씬 작지만 단단하다. '송충살이고치벌'도 고치벌 무리인데 산란관이 짧고 송충이 몸에 알을 낳는다.

한살이 5월에서 6월 사이에 어른벌레가 나온다. 한살이는 자세하게 연구된 것이 없다.

생김새 말총벌 암컷은 몸길이가 19~20mm이고 수컷은 15mm이다. 날개는 투명하고 누런색이다. 암컷은 150mm쯤 되는 긴 산란관이 있다. 암컷 몸은 붉은빛이 나고 더듬이는 까맣다.

다른 이름 말초리벌

크기 15~20㎜

나타나는 때 5~6월

먹이 나뭇진, 꽃가루

한살이 알 ▶ 애벌레 ▶ 번데기 ▶ 어른벌레

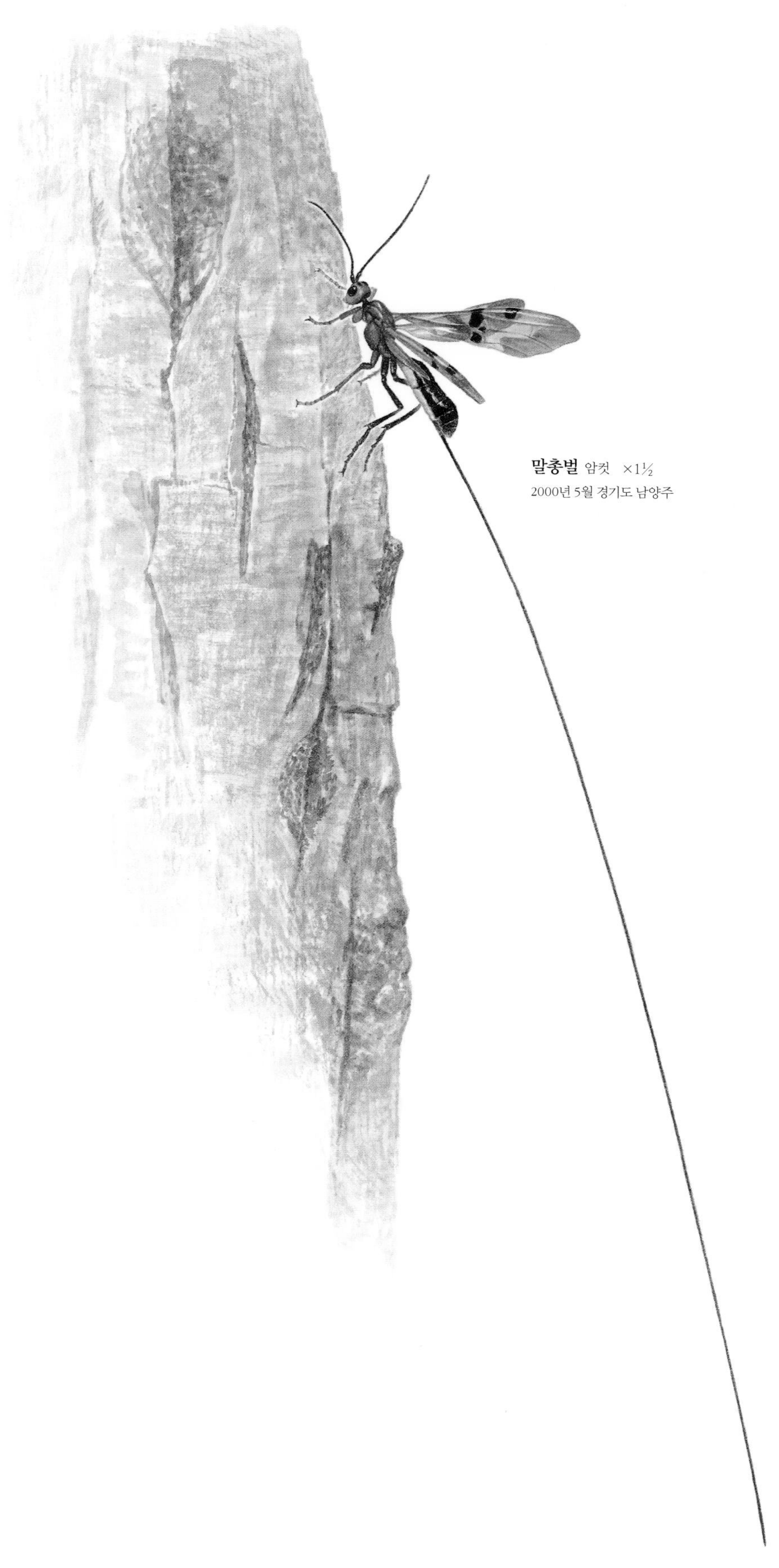

말총벌 암컷 ×1½
2000년 5월 경기도 남양주

맵시벌

Ichneumonidae

맵시벌은 배가 아주 가늘고 길다. 보통 짧은 거리를 재빠르게 날아다닌다. 몸이 가느다란데다가 이리저리 날거나 공중으로 붕 뜨듯이 바로 날아오르거나 아래로 떨어지듯이 날아서 눈여겨보아야 볼 수 있다.

맵시벌은 늦은 봄에 나타난다. 무리 지어 살지 않고 혼자서 살아간다. 맵시벌은 나비 애벌레나 거미 몸에 알을 낳는다. 배 끝에 있는 긴 침으로 먹이가 되는 벌레를 찔러 꼼짝 못 하게 한 뒤에 몸속이나 몸 겉에 알을 낳아 붙여 둔다. 애벌레가 깨어나면 이 애벌레를 먹고 자란다. 맵시벌은 까닭 없이 사람을 쏘거나 달려들지는 않지만 손으로 만지면 침을 쏜다. 쏘인 데는 붓고 가렵다.

맵시벌은 대개 냄새를 맡고 다른 곤충의 애벌레를 찾아내서 알을 낳는다. 어떤 맵시벌은 나무 속에 사는 나방이나 하늘소 애벌레를 찾아서 알을 낳는다. 긴 더듬이로 나무줄기 겉을 두드려서 애벌레가 있는 곳을 찾아낸다. 나무 속에 애벌레가 있는 곳은 나무 속에 작은 구멍이 나 있다. 맵시벌은 이 구멍에서 되울려 오는 떨림으로 먹이가 있는 곳을 찾는다.

여러 가지 맵시벌 맵시벌은 종류가 아주 많다. 우리나라에 450종이 넘게 살고 있다. 몸길이가 2mm쯤 되는 것부터 30mm가 넘는 것도 있다. '뭉툭맵시벌', '두색맵시벌', '악마맵시벌', '대한맵시벌', '수원맵시벌'처럼 재미있는 이름도 많다. 빛깔도 노란색, 검은색, 붉은색, 밤색이 있고 얼룩무늬도 있다. 낮에 풀숲에서 날아다니는 것이 많지만 밤에 날아다니는 것도 있다. 맵시벌이 알을 낳는 곤충에는 해충이 많다. 그래서 해충을 없애는 천적 곤충으로 요즘 많이 연구되고 있다.

한살이 보통 한 해에 한 번 발생한다. 종류에 따라 다르다. 번데기로 겨울을 난다. 알에서 어른벌레가 되기까지 일 년쯤 걸린다. 5~6월쯤 어른벌레가 나온다. 어른벌레는 거의 먹지 않고 7~15일쯤 산다. 자세한 한살이는 밝혀지지 않았다.

생김새 그라벤호르스트납작맵시벌은 몸길이가 30~40mm이다. 침은 길이가 45mm쯤이다. 몸은 검고 다리는 붉은 밤색이다. 알은 크기가 1mm 안팎이고 좁쌀 모양이다. 애벌레는 구더기처럼 생겼고 빛깔은 속이 살짝 비치는 흰색이다. 애벌레는 머리가 몸속으로 들어가 있어서 겉에서는 안 보인다. 애벌레가 다 자라면 붙어살던 곤충의 껍질 속에서 번데기가 된다.

그라벤호르스트납작맵시벌

크기 30~40㎜

나타나는 때 5~7월

먹이 거의 안 먹는다.

한살이 알 ▶ 애벌레 ▶ 번데기 ▶ 어른벌레

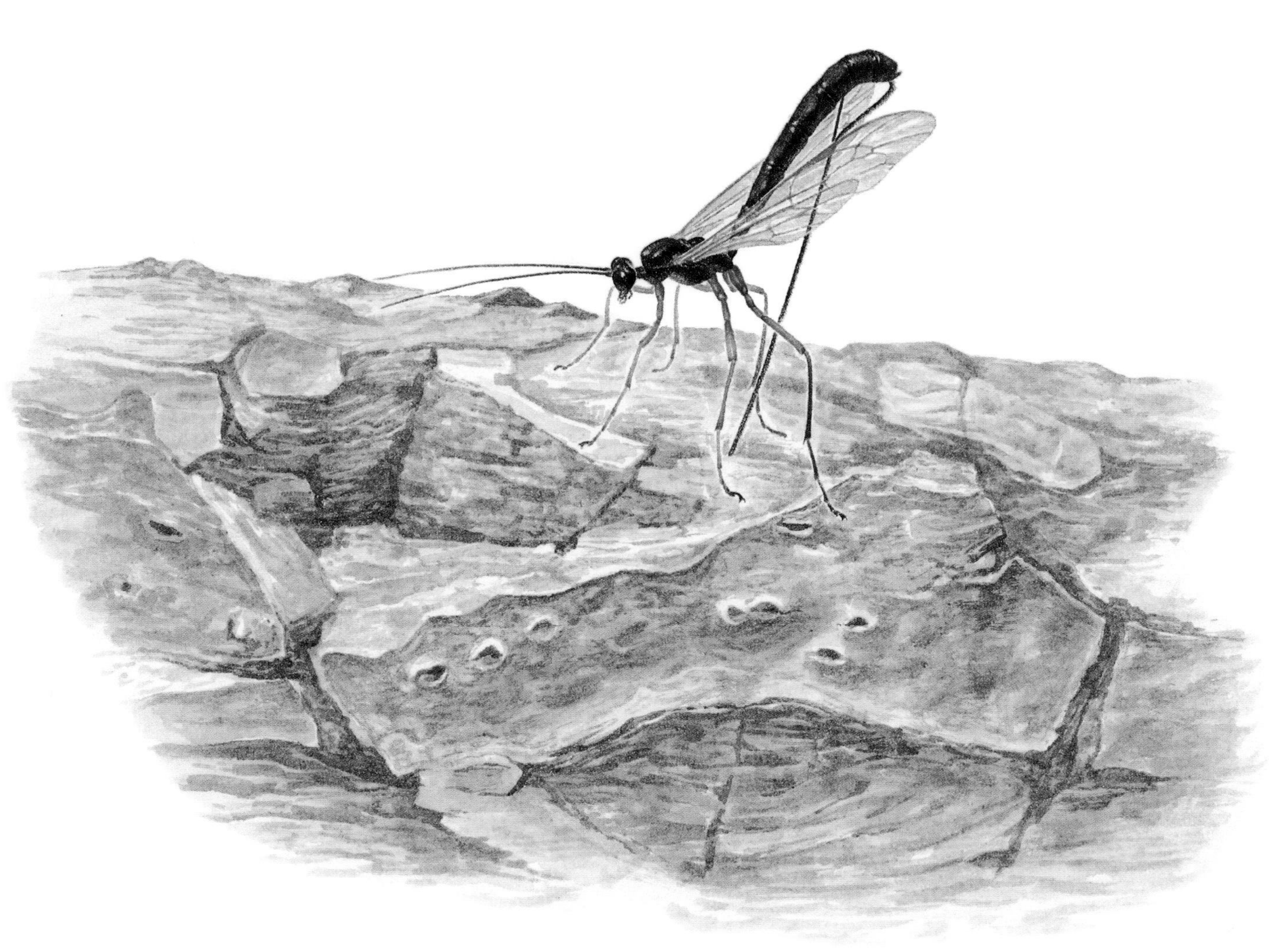

그라벤호르스트납작맵시벌 *Dolichomitus mesocentrus* 암컷 ×1½
1999년 11월 경기도 남양주

배벌

Scoliidae

배벌은 여름에 숲 언저리나 풀밭에서 볼 수 있다. 무리 지어 살지 않고 혼자 산다. 꿀벌보다 몸이 훨씬 긴데, 무엇보다 머리와 가슴에 견주어 배가 길고 커서 멀리 날지 못한다. 하지만 빠르게 날갯짓을 하면서 옆으로 옮겨 다닌다. 배벌은 꽃을 찾아 날아다니면서 꽃가루와 꿀을 먹고, 풍뎅이 애벌레 몸에 알을 낳는다.

'금테줄배벌'은 콩풍뎅이 애벌레 몸에 알을 낳는다. 알을 낳을 때가 되면 나뭇잎 썩은 것과 부드러운 흙이 있는 곳을 낮게 날아다니면서 콩풍뎅이 애벌레를 찾는다. 콩풍뎅이 애벌레를 찾으면 침을 찔러 꼼짝 못 하게 한 뒤에 둘레에 있는 흙으로 작은 방을 만들어서 콩풍뎅이 애벌레를 넣는다. 그 위에 알을 낳은 다음 흙을 덮는다. 금테줄배벌 애벌레는 땅속에서 콩풍뎅이 애벌레를 먹고 자란다. 애벌레는 가을에 번데기가 되고 이듬해 어른벌레가 되어 나온다. 콩풍뎅이 애벌레가 많은 7~8월에 금테줄배벌도 가장 많다.

여러 가지 배벌 우리나라에는 11종이 살고 있다. '어리줄배벌'은 배마디마다 노란 줄무늬가 있는데 두 번째 배마디에는 노란 점이 두 개 있다. '홍조배벌'은 노란 줄무늬가 없고 까맣다. '황띠배벌'은 노란 줄무늬가 한 줄 있다. 배벌들은 애벌레 때에 풍뎅이류 애벌레를 먹는데 배벌마다 먹는 애벌레가 다르다.
한살이 한 해에 한 번 발생한다. 고치 속에서 번데기로 겨울을 난다. 자세한 한살이는 밝혀지지 않았다.
생김새 금테줄배벌 수컷은 몸길이가 20mm, 암컷은 30mm쯤 된다. 배가 길고 크다. 몸에 금빛이 나는 잔털이 아주 많이 나 있다. 다리는 검다. 수컷은 배에 노란 줄무늬가 있다. 알은 좁쌀 모양이다. 애벌레는 구더기처럼 생겼고 눈과 다리가 없다. 몸은 희고 머리는 밤색이다. 작은 달걀처럼 생긴 진한 밤색 고치 속에서 번데기가 된다.

금테줄배벌
크기 20~30㎜
나타나는 때 5~8월
먹이 꽃가루, 꿀
한살이 알 ▶ 애벌레 ▶ 번데기 ▶ 어른벌레

금테줄배벌 *Megacampsomeris prismatica* ×2½
1998년 10월 경기도 남양주 천마산

꿀을 빠는 금테줄배벌
1998년 10월 경기도 남양주 천마산

일본왕개미

Camponotus japonicus

일본왕개미는 우리나라에 사는 개미 가운데 가장 크다. 운동장이나 마당 같은 양지바른 땅속에 굴을 파고 산다. 돌 밑이나 나무줄기 안에서 살기도 한다. 진딧물이 많은 밭에서도 흔히 볼 수 있다. 일본왕개미는 진딧물이 꽁무니에서 내는 달콤한 물이나 봉선화와 벚나무 같은 식물의 잎과 줄기에서 나오는 단물을 먹는다. 다른 곤충이나 여러 가지 애벌레를 잡아먹기도 한다.

일본왕개미는 한 집에서 여왕개미 한 마리와 천 마리가 넘는 일개미가 함께 산다. 여왕개미는 수개미와 짝짓기를 마치고 나면 날개를 끊어 내고 돌 밑에 굴을 파거나 나무 속에 들어가 알을 낳는다. 여왕개미는 알이 깰 때까지 잘 보살피며 거의 먹지 않고 지내는데 가끔 자기가 낳은 알을 먹는다. 여왕개미와 짝짓기를 하고 나면 수개미는 죽는다. 일개미는 알과 애벌레를 돌보고 먹이 나르는 일을 맡아 한다. 일본왕개미 집에는 다른 일개미들보다 머리와 몸집이 큰 일개미가 있는데, 이런 개미들을 '병정개미'라고도 한다.

일본왕개미 집에 사는 가시개미 일본왕개미 집에서 몸에 가시가 나 있는 개미가 살기도 하는데 그것은 '가시개미'다. 가시개미 여왕개미가 굴을 파고 살기도 하지만 더러는 일본왕개미 집으로 들어가 더부살이를 한다. 일본왕개미 일개미들은 가시개미의 알과 애벌레를 보살피고 기른다.

한살이 4월 초에서 11월 초까지 움직이고 어른벌레로 겨울잠을 잔다. 6월쯤 짝짓기를 한다. 여왕개미는 한 번에 알을 수십 개에서 수백 개까지 낳는다. 애벌레가 깨어나면 번데기를 거쳐 어른개미가 된다. 알에서 어른벌레가 되기까지 한두 달쯤 걸린다. 일개미는 몇 달밖에 못 살지만 여왕개미는 십여 년쯤 살기도 한다.

생김새 여왕개미는 몸길이가 18mm쯤이다. 알을 배면 배가 부풀어 더 커진다. 수개미는 12mm, 일개미는 6~15mm쯤 된다. 여왕개미와 수개미는 날개가 있다. 짝짓기를 한 여왕개미는 날개를 떼 낸다. 일개미와 여왕개미는 더듬이가 'ㄱ' 모양이고 수개미는 짧고 반듯하다. 알은 밥풀 모양이고 크기는 작다. 애벌레는 잣알 모양으로 생겼고 머리 쪽이 가늘고 굽었다. 알과 애벌레 모두 하얗다. 애벌레는 실을 몸에 감고 번데기가 된다. 번데기는 시간이 지나면서 흙이 묻어 점점 밤색이 된다.

다른 이름 왕개미, 검정왕개미

크기 6~18㎜

나타나는 때 4~11월

먹이 죽은 벌레, 진딧물이 내는 단물

한살이 알 ▶ 애벌레 ▶ 번데기 ▶ 어른벌레

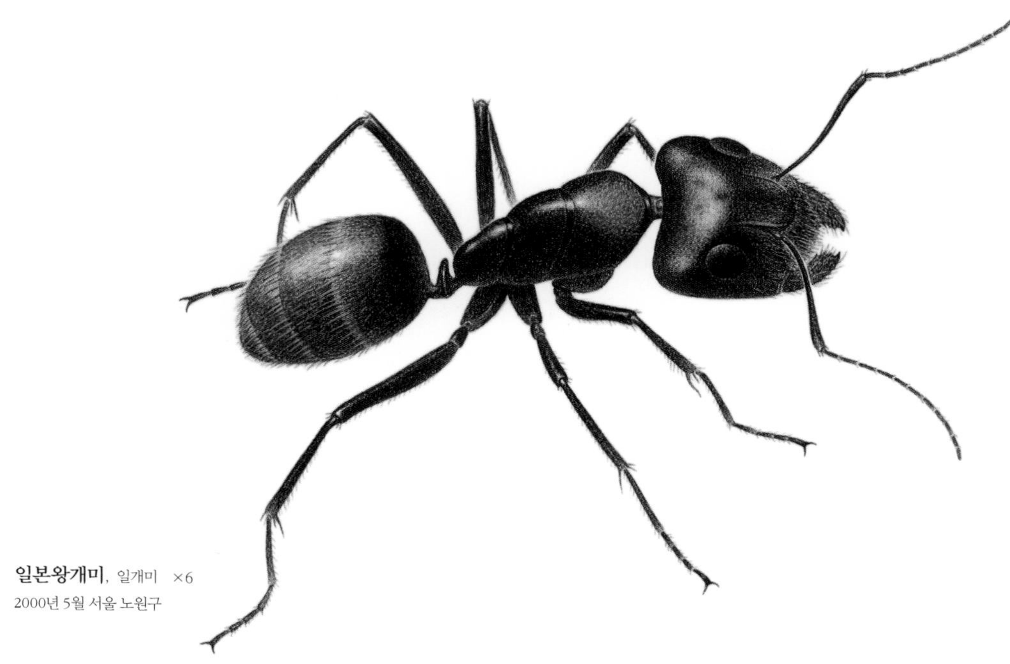

일본왕개미, 일개미 ×6
2000년 5월 서울 노원구

곰개미

Formica japonica

곰개미는 땅속에 굴을 파고 산다. 마당이나 운동장이나 양지바른 풀밭에서 흔히 보인다. 곰개미는 '일본왕개미'보다 크기가 조금 작다. 일본왕개미와 사는 곳이 비슷해서 함께 보일 때가 많다. 곰개미는 진딧물이 내는 달콤한 물을 먹거나 나방 애벌레를 잡아먹는다. 살아 있는 먹이는 배 끝에서 개미산을 쏘아서 잡는다. 크기가 작은 먹이는 일개미 한 마리가 옮기고 큰 것은 여러 마리가 함께 나른다. 곰개미도 다른 개미들처럼 여왕개미, 수개미, 일개미가 모여 산다. 보통 여왕개미 한 마리와 일개미 수백 마리가 한데 산다. 일개미가 만 마리를 넘을 때도 있다. 한 집에 여왕개미가 여러 마리 있을 때도 더러 있다.

곰개미는 불개미 무리에 든다. 집에서 흔히 보는 개미는 '애집개미'라고 하는 작은 개미다. 어떤 사람들은 '불개미'라고도 하는데 불개미가 아니다. 애집개미 일개미는 몸길이가 2mm쯤으로 아주 작다. 색깔은 연한 밤색이며 배 아래는 검다. 부엌이나 방에 떨어진 과자나 음료수나 밥알이 있으면 떼 지어 모여든다. 애집개미는 따뜻하고 눅눅한 벽 틈이나 오래 둔 종이 상자 같은 곳에 모여 산다. 개미들은 대개 겨울이 되면 거의 움직이지 않고 지내지만, 애집개미는 집 안에 살기 때문에 겨울에도 많이 다닌다. 사람을 물기도 하는데 물리면 따끔하고 가렵다.

한살이 4월 초부터 11월 초까지 움직인다. 어른벌레로 겨울을 난다. 여왕개미와 수개미는 7월 중순부터 8월 중순쯤에 짝짓기를 한다. 여왕개미는 한 번에 알을 수십에서 수백 개씩 낳는다. 알에서 깨어난 애벌레는 번데기를 거쳐 어른개미가 되는데 알에서 어른벌레가 될 때까지 한 달쯤 걸린다. 일개미는 몇 달쯤 살다 죽지만 여왕개미는 길게는 십여 년쯤 살기도 한다.

생김새 여왕개미는 몸길이가 13mm쯤인데 알을 배면 배가 부풀어서 더 커진다. 수개미는 11mm쯤이며, 일개미는 4~11mm이다. 몸은 잿빛이 도는 검은색이며, 배에는 은백색 털이 있어서 햇빛을 받으면 은색으로 보인다. 알은 작고 밥풀 모양이다. 애벌레는 잣알 모양이고 머리 쪽이 가늘고 굽었다. 알과 애벌레는 모두 속이 살짝 비치는 흰색이다. 애벌레는 실을 뿜어서 밥풀처럼 생긴 흰색 번데기를 만든다. 번데기는 점점 밤색으로 바뀐다.

크기 4~13㎜
나타나는 때 4~11월
먹이 진딧물이 내는 단물, 나방 애벌레
한살이 알 ▶ 애벌레 ▶ 번데기 ▶ 어른벌레

곰개미, 일개미 ×12
2000년 4월 서울 노원구

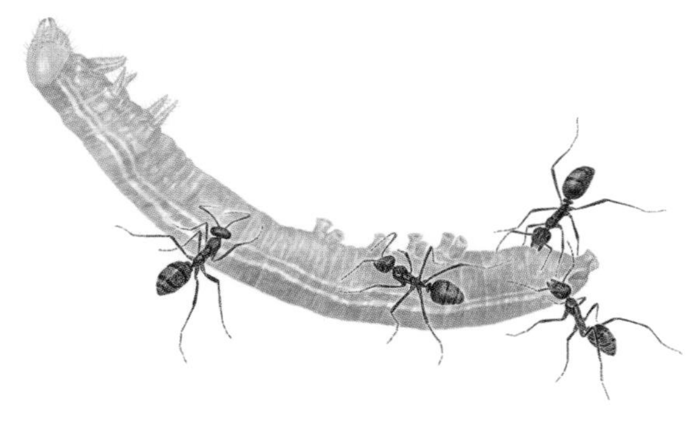

함께 먹이를 나르는 곰개미들
2000년 4월 서울시 노원구

호리병벌

Eumeninae

호리병벌은 무리 지어 살지 않고 혼자 산다. 들이나 풀이 많은 곳에서 산다. 여러 가지 꽃에서 꿀과 꽃가루를 먹는다. 호리병벌은 집을 호리병 모양으로 짓는다. 여름에 개울이나 냇가에 있는 진흙을 둥글게 뭉쳐서 입으로 물고 날아가 풀 줄기나 나뭇가지에 붙여 집을 만든다. 하루 동안 집을 만들고 그 안에 알을 하나 낳는다. 알 한쪽 끝을 집 안 벽에 붙여 놓고 나비나 나방 애벌레를 잡아 집에 가득 채우고 구멍을 막는다. 호리병벌은 또 다른 곳에 가서 여러 번 집을 짓는다. 어미벌이 애벌레를 따로 돌보지는 않는다.

애벌레가 깨어나면 집 안에서 어미벌이 넣어 둔 먹이를 먹으며 자란다. 애벌레는 몸이 집 안에 꽉 찰 만큼 다 자라면 입에서 실을 토해 그물을 치고 번데기가 된다. 어른벌레가 되면 턱으로 흙벽을 갉아 내고 빠져나온다.

다른 이름 조롱벌

집을 짓는 야생벌들 호리병벌은 돌 틈이나 풀 줄기에 진흙으로 항아리처럼 생긴 집을 빚는다. 말벌과 쌍살벌은 나뭇가지나 잎사귀에, 땅벌은 땅속에다 집을 짓는다. 말벌, 쌍살벌, 땅벌은 나무껍질에서 섬유질을 뜯어내어 침을 섞어 반죽을 한다. 이것을 얇은 종이처럼 만들어서 집을 짓는다. 나나니는 나무 속이나 땅속에 구멍을 내서 알을 낳는다. 맵시벌과 말총벌은 집을 짓지 않고 나방과 딱정벌레의 알이나 애벌레에 알을 낳는다.

한살이 한 해에 한 번 발생한다. 어른벌레는 6월에서 10월 사이에 많이 나타난다. 알을 낳은 지 이틀 뒤에 애벌레가 깨어난다. 진흙으로 만든 집 안에서 애벌레로 겨울을 난다. 봄에 번데기가 되었다가 며칠 뒤에 어른벌레가 되어 나온다. 어른벌레는 집을 짓고 알을 낳으면서 한두 달쯤 산다.

생김새 애호리병벌은 몸길이가 25~30mm쯤 된다. 날개는 밤색이 돌고 윤이 난다. 배 윗부분은 가늘고 가운데는 둥글며 배 끝으로 갈수록 점점 좁아진다. 알은 흰색이고 길쭉하다. 애벌레는 길쭉하게 생겼다. 다 자란 애벌레는 몸길이가 30mm쯤 된다. 번데기는 벌처럼 생겼고 날개는 없다. 번데기는 처음에 희다가 점점 색이 짙어진다.

애호리병벌

크기 25~30㎜

나타나는 때 6~10월

먹이 꿀, 꽃가루

한살이 알 ▶ 애벌레 ▶ 번데기 ▶ 어른벌레

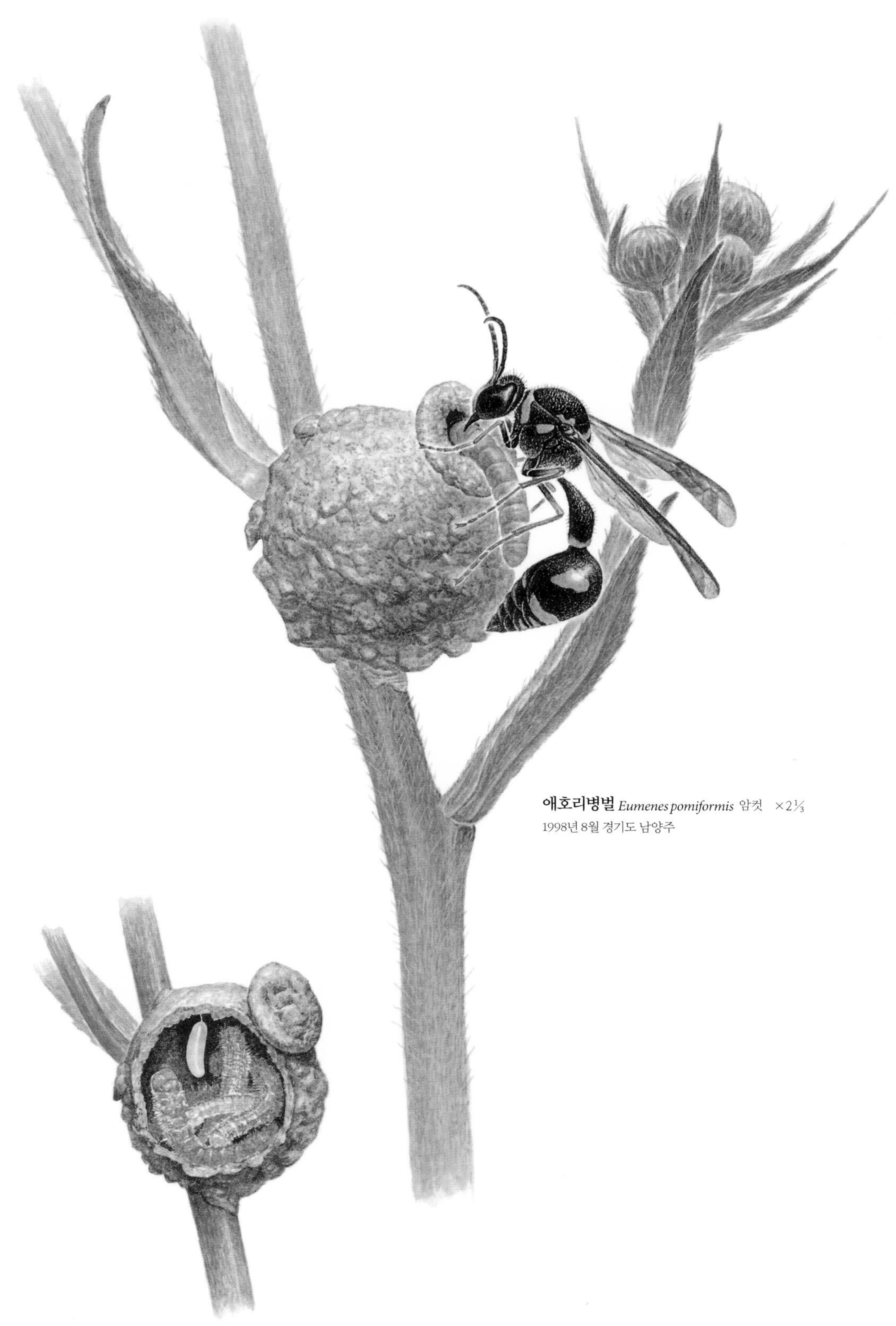

애호리병벌 *Eumenes pomiformis* 암컷 ×2⅓
1998년 8월 경기도 남양주

집 속에 낳은 알

말벌

Vespa crabro flavofasciata

말벌은 벌 가운데에서 몸집도 크고 가장 힘이 세고 사나운 벌이다. 몸이 가늘지만 튼튼하게 생겼다. 독침이 있어서 말벌이 쏘면 많이 부어오르고 후끈후끈 열이 나면서 아프다. 말벌은 꿀벌과 달리 침을 쏘고 나도 침이 벌 몸에서 빠져나가지 않아서 한 마리가 여러 번 침을 쏘기도 한다. 말벌한테 쏘이면 퉁퉁 붓고 후끈후끈 열이 나고 가렵다. 아프고 부어오른 자리를 찬물로 찜질해 주면 좋다. 심하면 치료를 받는 것이 좋다.

말벌은 한 집에 수백 마리가 모여 산다. 여왕벌, 수벌, 일벌이 있다. 일벌은 꿀벌의 일벌처럼 집도 짓고 집안일을 맡아 한다. 빈 나무줄기 속이나 바위틈이나 추녀 밑에 박처럼 둥글고 단단한 집을 만든다. 말벌은 꽃꿀, 과일즙, 나무줄기에서 나오는 찐득찐득한 진을 잘 먹는다. 애벌레에게는 살아 있는 꿀벌이나 거미를 잡아다가 먹인다. 말벌은 벌통 가까이에 집을 짓기도 하는데, 꿀벌 애벌레나 알을 잡아먹고 벌집까지 다 부순다. 그래서 벌을 칠 때 말벌 집이 벌통 가까이 있으면 피해가 크다. 말벌을 막으려면 꿀벌보다 몸집이 큰 말벌이 못 드나들게 벌통 앞에 그물을 쳐 둔다. 또 주둥이가 좁은 병에다 말벌이 좋아하는 단 음료수를 담아 두면 말벌이 들어가 빠져나오지 못한다.

한살이 여왕벌은 겨울잠을 잔다. 5월쯤 날씨가 따뜻해지면 겨울잠에서 깬 여왕벌이 혼자 집을 짓고 알을 낳는다. 알은 애벌레와 번데기를 거쳐서 어른벌레가 된다. 8월에서 9월쯤에 수가 가장 많이 늘어나는데 한 집에서 수백 마리까지 산다. 일벌과 수벌은 초겨울이 되면 모두 죽는다. 짝짓기를 한 새 여왕벌만 땅속에서 겨울을 보낸다.

생김새 말벌 몸길이는 여왕벌이 30mm쯤이고 일벌도 20mm가 넘는다. 몸빛은 노란색, 붉은색, 짙은 밤색이 많고 머리 쪽은 귤색이다. 몸에 누런 밤색 털이 촘촘히 나 있다. 알은 길고 가늘다. 애벌레는 희고 반달 모양으로 굽어 있다. 번데기는 점점 굳어지면서 밤색으로 바뀐다.

다른 이름 왕벌, 왕퉁이, 말머리, 바다리

크기 20~30㎜

나타나는 때 5~9월

먹이 꿀, 과일즙, 나뭇진

한살이 알 ▶ 애벌레 ▶ 번데기 ▶ 어른벌레

말벌 ×3
1996년 6월 서울 노원구 불암산

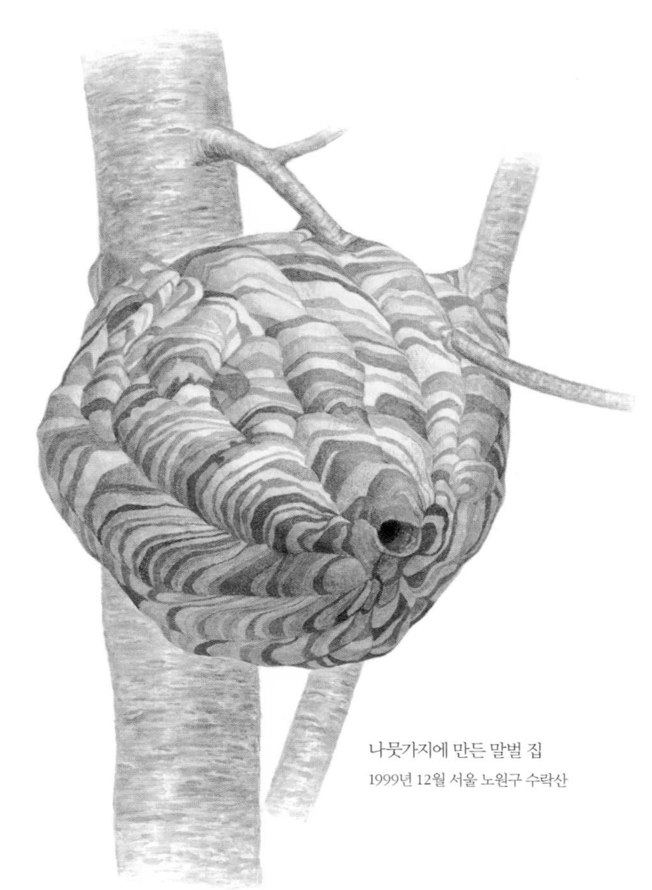

나뭇가지에 만든 말벌 집
1999년 12월 서울 노원구 수락산

땅벌

Vespula flaviceps

땅벌은 땅속에 집을 짓고 산다. 그래서 이름도 땅벌이다. 양지바르고 메마른 곳을 좋아해서 밭둑이나 무덤가에 집을 많이 짓는다. 집 짓는 자리에 따라 작게도 짓고 크게도 짓는다. 한 집에 여왕벌과 수벌과 일벌이 함께 모여 산다. 땅벌 집은 말벌 집처럼 크고 둥글다. 겉으로는 흙에 조그만 구멍이 나 있을 뿐이어서 눈에 잘 띄지 않는다. 땅벌이 드나드는 것을 보고 땅벌 집이 있는지 안다.

땅벌은 건드리지 않으면 안 쏘지만 잘못해서 벌집을 밟거나 건드리면 떼로 덤빈다. 수많은 벌들이 끈질기게 달라붙어 쏘기 때문에 심할 때는 사람이나 집짐승이 죽기도 한다. 땅벌이 떼를 지어 쫓아오면 물속으로 몸을 감춰서 따돌리기도 한다. 땅벌이 쏜 자리는 아프고 부어오르고 붉어지면서 가렵다. 예전에는 벌에 쏘이면 된장을 발라 독기와 부기를 빼기도 했다. 심하게 부어오르면 찬물로 찜질을 해 준다. 아주 심할 때는 의사를 찾아가야 한다.

땅벌은 나뭇진이나 과일즙을 빨아 먹는다. 채소나 과일나무에서 꽃꿀을 빨아 먹기도 한다. 사람이 다니는 곳에 땅벌 집이 있으면 위험하기 때문에 구멍으로 연기를 피워 넣어 쫓아낸다. 또 땅벌 집 쪽으로 물길을 내면 땅벌이 집을 옮긴다.

한살이 초겨울이 되면 일벌과 수벌은 죽고 여왕벌은 겨울잠을 잔다. 5월쯤 날씨가 따뜻해지면 여왕벌이 겨울잠에서 깨서 집을 짓고 알을 낳는다. 알은 애벌레와 번데기를 거쳐 어른벌레가 된다. 8월에서 9월쯤에 수가 가장 많이 늘어나 한 집에서 수백 마리가 산다.

생김새 땅벌은 일벌 몸길이가 10~14mm쯤이고, 수벌은 12~18mm쯤이다. 여왕벌은 15~19mm로 가장 크다. 몸 빛깔은 검고 몸과 다리에 샛노란 무늬가 많다. 더듬이가 길고 날개는 밤색이며 머리와 가슴 쪽에 검은 털이 빽빽이 나 있다. 알은 기다랗고 가늘다. 애벌레는 희고 반달 모양으로 굽어 있다. 번데기는 점점 굳어지면서 밤색으로 바뀐다.

다른 이름 대추벌, 땡끼벌, 땡비

크기 10~19㎜

나타나는 때 5~10월

먹이 꿀, 과일즙, 나뭇진

한살이 알 ▶ 애벌레 ▶ 번데기 ▶ 어른벌레

땅벌 ×4
2000년 9월 경북 문경

땅속에 만든 땅벌 집

쌍살벌

Polistinae

쌍살벌은 '말벌'과 비슷하게 생겼는데 말벌보다 몸이 가늘고 배 윗부분은 좁다. 날개가 길고 가늘다. 긴 뒷다리 두 개를 축 늘어뜨리고 날아다닌다. 쌍살벌은 말벌처럼 사납지 않지만 건드리면 침을 쏜다. 말벌이나 사마귀가 집에 들어오면 집을 지키려고 침을 쏘기도 한다.

쌍살벌은 봄에 알을 낳기 전에 어미벌 혼자 집을 짓기 시작한다. 어미벌은 집 지을 곳부터 찾는다. 비바람을 피할 수 있고 햇볕이 들지 않는 처마 밑을 좋아한다. 나무줄기나 바위에도 붙여 만든다. 나무껍질을 긁어 침을 섞어 가며 잘게 씹어서 방을 만든다.

처음 만든 방 하나를 가운데 두고 동그랗게 방을 붙여 나간다. 방을 하나 만들고 알을 하나 낳고 다시 방을 만든다. 이렇게 하면서 방이 여러 개 붙은 집을 짓는다. 다 지으면 집 모양이 해바라기꽃 같다.

애벌레가 깨어나면 나방 애벌레를 잡아다가 잘게 씹어서 먹이고 물도 날라 와서 먹인다. 꿀벌과 달리 집에 먹이나 꿀을 채워 두지는 않는다. 봄에는 어미벌 한 마리만 있지만 여름이 되면 일벌들이 깨어나 수백 마리가 한 집에서 산다. 일벌들이 깨어나면 어미벌은 알만 낳는다. 애벌레를 돌보고 집을 짓는 일은 일벌들이 한다. 이때 어미벌이 죽더라도 일벌들이 알과 애벌레들을 돌본다.

다른 이름 바다리

한살이 한 해에 한 번 발생한다. 알을 낳은 지 일주일쯤 지나면 애벌레가 깨어난다. 한 달쯤 지나면 애벌레가 입에서 실을 토해 방 앞을 막고 번데기가 된다. 번데기로 열흘이 지나면 쌍살벌이 나온다. 가을에 수벌이 나와 암벌과 짝짓기를 한다. 날이 추워지면 수컷은 모두 죽고 짝짓기를 한 암벌만 살아서 해가 잘 드는 나무 틈이나 돌 밑에서 겨울잠을 잔다. 가끔은 따뜻한 곳을 찾아 사람이 사는 집으로 들어오며, 지붕 틈에 모여서 겨울을 나기도 한다. 봄이 되면 이 벌들이 깨어나 새 집을 만들고 알을 낳는다.

생김새 왕바다리는 몸길이가 25mm쯤이다. 몸이 가늘고 길다. 날개도 길고 가늘다. 알은 맑고 하얗다. 길이는 2mm쯤이다. 애벌레는 희고 반달 모양으로 굽어 있다. 번데기는 점점 굳어지면서 밤색으로 바뀐다.

왕바다리

크기 25㎜

나타나는 때 5~9월

먹이 꿀, 과입즙

한살이 알 ▶ 애벌레 ▶ 번데기 ▶ 어른벌레

왕바다리 *Polistes rothneyi koreanus* 암컷 ×2½
2000년 5월 경기도 남양주

나뭇가지에 붙여 만든 쌍살벌 집

나나니

Ammophila infesta

나나니는 늦은 봄부터 여름까지 풀밭이나 강가에서 많이 볼 수 있다. 빠르게 날아다닌다. 몸이 가늘고 긴데 배는 더 가늘다. 무리를 짓지 않고 혼자 살아간다. 꽃이 많이 피는 여름에 꽃꿀을 빨아 먹는다.

나나니는 나무 구멍이나 땅속에 구멍을 뚫어 집을 짓는다. 나나니는 나방이나 나비 애벌레를 침으로 찔러 꼼짝 못 하게 한 뒤에 집으로 가져와서 그 위에 알을 하나 낳는다. 알을 낳고는 구멍을 막아 놓는다. 다른 곳으로 날아가서도 여러 번 같은 일을 되풀이한다. 나나니는 어른벌레가 집에서 살지 않고 또 알이나 애벌레를 돌보지 않는다. 애벌레가 깨어나면 어미벌이 넣어 둔 먹이를 먹고 자란다. 이듬해 봄이 되면 어른벌레가 되어 집에서 나온다.

한살이 한 해에 한두 번 발생한다. 알을 낳은 지 하루 이틀 지나면 애벌레가 깨어난다. 애벌레는 집 속에서 어미벌이 마련해 둔 먹이를 먹고 자라서 그 속에서 번데기가 된다. 번데기로 겨울을 난다. 이듬해 봄부터 여름 사이에 어른벌레가 된다.

생김새 나나니는 몸빛이 검고 날개는 투명하고 노르스름하다. 배가 아주 가늘다. 몸길이는 20mm 남짓인데 암컷이 조금 더 크다. 암컷은 머리와 가슴에 잿빛 털이 많이 나 있다. 수컷은 몸이 가늘고 가운데에 붉은 띠무늬가 있다.

크기 20㎜

나타나는 때 5~10월

먹이 꿀

한살이 알 ▶ 애벌레 ▶ 번데기 ▶ 어른벌레

나나니 ×3
2000년 8월 경기도 남양주

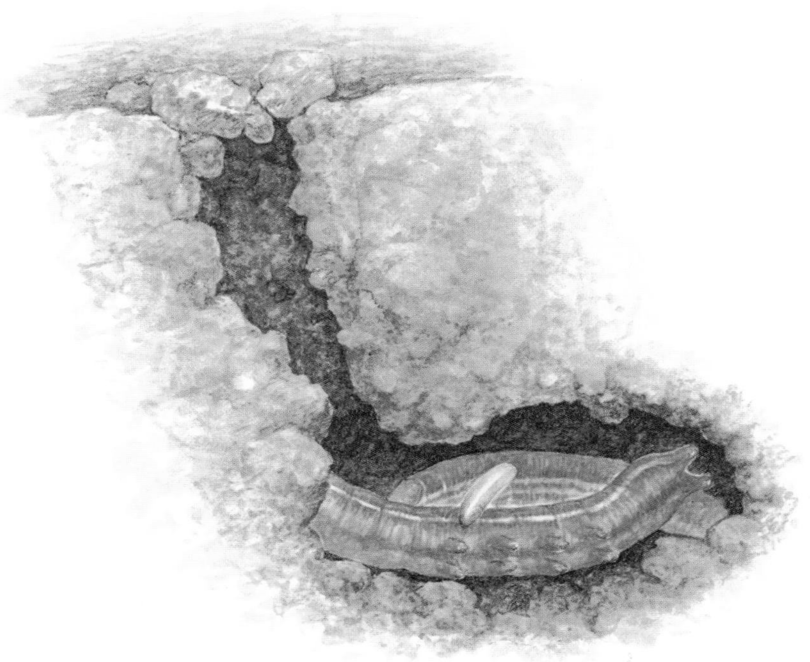

잡아 온 애벌레 위에 낳은 알

꿀벌

Apidae

꿀벌은 꽃에 있는 꿀을 따다가 벌집에 모아 둔다. 꿀벌은 입이 뾰족하고 혀가 길어서 꿀을 잘 빨고, 뒷다리 종아리마디가 넓적해서 꽃가루를 붙여서 옮기기 좋다. 우리나라에서는 꿀을 얻기 위해 오래 전부터 꿀벌을 길렀다. 꿀벌에는 '양봉꿀벌'과 '토종벌(재래꿀벌)' 두 종이 있다. 토종벌은 양봉꿀벌보다 색이 검고 크기가 작다. 토종벌과 양봉꿀벌은 방을 육각형으로 만들고 벌집에 알을 낳고 꿀을 모아 둔다.

토종벌은 통나무 속에 집을 짓는다. 토종벌을 키우는 벌통은 속이 빈 통나무나 흙으로 빚은 통에 뚜껑을 덮어 씌워 만든다. 토종벌은 통을 옮기지 않고 일 년 동안 한 곳에 둔다. 꿀도 가을에 한 번 거둔다. 흔히 보는 네모난 벌통은 양봉꿀벌이 사는 집이다. 꽃이 피는 곳을 따라 철마다 벌통을 옮겨 놓기 때문에 한 해에 여러 번 꿀을 거둔다.

꿀벌은 한 집에서 수만 마리가 무리를 이루고 산다. 한 집에는 여왕벌 한 마리와 수벌 수백 마리와 일벌 수만 마리가 있다. 여왕벌은 하루에 알을 이삼천 개씩 낳는다. 수벌은 두세 달 살면서 단 한 번 짝짓기하는 것 말고는 하는 일이 없다. 일벌은 꿀을 모으고 알과 애벌레를 돌보고 집 짓는 일을 한다. 애벌레 가운데 새로 여왕벌이 될 애벌레 한 마리는 로열 젤리를 먹으며 자란다.

한살이 이른 봄에 여왕벌이 알을 낳는다. 사흘이 지나면 알에서 애벌레가 나온다. 엿새쯤 지나 애벌레가 다 자라면 방에서 번데기가 된다. 여왕벌은 일주일 동안 번데기로 있고 일벌은 12일, 수벌은 15일쯤 번데기로 보낸다. 여왕벌은 어른벌레로 3~5년을 살고, 일벌은 한 달 남짓 산다. 겨울에는 벌통 안에 살면서 서로 모여 있으면서 거의 움직이지 않는다.

생김새 양봉꿀벌은 머리와 가슴에 밤색을 띠는 잿빛 털이 많이 나 있다. 일벌은 몸길이가 12mm쯤 된다. 여왕벌은 몸집이 가장 크다. 더듬이와 머리 위 가장자리가 누런 밤색이다. 수벌은 일벌보다 몸집이 더 크고 겹눈은 정수리에 서로 붙어 있다. 알은 기다랗고 가늘다. 처음에는 꼿꼿이 서 있다가 시간이 지나면 눕는다. 애벌레는 희고 반달 모양으로 굽어 있다. 번데기는 조금씩 굳어지면서 밤색으로 바뀐다.

양봉꿀벌

크기 12㎜ 안팎

나타나는 때 5~10월

먹이 꽃꿀

한살이 알 ▶ 애벌레 ▶ 번데기 ▶ 어른벌레

아까시나무 꽃에 모여든 꿀벌
2000년 5월 서울 노원구

꿀벌 집

양봉꿀벌 *Apis mellifera* 일벌 ×6
2000년 5월 서울 노원구

벌목
꿀벌과

호박벌

Bombus ignitus

호박벌은 '꿀벌'보다 몸집이 두 배쯤 크고 몸에 털이 많이 나 있다. 봄부터 가을까지 볼 수 있는데 초여름에 가장 많다. 배 끝에 침이 있어서 건드리거나 벌집을 만지면 쏜다. 호박벌은 봄에는 진달래나 벚꽃에 날아들고 여름에는 호박꽃에 날아든다. 방울토마토는 꽃꿀이 없어서 다른 곤충은 잘 날아오지 않는데 호박벌은 꽃가루를 찾아서 날아든다. 방울토마토는 꽃가루가 있는 곳이 깊고 단단한데 호박벌은 꽃을 주둥이로 물고 가슴을 부르르 떨어서 꽃가루가 쉽게 나오게 한다. 주둥이가 길어서 꽃 속 깊숙한 곳에 들어 있는 꿀도 잘 빨아 먹는다.

호박벌은 한 집에서 여왕벌, 일벌, 수벌이 무리를 지어 산다. 많을 때는 한 집에 300마리쯤 산다. 봄에 겨울잠에서 깬 여왕벌은 쥐나 두더지가 수풀 속에 파 놓은 구멍에다 집을 짓는다. 집을 다 지으면 꿀을 채운 뒤에 알을 낳는다. 방 모양이 단지처럼 동그랗다. 애벌레가 깨어나면 미리 채워 둔 꿀과 꽃가루를 먹이고 애벌레가 한 마리씩 들어가 살 수 있는 방을 다시 만들어 준다. 일벌은 깨어나면 꿀과 꽃가루를 모아 와서 집에 있는 애벌레들을 키우는 일만 하고, 수벌은 새로운 여왕벌과 짝짓기를 할 때쯤 깨어나 짝짓기를 마치면 죽는다.

다른 이름 곰벌

한살이 한 해에 한 번 발생한다. 여왕벌이 4월쯤에 겨울잠에서 깨어나 집을 짓고 알을 낳는다. 사흘 뒤에 애벌레가 깨어나 엿새쯤 지나면 다 자란다. 다 자란 애벌레는 방을 막고 이틀 뒤에 번데기가 된다. 번데기로 열흘이 지나면 어른벌레가 된다. 일벌이 나오면 여왕벌은 집에서 알만 낳고 일벌이 애벌레를 키운다. 여름이 되면 새 여왕벌이 나오고 처음 여왕벌은 죽는다. 날씨가 추워지면 일벌과 수벌은 죽고 짝짓기한 여왕벌만 살아서 땅속에서 겨울잠을 잔다.

생김새 호박벌은 여왕벌 몸길이가 19~23mm고, 일벌은 12~19mm, 수벌은 20mm쯤 된다. 여왕벌과 일벌은 몸에 검은 털이 나 있다. 배 끝에는 귤색 털이 나 있고 배 끝에 침이 있다. 알은 길쭉한 바나나 모양이고 하얗다. 알집 하나에 알이 4~8개씩 모여 있다. 애벌레는 주름이 졌고 하얗다. 번데기는 처음에 하얗다가 점점 진한 색으로 바뀐다. 어리호박벌은 몸길이가 20mm쯤이다. 가슴은 누런색 털로 덮여 있고, 배는 검다. 날개는 검보랏빛이 나는데 끝으로 갈수록 조금 진해진다.

호박벌

크기 12~23㎜

나타나는 때 4~10월

먹이 꽃꿀, 꽃가루

한살이 알 ▶ 애벌레 ▶ 번데기 ▶ 어른벌레

어리호박벌

크기 20~22㎜

나타나는 때 5~8월

먹이 꽃꿀

한살이 알 ▶ 애벌레 ▶ 번데기 ▶ 어른벌레

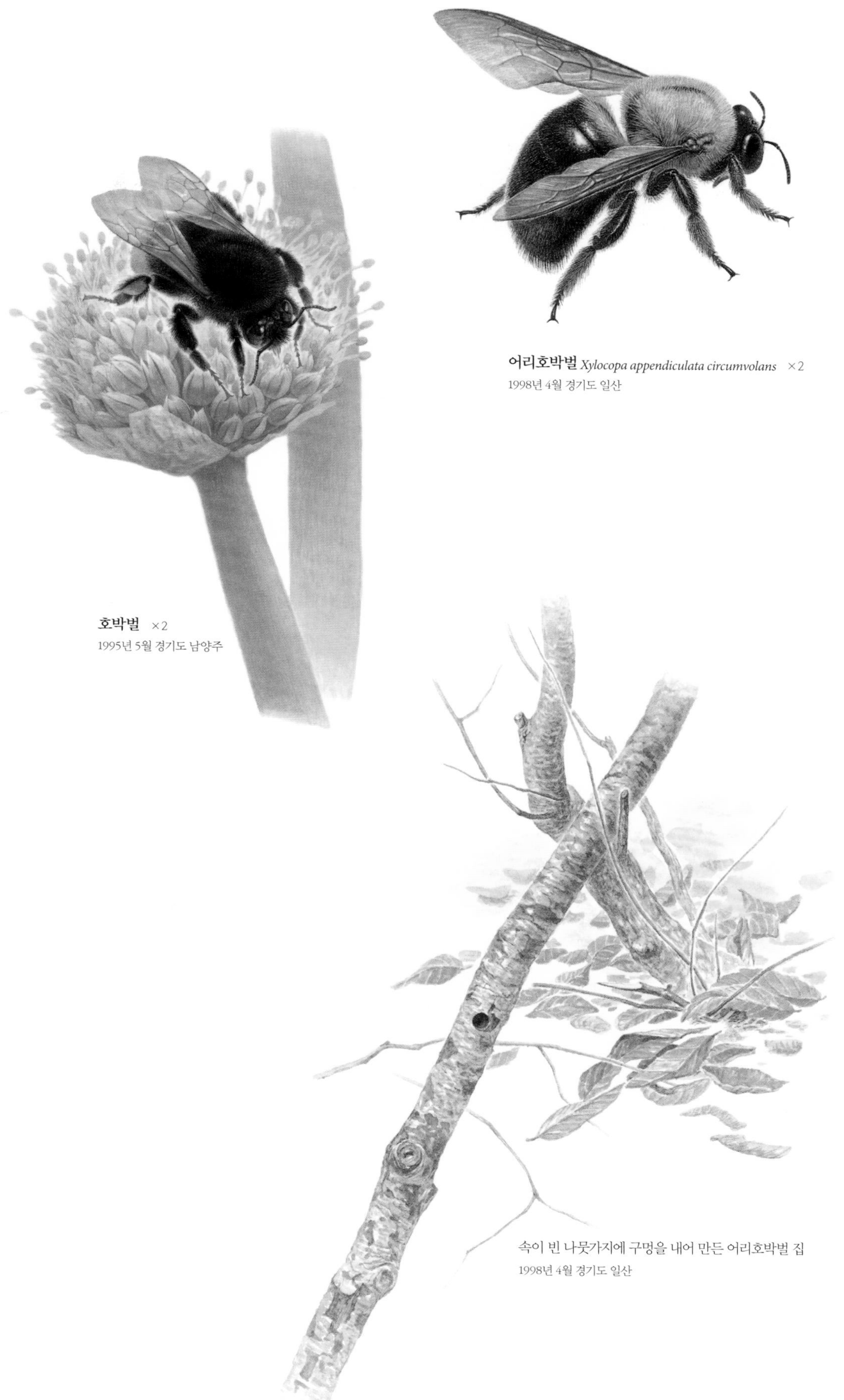

어리호박벌 *Xylocopa appendiculata circumvolans* ×2
1998년 4월 경기도 일산

호박벌 ×2
1995년 5월 경기도 남양주

속이 빈 나뭇가지에 구멍을 내어 만든 어리호박벌 집
1998년 4월 경기도 일산

벼룩

Pulicidae

벼룩은 사람이나 소나 개의 몸에 붙어 피를 빨아 먹는다. 몸이 아주 작고 양옆에서 누른 것처럼 납작하고 진한 밤빛이 난다. 뒷다리가 크고 튼튼해서 톡톡 튀면서 이리저리 잘 옮겨 다닌다. 제 몸에 견주어 볼 때 굉장히 높게 튀어 오른다. 피를 빨아 먹을 때 한 자리를 물고 금세 다른 곳으로 튀어 가서 또 물기 때문에 잡기 어렵다. 봄과 늦여름부터 가을 사이에 많다.

벼룩이 물면 '모기'가 문 것보다 훨씬 따갑고 가렵다. 그래서 물린 자리를 자꾸 긁다 보면 상처가 난다. 벼룩은 피를 빨아 먹으면서 병을 옮기기도 한다. 피를 빤 암컷은 구석지고 어두운 곳에 끈적끈적한 알을 낳는다. 옛날에는 사람에게도 많이 붙어살았지만 지금은 거의 사라졌다.

여러 가지 벼룩 벼룩은 붙어사는 동물에 따라 이름 붙여진 것이 많다. '개벼룩'은 개에 붙어살고, '고양이벼룩'은 고양이에 붙어산다. 집쥐에 붙어사는 벼룩에는 '쥐벼룩', '유럽쥐벼룩', '장님쥐벼룩'이 있다. 이런 벼룩이 사람에게 달려들어 피를 빨기도 한다. 그래서 흑사병과 발진열 같은 병을 옮기기도 하고 기생충 알을 삼킨 벼룩은 사람에게 기생충을 옮기기도 한다.

벼룩, 빈대, 이 '벼룩', '빈대', '이'는 모두 사람에게 달려들어 피를 빤다. 모두 몸집이 작아서 눈에 잘 띄지 않는데, 빈대는 큰 편이다. 이것들은 모두 사람 몸에서 나는 냄새를 맡고 달려들거나 움직임을 느끼고 찾아온다. 이가 물면 근질근질하고 가렵고, 벼룩이 물면 따끔하고 아프다. 이가 문 자리보다 벼룩이 문 자리가 더 아프고, 긁다 보면 생채기가 난다. 빈대는 벼룩보다 오래 피를 빤다. 빈대가 문 자리는 붓고 아프고 가렵다. 상처가 심해지면 물집이 생기기도 한다. 빈대는 자리 틈새나 장판 밑에 많이 살고 몇 마리만 있으면 금세 불어난다.

한살이 어른벌레는 여섯 달쯤 산다. 암컷은 짝짓기를 하고 난 뒤에 장롱 밑같이 어둡고 구석진 곳에 있는 먼지 덩어리 같은 곳에 알을 낳는다. 한 번에 10~20개씩 모두 400~500개쯤 낳는다. 알을 낳은 지 5일쯤 지나면 애벌레가 깨어 나온다. 애벌레는 두 번 허물을 벗고 번데기가 된다. 일주일이나 열흘쯤 지나면 어른벌레가 된다.

생김새 벼룩은 몸길이가 2~4mm쯤 된다. 주둥이가 머리 앞쪽에 있고 피를 빨기 쉽게 아래로 삐져 나와 있다. 몸 색은 검은 밤색이 많다. 알은 길이가 0.5mm쯤이고 하얗다. 아주 작고 둥글다. 겉은 끈적끈적하다. 애벌레는 구더기 모양이고 어둡고 눅눅한 곳에서 산다. 다 자란 애벌레는 고치를 만든다. 고치는 겉이 끈적끈적해서 먼지나 모래알이 붙어 있어 알아보기 힘들다.

다른 이름 버리디, 베레기, 벼루기

크기 2~4㎜

나타나는 때 1년 내내

먹이 사람이나 짐승 피

한살이 알 ▶ 애벌레 ▶ 번데기 ▶ 어른벌레

벼룩 ×14
1997년 11월

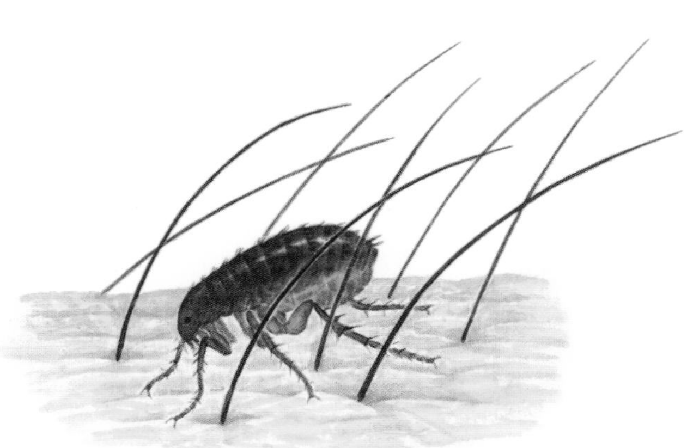

사람 몸에 붙어서 피를 빠는 벼룩

각다귀

Tipulidae

각다귀는 물가나 풀섶이나 산골짜기에서 많이 산다. 눅눅하고 서늘한 곳을 좋아한다. 생김새는 '모기'와 닮았고 몸집은 모기보다 훨씬 크다. 가늘고 긴 다리는 약해서 어디에 걸리거나 붙들리면 쉽게 떨어진다. 앉을 때는 긴 날개를 쫙 편다. 크기가 작은 것들은 날개를 접고 앉기도 한다. 풀에서 즙을 빨아 먹고 산다. 어른벌레가 되면 아무것도 먹지 않고 며칠만 살다가 죽는 것도 있다.

암컷은 배 끝을 물에 담그고 물속에다 알을 낳는다. 물기가 많은 진흙 속에다 낳는 것도 있다. 애벌레는 다리가 없거나 있어도 쓰지 않고 몸을 늘였다 줄였다 하면서 움직인다. 물속에 사는 애벌레는 물풀이나 썩은 풀을 먹고 살고, 땅속에 사는 애벌레는 땅을 파고 다니면서 풀뿌리를 갉아 먹는다. 논밭에 살면서 벼와 보리 뿌리를 잘라 먹는 것도 있다.

다른 이름 왕모기[북]

여러 가지 각다귀 우리나라에는 60종이 넘는 각다귀가 있는 것으로 알려져 있다. 날개 길이가 2mm부터 40mm 되는 것까지 여러 가지가 있다. '각다귀' 무리는 다리가 잘 떨어지고 홑눈이 없다. '어리각다귀' 무리는 다른 각다귀와 달리 다리가 잘 떨어지지 않고 홑눈이 있다. 각다귀에 대해서 알려진 것이 아주 적다. 벼와 보리 해충인 '아이노각다귀'에 대해서만 조금 알려져 있다. '아이노각다귀'는 '어리아이노각다귀'와 비슷한데 크기가 더 작다. 색이 연한 밤색이고 머리는 잿빛 밤색이다. '아이노각다귀'는 논에 알을 낳는다. 애벌레가 깨어나면 땅속을 파고 다니면서 벼 뿌리를 갉아 먹는다. 늦가을에는 논에 뿌린 보리 씨앗도 먹고, 보리 싹도 잘라 먹는다. 한 해에 여러 번 발생한다. 애벌레로 겨울을 나고 봄에 번데기가 되었다가 5월쯤에 어른벌레가 된다.

한살이 알로 지내는 기간이 이 주일을 넘지 않고 애벌레는 허물을 벗으면서 자란다. 번데기로 5~12일을 살고, 어른벌레는 며칠을 산다.

생김새 어리아이노각다귀는 몸길이가 16~17mm쯤 되고 날개 길이는 22~24mm이다. 몸이 가늘고 길다. 다리도 무척 길다. 머리와 가슴은 잿빛이 도는 밤색이다. 어른벌레는 5월부터 7월 사이에 나타나기 시작한다. 황나각다귀는 몸길이가 10~12mm이다. 누런 바탕에 검은 무늬가 있다. 날개는 투명하고 연노란색이다. 황나각다귀와 비슷한데, 배에 검은 무늬가 크고 뚜렷한 것은 큰황나각다귀다.

어리아이노각다귀

크기 16~17㎜

나타나는 때 5~7월

먹이 안 먹는다.

한살이 알 ▶ 애벌레 ▶ 번데기 ▶ 어른벌레

황나각다귀

크기 10~12㎜

나타나는 때 4~6월

먹이 안 먹는다.

한살이 알 ▶ 애벌레 ▶ 번데기 ▶ 어른벌레

어리아이노각다귀 *Tipula patagiata* ×2
2000년 5월 경기도 남양주

황나각다귀 *Nephrotoma cornicina* ×2
2000년 5월 경기도 남양주

모기

Culicidae

모기는 사람이나 짐승의 피를 빨고 병을 옮기는 해충이다. 모기가 물면 따끔하고 가렵다. 긁으면 부어오르고 상처가 남는다. 집 안에도 있고 집 밖에 있는 변소나 풀섶에도 많다. 사람이나 짐승이 있으면 어디든지 찾아온다. 여름철에 해 질 무렵부터 해 뜨기 전까지 많이 날아다닌다. 그늘진 풀섶에 있는 것은 낮에도 피를 빤다. 여름에 많은데 집 안에서 늦가을까지 사는 것도 있다.

피를 빠는 모기는 모두 암컷이다. 암컷은 살아 있는 짐승의 피를 먹어야만 알을 낳을 수 있다. 짝짓기를 한 암컷은 고여 있는 물로 날아가 물속이나 축축한 흙에 알을 낳는다. 수컷은 과일이나 풀 줄기에서 즙을 빨아 먹고 산다.

모기는 웅덩이나 고인 물속에 알을 낳는다. 모기를 줄이려면 모기가 알을 낳을 만한 고인 물을 없앤다. 물속에서 사는 모기 애벌레를 '장구벌레'라고 하는데 웅덩이나 도랑에 미꾸라지 같은 물고기가 살면 장구벌레를 먹어서 없애 준다. 여름밤에 갓 베어 낸 풀이나 쑥으로 모깃불을 피워서 연기를 내면 모기가 달려들지 않는다.

모기 중에는 병을 옮기는 것이 있다. '작은빨간집모기'는 뇌염을 옮기고, '중국얼룩날개모기'는 말라리아와 사상충을 옮기고, 바닷가와 섬에서 사는 '토고숲모기'는 사상충을 옮긴다.

다른 이름 각다귀, 깔따구

한살이 한 해에 여러 번 발생한다. 짝짓기를 한 암컷은 피를 빨고 4~5일 뒤에 알을 100~150개쯤 낳는다. 알은 너무 차갑지 않은 물에서 잘 깨어난다. 애벌레는 1~2주 지나면 번데기가 된다. 번데기는 2~4일 지나 어른벌레가 된다. 알에서 어른벌레가 되는 데 10~15일 걸린다. 어른벌레는 한 달쯤 산다. 대개 숲에서 사는 모기는 알로, 들이나 집 근처에 사는 모기는 어른벌레로 겨울을 난다.

생김새 빨간집모기는 몸길이가 5~6mm쯤이다. 몸 빛깔은 연한 밤색이다. 주둥이가 대롱 모양으로 길어서 찌르고 빨기에 알맞다. 애벌레는 붉은 밤색이거나 검은 밤색이다. 가슴이 가장 굵고 배는 가늘다. 다리는 없다. 배 끝을 물 밖으로 내놓고 숨을 쉰다. 번데기는 머리와 가슴이 둥글게 말려 있다.

빨간집모기

크기 5~6㎜

나타나는 때 4~11월

먹이 짐승이나 사람 피, 식물 즙

한살이 알 ▶ 애벌레 ▶ 번데기 ▶ 어른벌레

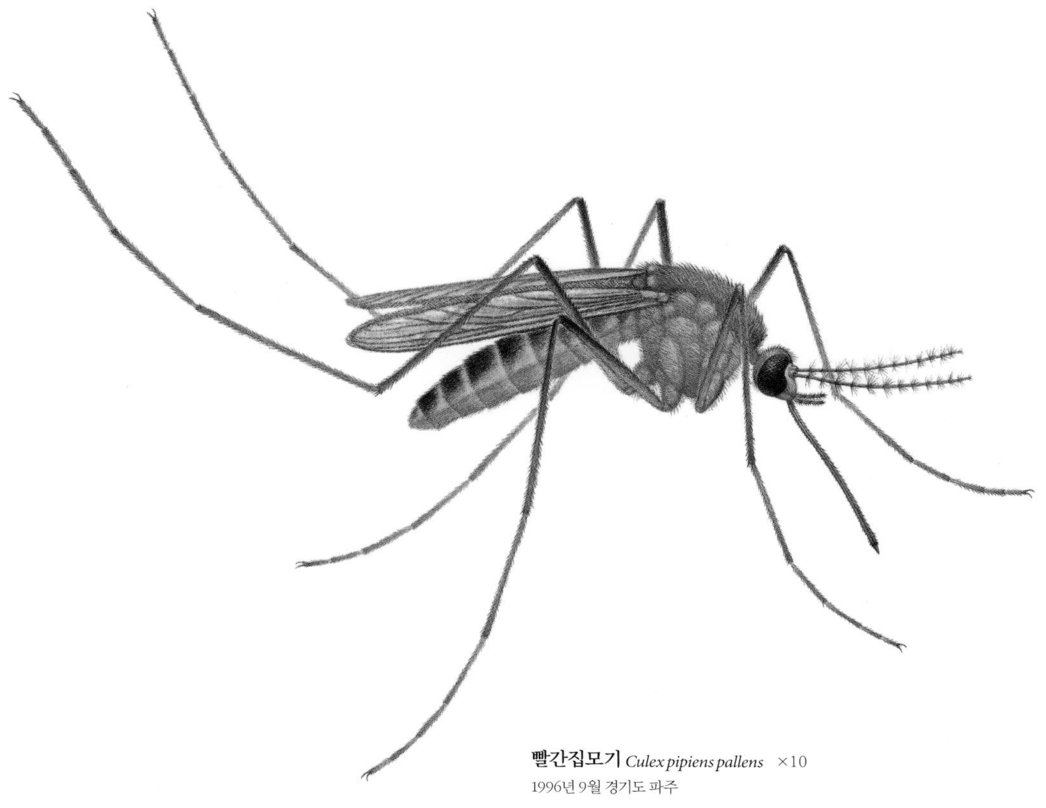

빨간집모기 *Culex pipiens pallens* ×10
1996년 9월 경기도 파주

물속에 사는 장구벌레
1997년 4월 경기도 파주

번데기

왕소등에

Tabanus chrysurus

왕소등에는 등에 가운데서도 몸이 크고 소 등에 붙어서 피를 빨아 먹기 때문에 '왕소등에'라는 이름이 붙었다. 여름철 낮에 날아다니면서 소를 성가시게 하고 병을 옮기기도 한다. 소뿐만 아니라 사람에게도 달려들어 피를 빤다. 주둥이가 칼끝처럼 날카로워서 살갗을 찔러 피를 빨기 좋다. 왕소등에가 물면 아프고 금세 퉁퉁 붓는다. '말벌'에 쏘인 것처럼 아프고 부어오르다가 좀 지나면 물린 자리가 가렵다.

등에는 암컷이나 수컷 모두 꿀이나 식물 즙을 먹고 사는데, 알 낳을 때가 된 암컷만 짐승 피를 빤다. 짝짓기를 한 암컷은 진흙이나 물에 떠 있는 식물 잎이나 줄기에 알을 낳는다. 애벌레는 물속에 살면서 장구벌레나 잠자리 애벌레를 먹고 산다.

한살이 어른벌레는 4월에서 9월 사이에 나타난다. 애벌레는 물속에서 살다가 물가로 나와서 물기가 없는 흙 속으로 들어가 번데기가 된다. 번데기가 되고 며칠 지나면 어른벌레가 나온다.

생김새 왕소등에는 몸길이가 21~26mm이다. 머리는 큼직하고 세모꼴에 가깝게 생겼다. 몸 빛깔은 검은 밤색이고, 가슴등판에 황금빛 털로 된 세로줄이 두 줄 있다.

다른 이름 왕파리

크기 21~26㎜

나타나는 때 4~9월

먹이 식물 즙, 꿀, 짐승 피

한살이 알 ▶ 애벌레 ▶ 번데기 ▶ 어른벌레

국외반출승인대상생물종

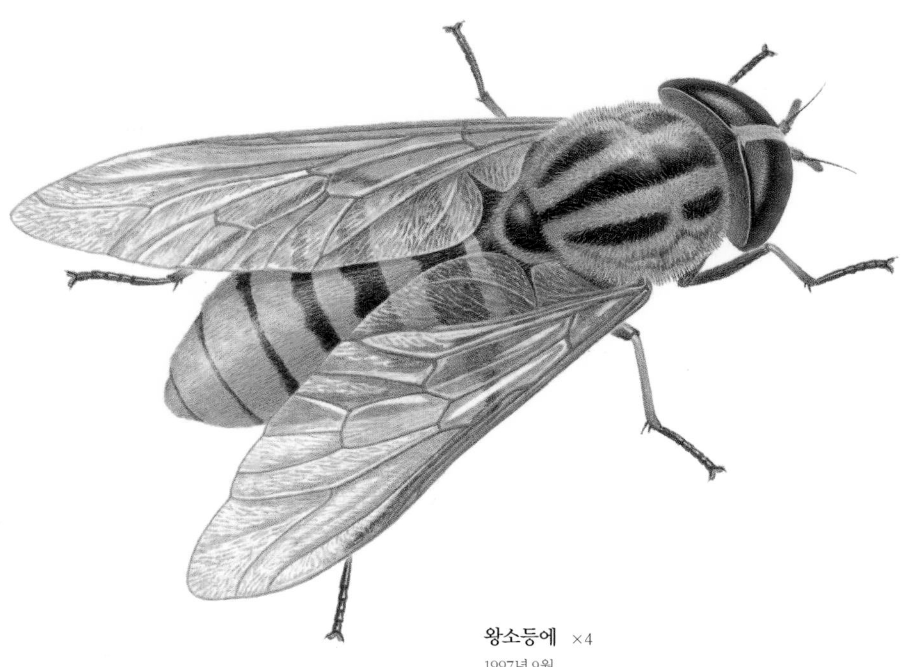

왕소등에 ×4
1997년 9월

파리매

Asilidae

파리매는 대개 집파리보다 몸집이 크다. 파리와 달리 배가 가늘고 길쭉하다. 가슴은 크고 위로 볼록 솟아 있다. 파리매는 살아 있는 벌레들을 잡아먹는다. 파리, 꿀벌, 나비, 풍뎅이 같은 벌레들이 날고 있거나 꽃이나 잎에 앉아 있을 때 매처럼 날아와 다리로 재빠르게 낚아채서 잡는다. 벌레를 잡으면 재빨리 입을 찔러 넣고는 먹이를 들고 이리저리 옮겨 다니며 빨아 먹는다. 파리매 입은 찌르기 좋게 송곳처럼 아주 뾰족하고 튼튼하다. 파리매는 먹이를 찾으러 다닐 때 자기 영역을 정해 놓고 돌아다닌다. 들이나 숲이나 개울가나 연못가에서 자주 볼 수 있다. 파리매를 건드리면 물기도 한다.

여러 가지 파리매 우리나라에는 파리매가 20종쯤 있다. 그중에서 '왕파리매'와 '파리매'가 몸집이 가장 크다. '뒤영벌파리매', '홍다리파리매', '검정파리매', '광대파리매'는 들판에서 흔히 볼 수 있다. '뒤영벌파리매'는 벌처럼 배가 통통하고 '홍다리파리매'는 다리 가운데가 붉은 빛이 난다. 이 가운데 '광대파리매'가 몸집이 가장 작다.

파리매와 춤파리 '춤파리'는 '파리매'와 생김새도 닮았고 먹는 것도 비슷하다. 춤파리는 산이나 들판에서 흔히 볼 수 있다. 춤파리 수컷은 잡은 먹이를 가지고 암컷에게 다가가서 공중에서 춤을 춘다. 수컷이 춤을 추며 건네는 먹이를 암컷이 받아서 먹으면 짝짓기를 한다. 춤파리들도 파리매처럼 벌레를 잘 잡는다. 바위 위를 기어다니며 잡기도 하고, 물 위에 떠 있는 죽은 벌레를 건져 내기도 하고, 날아다니는 먹이를 낚아채기도 한다. 우리나라에서는 춤파리를 연구한 것이 거의 없고, 지금까지 '춤파리', '무용춤파리', '굵은발춤파리' 3종만 알려져 있다.

한살이 파리매의 한살이에 대해 연구된 것이 없다.

생김새 파리매는 몸길이가 25~28mm로 아주 크다. 몸은 검고 온몸에 누런 털이 나 있다. 주둥이와 더듬이도 검다. 더듬이는 짧고 가늘며 끝으로 갈수록 더 가늘다. 수컷은 배 끝에 하얀 털뭉치가 나 있다.

다른 이름 풍덩이파리매[북]

크기 25~28㎜

나타나는 때 6~9월

먹이 파리, 꿀벌, 나비 같은 벌레

한살이 알 ▶ 애벌레 ▶ 번데기 ▶ 어른벌레

국외반출승인대상생물종

파리매 *Promachus yesonicus* 수컷 ×3⅓
1995년 6월 서울 노원구

빌로오도재니등에

Bombylius major

빌로오도재니등에는 이른 봄에 양지꽃이나 진달래꽃에서 볼 수 있다. 파리목에 들지만 꼭 벌처럼 생겼다. 하지만 벌과 달리 침이 없어서 쏘지 않는다. '빌로오도'는 '벨벳'이라는 옷감이다. 부드럽고 짧은 털이 촘촘히 나 있고 윤기가 나는 옷감이다. 빌로오도재니등에 몸에도 긴 털이 빽빽이 나 있고 아주 부드럽다. 이 털이 마치 '벨벳' 같다고 '빌로오도'라는 말이 이름에 덧붙었다.

빌로오도재니등에는 꽃에 가까이 다가가면 공중에서 잠시 멈추었다가 천천히 꽃 가운데에 내려앉는다. 때로는 '꼬리박각시'처럼 꽃에 내려앉지 않고 제자리에서 날갯짓하다가 긴 입 끝으로 꿀을 빤다. 제자리에서 날다가 순식간에 몇 미터를 날아갈 정도로 재빠르다. 날 때는 꿀벌이 윙윙대는 것처럼 높은 소리가 난다.

빌로오도재니등에는 이른 봄과 가을에 나타난다. 어른벌레는 꿀을 먹고 살고 애벌레는 다른 곤충의 애벌레나 번데기를 먹고 산다. 암컷은 나비나 벌이나 딱정벌레나 파리의 애벌레나 번데기 몸에 알을 하나씩 낳아서 붙여 놓는다. 애벌레는 다른 곤충 몸에 붙어살면서 체액을 빨아 먹고 자란다.

한살이 한 해에 두 번 발생한다. 4월부터 5월 사이에 한 번, 9월부터 10월 사이에 한 번 나타난다. 어른벌레는 짧으면 한두 주 살고 길면 한 달 넘게도 산다. 알을 낳은 지 이삼일이나 일주일쯤 지나면 애벌레가 깨어 나온다.

생김새 빌로오도재니등에는 몸길이가 7~11mm쯤 된다. 몸은 검지만 길고 연한 밤색 털이 빽빽이 나 있어 밤색으로 보인다. 가슴 옆에는 하얀 털도 군데군데 나 있다. 날개는 투명한데 앞쪽은 짙은 밤색이다. 주둥이가 길고 다리도 가늘고 길다.

다른 이름 빌로오드재니등에, 빌로도재니등에, 빌로드재니등에

크기 7~11㎜

나타나는 때 4~5월, 9~10월

먹이 꿀

한살이 알 ▶ 애벌레 ▶ 번데기 ▶ 어른벌레

빌로오도재니등에 ×5½
1996년 4월 서울 노원구

호리꽃등에

Episyrphus balteata

호리꽃등에는 '꽃등에'나 '배짧은꽃등에'처럼 흔하게 볼 수 있다. 무척 잘 날아서 공중에서 멈출 수도 있고 재빨리 방향을 바꾸어 날 수도 있다. 이른 봄부터 가을까지 온갖 꽃에서 꿀을 빤다. 사람 손등이나 팔에 앉아 땀을 핥아 먹기도 한다. 벌과 비슷하게 생겼지만 파리 무리에 속하기 때문에 독침은 없다.

호리꽃등에는 꿀을 먹으러 옮겨 다니면서 꽃가루받이를 돕는다. 호리꽃등에 애벌레는 무당벌레나 풀잠자리 애벌레처럼 진딧물을 먹고 자란다. 많이 먹을 때는 한 시간에 80마리까지 먹어 치운다. 꽃이나 과일나무를 기를 때 도움이 되는 곤충이다.

여러 가지 꽃등에 흔하게 볼 수 있는 꽃등에는 '꽃등에', '배짧은꽃등에', '수중다리꽃등에', '꼬마꽃등에', '물결넓적꽃등에'가 있는데 나는 모습이 모두 비슷하다. 공중에서 한자리에 머문 채 나는 것을 흔히 볼 수 있다. 먹이로는 꽃가루를 즐겨 먹는다. 봄에는 조팝나무, 벚나무, 노린재나무, 붉나무, 갯버들이 있는 곳에서 많이 볼 수 있고, 가을에는 국화, 쑥부쟁이, 고들빼기, 개망초, 구절초가 피어 있는 곳에서 많이 볼 수 있다. 여름에는 온갖 꽃에서 볼 수 있다. 애벌레 때 '꽃등에'나 '배짧은꽃등에'처럼 물속에서 사는 것도 있고, '호리꽃등에' 애벌레처럼 땅 위에서 사는 것도 있다.

한살이 한 해에 여러 번 발생한다. 어른벌레는 이 주일에서 한 달쯤 산다. 짝짓기를 하고 나면 진딧물이 낀 잎이나 줄기에 알을 수십에서 수백 개까지 줄지어 낳는다. 애벌레는 허물을 두 번 벗는다. 두 번 허물을 벗은 애벌레는 식물의 줄기나 잎에 붙어서 껍질이 그대로 줄어들어 번데기가 된다. 번데기는 1~2주쯤 지나면 어른벌레가 된다. 번데기나 어른벌레로 겨울을 난다.

생김새 호리꽃등에는 몸길이가 8~11mm이다. 몸은 작고 가늘다. 어른벌레가 될 때 둘레 온도에 따라 배 색깔이 달라진다. 보통 여름에 나온 어른벌레는 몸 빛깔이 밝고, 봄과 가을에 나온 어른벌레는 어둡고 짙다. 알은 둥글게 생겼는데 크기는 좁쌀만 하다. 색깔은 희고 노란빛을 띤 것도 있다. 애벌레는 둘레 색깔과 비슷한 색을 띤다. 몸길이는 처음에는 1~3mm쯤이다가 허물을 벗으면서 자라서 10mm쯤 된다.

크기 8~11㎜

나타나는 때 4~11월

먹이 꿀, 꽃가루

한살이 알 ▶ 애벌레 ▶ 번데기 ▶ 어른벌레

호리꽃등에 암컷 ×4
1998년 10월 경기도 남양주 천마산

꽃등에

Eristalis tenax

꽃등에는 꼭 벌처럼 생겼다. 산기슭이나 들에 피는 여러 가지 꽃에 모이는 것도 비슷하다. 꽃등에가 벌과 함께 섞여 있으면 쉽게 가려내기가 어렵다. 꽃등에는 파리 무리에 속한다. 꽃등에는 파리처럼 날개가 한 쌍 있고 꽁무니에 침도 없다. 꽃가루와 꿀을 핥아 먹고 이 꽃 저 꽃 옮겨 다니면서 꽃가루받이를 해 준다. 꽃가루받이도 잘 하고 벌과 달리 쏘지 않아서 일부러 꽃등에를 길러서 과수원이나 비닐하우스에 풀어 두기도 한다.

꽃등에 애벌레는 '쉬파리' 애벌레와 비슷하다. 구더기처럼 생겼고 배 끝에 꼬리 같은 긴 돌기가 나 있어서 '꼬리구더기'라고도 한다. 애벌레는 지저분한 시냇물이나 웅덩이나 연못가의 썩은 흙 속에서 산다. 숨을 쉴 때는 몸 끝에 달린 긴 꼬리를 물 밖으로 내놓고 숨을 쉰다.

꽃등에는 어른벌레가 되면 꽃에서 먹이를 찾지만, 애벌레 때는 종류에 따라 먹는 것이 다르다. '배짧은꽃등에', '꽃등에', '수중다리꽃등에' 애벌레는 더러운 물에 살면서 썩은 흙을 먹는다. '꼬마꽃등에', '물결넓적꽃등에', '별넓적꽃등에', '호리꽃등에' 애벌레는 진딧물이나 깍지벌레를 잡아먹는다.

다른 이름 꼬리벌꽃등에[북]
한살이 번데기로 땅속에서 겨울을 난다. 애벌레로 겨울을 나는 것도 있다. 어른벌레는 4월 말쯤부터 나타난다. 두 달쯤 살면서 100개가 넘는 알을 낳는다. 애벌레는 20일쯤 살다가 번데기를 거쳐 어른벌레가 된다. 어른벌레는 두 달쯤 산다.
생김새 꽃등에는 몸길이가 14~15mm쯤이다. 몸은 짙은 밤색이다. 배에 누런 밤색 띠무늬가 있다. 더듬이는 밤색이고 여러 마디로 되어 있다. 알은 희고 노르스름하다. 좁쌀만 하고 둥글다. 애벌레는 몸길이가 30mm쯤이고 몸 끝에는 긴 꼬리 모양의 돌기가 나 있다. 배짧은꽃등에는 4~10월에 볼 수 있다. 겹눈 사이가 아주 좁고 앞머리는 누런 밤색 가루로 덮여 있으며 꿀벌과 가장 많이 닮았다.

꽃등에
크기 14~15㎜
나타나는 때 4~11월
먹이 꿀, 꽃가루
한살이 알 ▶ 애벌레 ▶ 번데기 ▶ 어른벌레

배짧은꽃등에
크기 12㎜ 안팎
나타나는 때 4~10월
먹이 꿀, 꽃가루
한살이 알 ▶ 애벌레 ▶ 번데기 ▶ 어른벌레

꽃등에 수컷 ×2½
1996년 10월 경기도 의정부 수락산

배짧은꽃등에 *Eristalis cerealis* ×2½
1999년 10월 서울 노원구

노랑초파리

Drosophila melanogaster

노랑초파리는 몸집이 아주 조그맣고 노랗다. 아주 작아서 날파리나 하루살이로 잘못 아는 경우가 많다. 썩은 과일이나 과일 껍질같이 신맛이 나는 음식이 있으면 금세 여러 마리가 모여든다. 입이 핥아 먹기에 알맞게 생겼다. 노랑초파리는 다른 파리와 같이 다리 끝에 끈끈한 판이 있어서 거꾸로 매달려도 떨어지지 않고 앞다리로 맛을 본다.

노랑초파리는 집에 사는 초파리 가운데 가장 흔하다. 어둡고 습하고 따뜻한 곳에서 많이 산다. 봄부터 가을까지 사는데 아주 더운 한여름에는 적고 늦은 봄이나 이른 가을에 많다. 여름에는 한낮보다 아침과 저녁에 많이 날아다닌다. 따뜻한 집에서는 한 해 내내 산다. 노랑초파리는 짝짓기를 하고 나서 썩은 과일이나 과일 껍질 위에 알을 낳는다. 애벌레도 어른벌레처럼 썩은 과일이나 신맛 나는 음식을 먹는다.

한살이 한 해 동안 여러 번 발생한다. 온도와 습도가 알맞으면 자꾸자꾸 나온다. 어른벌레로 겨울을 나는 것으로 알려져 있다. 번데기에서 나온 어른벌레는 바로 짝짓기를 하고 하루나 이틀 지나서 알을 천 개쯤 낳는다. 알을 낳고 이삼일 뒤에 애벌레가 나온다. 애벌레는 두 번 허물을 벗는다. 세 번째 애벌레는 그대로 껍질이 줄어들어 번데기가 된다. 알에서 어른벌레가 되기까지 10일에서 15일쯤 걸린다. 어른벌레는 두 달쯤 산다.

생김새 노랑초파리는 몸길이가 2mm쯤이다. 더듬이는 짧다. 눈은 빨갛고 가슴은 누런색이다. 배는 노란색과 검은색으로 띠무늬를 이루고 있다. 수컷은 배 끝이 검다. 알은 길이가 0.5mm쯤이다. 희고 길쭉하다. 애벌레는 노르스름한 흰색이고 다 자라면 길이는 5mm쯤이다. 몸은 가늘고 기다랗다. 번데기는 누런 밤색이다.

크기 2㎜

나타나는 때 3~10월

먹이 썩은 과일, 과일 껍질

한살이 알 ▶ 애벌레 ▶ 번데기 ▶ 어른벌레

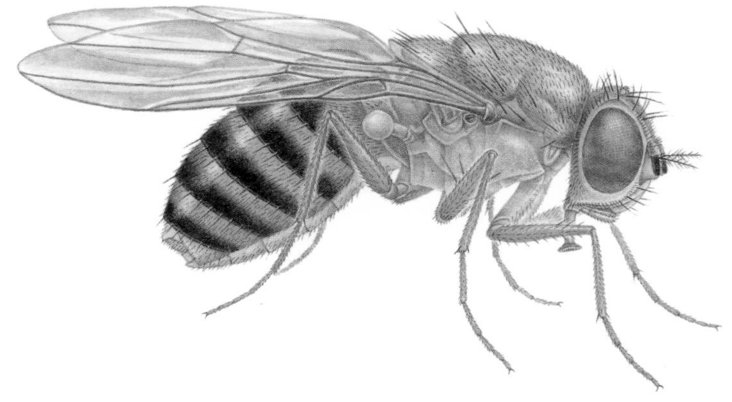

노랑초파리 암컷 ×36
1997년 7월 서울 은평구

포도 껍질에 모인 노랑초파리

쉬파리

Sarcophagidae

쉬파리는 똥이나 생선이나 썩은 고기에 '쉬'를 낳아 놓는다. 쉬는 알이 아니라 애벌레를 말한다. 다른 파리는 알을 낳지만 쉬파리는 어미 배 속에서 알이 깨어난다. 쉬파리가 생선 위에 쉬를 슬면 몇 시간 뒤에 구더기가 들끓는다. 쉬파리는 집 안보다 집 밖에 더 많다. 낮에 집 안에 있던 것들도 밤이면 집 밖으로 나가 풀잎이나 나뭇가지에 붙어서 밤을 보낸다.

쉬파리 구더기는 똥과 썩은 고기를 먹고 자란다. 여름날 변소에 생기는 구더기에는 쉬파리 애벌레가 많다. 된장이나 간장독 안에도 쉬를 슨다. 장독 위를 헝겊으로 동여매고 그 위에 꼭 맞는 뚜껑을 덮어서 쉬파리가 들어가지 못하게 하는 것이 좋다. 변소에도 파리가 많은데 똥을 누고 흙이나 재나 톱밥으로 덮어서 물기를 없애면 파리가 알을 낳는 것을 막을 수 있다. 또 변기에 꼭 맞는 뚜껑을 덮어서 파리가 못 들어가게 한다.

파리는 몸에 균이 붙은 채로 우리가 먹는 음식에 자주 앉기 때문에 장티푸스, 콜레라 같은 병을 옮긴다. 파리가 여름에 많아서 이런 병이 여름에 많이 생긴다.

여러 가지 파리 '집파리', '금파리', '검정파리' 들이 있다. 집파리는 쉬파리보다 작고 집 안에서 흔히 날아다닌다. 밥이나 반찬 냄새를 맡고 모여들고 두엄 더미나 외양간에 알을 슨다. 금파리는 반짝이는 청록색이다. 사람과 짐승 똥에 많이 날아와 앉고 냄새를 맡고 음식에도 모인다. 검정파리는 검푸른 색이고 몸집이 아주 크다. 짐승이 싼 똥에 많이 꼬이고 애벌레는 동물 시체에서 살기도 한다.

한살이 쉬파리는 한 번에 애벌레를 20~40마리쯤 낳는다. 구더기는 서너 주 지나면 다 자라서 흙 속에서 번데기가 된다. 번데기로 겨울을 난다. 애벌레는 몸길이가 10~20mm쯤 된다. 흰색이나 연노란색을 띤다.

생김새 검정볼기쉬파리는 겹눈이 붉고 몸집이 크다. 몸길이는 7~13mm쯤이다. 가슴등판 가운데에 검은 줄이 석 줄 아래로 뻗어 있다. 배 등쪽은 황금빛 비늘가루가 모자이크를 이루고 있다.

검정볼기쉬파리

다른 이름 포리

크기 7~13㎜

나타나는 때 4~10월

먹이 똥, 썩은 고기나 생선

한살이 알 ▶ 애벌레 ▶ 번데기 ▶ 어른벌레

검정볼기쉬파리 *Helicophagella melanura* ×5
1996년 7월 서울 은평구

된장에 생긴 구더기

번데기

번데기에서 나오는 어른벌레

뒤영벌기생파리

Tachina jakovlevi

뒤영벌기생파리는 '집파리'나 '쉬파리'와 달리 집에 들어오지 않는다. 높은 산에 살면서 꽃가루나 꿀을 먹는다. 봄부터 가을까지 높은 산꼭대기 근처에서 흔하게 볼 수 있다. 얼핏 보면 벌인지 파리인지 가려내기가 어렵다. 그런데 날개를 잘 살펴보면 벌은 날개가 두 쌍이고, 파리는 날개가 한 쌍밖에 없다.

기생파리는 다른 곤충의 몸속에 알을 낳는다. 암컷은 나비나 벌이나 나방이나 다른 파리들이 날아가면 뒤쫓아 가서, 어디에 내려앉기를 기다렸다가 재빨리 몸에 산란관을 꽂아 알을 낳는다. 딱정벌레, 메뚜기, 매미가 가만히 쉬고 있을 때도 산란관을 꽂아 알을 낳기도 한다. 때로는 알을 나뭇가지나 풀잎에 낳아 놓으면 알에서 깨어난 애벌레가 지나가는 곤충 몸에 붙어 몸속을 뚫고 들어가 산다. 애벌레가 다 자라서 곤충 몸 밖으로 나오면 그 곤충은 죽게 된다. 기생파리가 붙어 사는 곤충에는 해충이 많아 해충을 막는 데 도움을 준다.

여러 가지 기생파리 우리나라에는 기생파리가 40종쯤 알려져 있다. 생김새나 기생하는 곤충에 따라 이름이 붙어 있다. '표주박기생파리'는 노린재에 기생하고, 몸이 길고 표주박처럼 생겼다. '풍뎅이기생파리'는 풍뎅이에 기생하고, '누에기생파리'는 누에에 기생한다.

한살이 한 해에 여러 번 발생한다. 어른벌레는 4월부터 10월 사이에 나타난다. 알을 다른 곤충 몸에 낳는다. 애벌레는 다른 곤충 몸을 파먹고 살다가 다 자라면 몸을 뚫고 밖으로 나온다. 밖으로 나오면 몸이 굳어지면서 번데기가 된다.

생김새 뒤영벌기생파리는 몸길이가 10~18mm쯤 된다. 겹눈 사이가 넓다. 이마 양옆에는 뻣뻣한 검은 털이 두 줄 나란히 나 있다.

다른 이름 뒤병기생파리, 뒤영기생파리

크기 10~18㎜

나타나는 때 4~10월

먹이 꽃가루, 꿀

한살이 알 ▶ 애벌레 ▶ 번데기 ▶ 어른벌레

뒤영벌기생파리 ×2⅓
1999년 10월 경기도 남양주

중국별뚱보기생파리

Ectophasia rotundiventris

중국별뚱보기생파리는 몸집이 작고 통통하다. 여름에 풀잎이나 꽃 위에 앉아 있는 것을 쉽게 볼 수 있다. 도시에서는 보기 힘들다. 산에 많이 사는데 애벌레의 먹이가 되는 곤충이 흔한 곳에 많다.

어른벌레는 꽃가루를 먹고 산다. 움직임이 몹시 재빨라서 잡으려고 하면 얼른 다른 곳으로 날아갔다가 자기가 앉았던 꽃으로 되돌아온다. 다른 기생파리처럼 다른 곤충 몸속에 알을 낳고, 애벌레는 그 곤충을 먹고 자란다.

중국별뚱보기생파리와 뚱보기생파리 '중국별뚱보기생파리'와 '뚱보기생파리'는 얼핏 보면 꼭 닮았다. 중국별뚱보기생파리는 배 아래쪽에 검은 띠가 또렷하게 나 있지만, 뚱보기생파리는 검은 띠가 없고 점이 있다. 중국별뚱보기생파리가 뚱보기생파리보다 1.5~3배쯤 크다.

한살이 6월에서 8월에 걸쳐 많이 나타난다. 다른 곤충의 몸에 알을 낳는다. 자세한 한살이는 알려져 있지 않다.

생김새 중국별뚱보기생파리는 몸길이가 8~12mm쯤 된다. 머리 가운데가 검고 양옆은 황금색을 띤다. 배는 앞부분이 주황색이고 끝 쪽은 검은데, 끝만 조금 검은 것도 있고 절반쯤 검은 것도 있고 여러 가지다.

다른 이름 중국뚱보파리

크기 8~12㎜

나타나는 때 6~8월

먹이 꽃가루

한살이 알 ▶ 애벌레 ▶ 번데기 ▶ 어른벌레

중국별뚱보기생파리 ×4
1999년 10월 경기도 남양주

날도래

Trichoptera

날도래는 애벌레 때 맑은 물속에서 산다. 날도래 애벌레는 입에서 거미줄처럼 끈적끈적한 실을 토해 내서 물속에 있는 모래나 나뭇잎이나 자잘한 나뭇가지를 붙여서 집을 만든다. 물고기나 잠자리 애벌레에게 잡아먹히지 않으려고 집 속에 몸을 숨기고 다닌다. 머리와 가슴만 밖으로 내밀고 느릿느릿 기어다니면서 작은 벌레나 물풀을 먹는다. 몸집이 커지면 제 몸에 맞게 집을 다시 짓거나 크게 만든다. 날도래라는 이름은 애벌레가 만든 집 모양이 도롱이와 비슷하다고 붙었다.

애벌레는 집 속에서 번데기를 거쳐서 어른벌레가 된다. 어른벌레가 되면 물 밖으로 나온다. 어른벌레는 나방과 비슷하게 생겼지만 나방과 달리 날개가 반투명하고, 날개에 가루가 없고 짧은 털이 있다. 앉을 때는 날개를 배에 붙인다. 4월에서 10월 사이에 물이 맑은 골짜기에서 흔히 볼 수 있다. 밤에 많이 날아다니는데 냇가에서 불을 켜면 아주 많이 모여든다.

다른 이름 풀미끼[북], 돌누에, 석잠, 물여우나비, 꼬네

여러 가지 날도래 날도래는 집을 짓는 것과 집을 짓지 않는 것이 있다. 집을 짓는 날도래들은 여러 가지 재료를 써서 여러 모양으로 집을 짓는다. '우묵날도래'는 모래나 나뭇가지를 둥근 통 모양으로 엮는다. '네모집날도래'는 나뭇잎을 잘라 사각기둥처럼 집을 짓는다. '날개날도래'는 부채 모양, '달팽이날도래'는 달팽이 모양으로 집을 만든다. 집을 짓지 않는 날도래에는 '물날도래' 종류가 있다. '물날도래'는 물살이 빠른 여울에서 작은 물벌레를 잡아먹고 산다. '줄날도래'와 '각날도래'는 돌에 붙어살면서 돌 사이에 실을 치고 거기에 걸리는 물속 이끼나 작은 곤충을 먹고 산다.

한살이 대개 한 해에 한 번 발생한다. 짝짓기를 한 암컷은 5월과 9월 사이에 알을 100~150개쯤 낳는다. 애벌레로 물속에서 겨울을 난다. 애벌레는 다섯 번 허물을 벗고 번데기가 된다. 번데기는 3주나 한 달쯤 지나면 어른벌레가 된다. 어른벌레는 4~10월에 나오고 한 달쯤 산다.

생김새 우묵날도래는 몸길이가 25~30mm쯤 된다. 몸 빛깔은 밤색이다. 날개에 검은 점이 있다. 날개 가운데에 옅은 색 띠가 있고, 날개 끝은 물결 모양이다. 띠무늬우묵날도래 무리의 알은 노랗고 모양이 여러 가지다. 띠무늬우묵날도래 무리의 애벌레는 다리에 짧은 털과 가시가 나 있다. 몸 빛깔은 밤색이고, 몸이 납작하다. 애벌레 등에는 여러 가지 무늬가 있는 딱딱한 판이 있다.

우묵날도래

크기 25~30㎜

나타나는 때 4~10월

먹이 나무즙

한살이 알 ▶ 애벌레 ▶ 번데기 ▶ 어른벌레

우묵날도래 *Nemotaulius admorsus* ×1½
2000년 9월 경기도 남양주

가랑잎을 엮은 집 속에 숨은 띠무늬우묵날도래 애벌레
1995년 11월 경기도 광릉

노랑쐐기나방

Monema flavescens

노랑쐐기나방은 날개가 고운 노란색이고 날개 끝자락은 연한 밤색이다. 밤에만 움직이고 불빛에 잘 모여든다. 노랑쐐기나방 애벌레를 '쐐기'라고 한다. 쐐기 몸에는 날카로운 가시 같은 털이 나 있다. 털에는 독이 있어서 찔리면 저릿하다. 찔린 자리는 조금 지나면 벌겋게 부어오르면서 쓰리고 따갑다. 쐐기에 찔렸을 때는 찬물로 씻어 부기를 가라앉히면 좋다.

쐐기는 한여름에 산에서 나뭇잎을 갉아 먹고 산다. 상수리나무, 감나무, 배나무, 매실나무, 앵두나무, 밤나무, 사과나무, 살구나무, 복숭아나무, 양벚나무, 자두나무, 대추나무, 뽕나무 잎을 갉아 먹는다. 커 갈수록 먹성이 좋아져서 잎맥만 남기고 다 갉아 먹는다. 6~7월에 애벌레가 가장 많아서 이때 피해가 가장 크다. 다 자란 애벌레는 나뭇가지에 새알처럼 생긴 고치를 만들고 그 속에서 겨울잠을 잔다. 쐐기를 줄이려면 겨울철에 나뭇가지에 붙어 있는 고치를 따서 불태우거나 가을철에 애벌레를 잡는다.

여러 가지 쐐기나방 우리나라에는 쐐기나방이 모두 22종 있다. 작거나 중간 크기인 나방이다. 날개는 폭이 넓고 둥그스름하다. 날개 색은 풀색, 노란색, 검은색이다. 입은 없거나, 있어도 아주 작다. 애벌레는 대개 가시가 나 있고 나뭇잎을 갉아 먹는다.

한살이 한 해에 한 번 발생한다. 가지나 줄기에 고치를 짓고 애벌레와 번데기 중간 모습으로 그 속에서 겨울잠을 잔다. 5월에 고치 속에서 번데기가 되었다가 한 달쯤 지나면 고치를 뚫고 나방이 나온다. 암컷은 짝짓기를 하고 나서 잎 뒷면 끝에 알을 하나씩 낳는다. 한 마리가 100~200개를 낳는다. 다 자란 애벌레는 초가을부터 겨울잠을 잘 고치를 짓는다.

생김새 노랑쐐기나방은 날개 편 길이가 30mm쯤 된다. 더듬이는 실 모양이다. 겹눈은 검은색이다. 앞날개는 노란데 끝에 비스듬한 밤색 줄이 뚜렷하다. 알은 옅은 밤색인데 아주 작고 동글납작하다. 애벌레는 몸이 통통하고 누런 풀색이다. 가슴 쪽에 긴 가시털이 나 있다. 번데기는 길고 둥글게 생겼다. 하얀 바탕색에 세로로 밤색 무늬가 있다. 번데기는 새알처럼 생긴 고치 속에 들어 있다. 고치는 단단하고 나뭇가지에 붙어 있다.

다른 이름 쐐기밤나비[북]

크기 30㎜

나타나는 때 6~8월

먹이 꽃꿀, 열매즙, 나뭇진, 이슬

한살이 알 ▶ 애벌레 ▶ 번데기 ▶ 어른벌레

노랑쐐기나방 ×3
2000년 7월 서울 노원구

나뭇가지에 붙여 놓은 노랑쐐기나방 고치
1996년 2월 경북 예천

감잎을 갉아 먹는 노랑쐐기나방 애벌레
1997년 9월

노랑띠알락가지나방

Biston panterinaria

노랑띠알락가지나방은 나무가 우거진 산에서 많이 산다. 몸집이 크고 날개도 큰 편이다. 주로 여름에 많은데 밤에 날아다녀서 낮에는 보기 어렵다. 풀잎 위에 날개를 펴고 앉아 있을 때도 있다.

노랑띠알락가지나방은 자나방 무리에 딸린 나방이다. 자나방 애벌레를 '자벌레'라고 한다. 자벌레는 배 한쪽 끝을 나뭇가지에 붙이고 잔가지가 뻗은 방향과 같은 쪽으로 머리를 들고 똑바로 서 있다. 이 모습이 꼭 작은 나뭇가지 같아서 눈에 잘 띄지 않는다. 자벌레는 나뭇잎을 먹고 사는데 먹성이 좋아서 잎맥까지 다 먹어 치운다. 날씨가 따뜻하거나 천적이 줄어들면 갑자기 많이 불어나서 과수원이나 숲에 크게 해를 끼치는 일이 가끔 있다.

자벌레는 우리나라 숲에 많은 넓은잎나무 잎을 가리지 않고 먹는다. 참나무, 은행나무, 낙엽송, 잣나무, 벚나무, 사과나무, 싸리나무, 아까시나무, 가죽나무 같은 여러 가지 나무에서 잎을 갉아 먹는다. 자나방 애벌레는 다 자라면 몸집이 몹시 큰데, 어떤 것은 몸길이가 100mm나 되는 것도 있다. 이렇게 자란 것들이 숲에 퍼지면 나무에 큰 해를 끼친다.

한살이 한 해에 한두 번 발생한다. 땅속에서 번데기로 겨울을 나고 이듬해 5월 말부터 어른벌레가 나타난다. 알은 6월 말쯤에 낳는다. 암컷 한 마리가 알을 아주 많이 낳는데 천 개가 넘을 때도 있다. 7월 초쯤에 애벌레가 깨어나 나뭇잎을 갉아 먹으면서 자란다. 애벌레는 자라는 동안 허물을 여섯 번 벗는다. 8월 중순이 되면 다 자란 애벌레들이 번데기가 되려고 땅속으로 들어간다.

생김새 노랑띠알락가지나방은 수컷의 날개 편 길이가 46~57mm, 암컷은 67~75mm쯤이다. 몸은 귤빛이다. 수컷 더듬이는 빗살 모양이고 암컷은 실 모양이다. 다리는 짙은 밤색으로 흰 얼룩무늬가 있다. 배는 어두운 밤색이다. 날개는 흰색 바탕에 옅은 검정과 노란 점무늬가 있다. 알은 길이가 1mm, 폭이 0.7mm쯤이다. 처음에 젖빛이다가 점점 누렇게 바뀐다. 다 자란 애벌레는 몸길이가 60mm 남짓 되는데 색깔은 연노랑 밤색이나 짙은 밤색이다. 몸에는 밝은 잿빛 점이 있으며, 배 끝에 돌기가 하나 있다. 번데기는 짙은 밤색이며 길이는 20mm쯤이다. 날개돋이를 할 때가 되면 검은 밤색으로 바뀐다.

크기 46~75㎜

나타나는 때 6~8월

먹이 열매즙, 나뭇진, 이슬

한살이 알 ▶ 애벌레 ▶ 번데기 ▶ 어른벌레

노랑띠알락가지나방 ×2
1999년 7월 서울 노원구

누에나방

Bombyx mori

우리나라에서는 3천 년 전쯤부터 비단을 얻으려고 누에를 길렀다. 알에서 갓 깨어난 누에는 개미만큼 작고 까만 털이 많다. 그래서 '개미누에'라고 한다. 다 자란 누에는 어른 손가락만큼 굵다. 뽀얀 젖빛이 나고 아주 연한 껍질로 덮여 있어 매끈하고 부드럽다. 누에는 뽕잎을 갉아 먹고 산다. 어린누에에게는 연한 뽕잎을 골라서 잘게 잘라 주지만 큰누에는 먹성이 좋아서 가지째 주어도 잘 먹는다. 누에는 다 자라면 고치를 짓는데 이 고치에서 실을 뽑아 비단을 짠다.

고치에서 실을 뽑지 않고 그대로 두면 고치를 뚫고 누에나방이 나온다. 누에나방은 몸이 둔해서 조금씩 움직일 뿐 날지 못한다. 오랫동안 사람이 기르다 보니 둔해진 것이다. 누에나방은 아무것도 먹지 않고 열흘쯤 살면서 짝짓기를 하고 알을 낳는다.

누에치기 뽕나무가 움트는 봄이 되면 누에알을 아랫목에 두고 따뜻하게 해 준다. 그러면 까만 모래알처럼 생긴 알에서 개미처럼 생긴 누에가 나온다. 싸리나 대나무를 평평하게 엮어서 짠 누에채반에 누에를 올려서 조용하고 바람이 잘 통하는 방에서 길렀다. 누에가 허물을 벗는 것을 '잠을 잔다'고 한다. 애벌레로 20일쯤 지내는데 그동안 넉 잠을 잔다. 그리고 실을 토해서 고치를 튼다. 누에가 고치를 틀 때 솔가지나 짚이나 종이로 섶을 만들어 올려 준다. 누에는 섶에 올라가 자리를 잡고 실을 토해서 고치를 짓는다. 알에서 어른벌레로 자랄 때까지 40일쯤 걸린다. 한 해에 누에를 서너 번은 칠 수 있다. 북녘에서는 참나무 잎으로도 누에를 친다. 이 누에를 '섶누에', '참나무누에'라고 한다.

약재 누에가 죽어서 허옇고 꼿꼿하게 된 것을 찹쌀 씻은 물에 담가 두었다가 생강즙에 볶아서 피부가 헌데나 살갗이 가려울 때 쓴다. 누에가 싼 똥을 깨끗하게 받아서 햇볕에 말린 다음 누렇게 볶아 쓰기도 하고, 술에 담가서 술은 마시고 건더기는 뜨겁게 볶아 아픈 곳을 찜질하기도 한다. 누에가 고치를 짓기 전에 딱 한 번 누는 똥은 당뇨병을 치료하는 약으로 쓴다.

한살이 한 해에 서너 번 발생한다. 알로 겨울을 나고 봄에 애벌레가 깨어난다. 애벌레는 20일 동안 허물을 네 번 벗으며 자라서 고치를 짓고 번데기가 된다. 번데기는 고치 속에서 점점 밤색으로 단단해진다. 고치를 지은 지 이 주일쯤 지나면 누에나방이 나온다. 짝짓기를 한 누에나방은 알을 500개쯤 낳는다.

생김새 누에나방은 몸길이가 20mm, 날개 편 길이가 50mm쯤이다. 암컷이 수컷보다 크다. 몸과 날개가 모두 흰색이고 더듬이는 빗살 모양이다. 알은 처음에는 노랗다가 점점 거무스름해진다. 애벌레는 처음에는 털이 많고 검은 밤색이지만 허물을 벗을수록 윤기 나는 흰색으로 바뀐다. 고치는 희고 달걀 모양이다.

다른 이름 뽕누에나비[북], 나벵이[북], 집누에나비

크기 50㎜

나타나는 때 1년 내내

먹이 안 먹는다.

한살이 알 ▶ 애벌레 ▶ 번데기 ▶ 어른벌레

고치를 뚫고 나온 누에나방 수컷 ×2
2000년 10월 경북 예천

페로몬 주머니를 내밀고 페로몬을 뿜어
수컷을 꾀려는 누에나방 암컷
2017년 7월 경기도 남양주 덕소

뽕잎을 먹는 누에
1995년 6월 경북 예천

밤나무산누에나방

Caligula japonica

밤나무산누에나방은 우리나라 산 곳곳에서 살고, 밤에 볼 수 있다. 흔히 '어스렝이나방'이라고 한다.

밤나무산누에나방 애벌레는 밤나무 잎을 먹고 산다. 1년에 한 번 4월 말에서 5월 사이에 깨어나 떼로 잎을 갉아 먹는다. 한 번 생겨나면 밤나무에 피해가 제법 크다. 잎을 상하게 해서 밤나무가 못 자라고 열매도 잘 못 맺게 되어 그해 거두어들일 양이 크게 준다. 상수리나무나 떡갈나무 같은 참나무에서도 많이 산다. 사과나무, 배나무, 싸리, 버즘나무, 은행나무 잎 따위도 가리지 않고 먹는다.

밤나무산누에나방 애벌레는 6월에서 7월 사이에 나방이 되려고 고치를 짓는다. 나뭇잎에다 실을 뽑아 성근 그물 모양으로 만든다. 고치가 매우 질겨서 쉽게 찢어지지 않는다. 고치는 구멍이 송송 뚫려 있기 때문에 안에 번데기가 들어 있는 것이 보인다. 9~10월에 날개돋이한다. 알은 300개쯤 무더기로 낳는다. 알로 겨울을 난다.

산누에나방 애벌레는 집에서 기르는 누에와 닮았지만 몸집이 더 크고 무겁다. 어릴 때는 몸빛이 검지만 자라면서 황록색이 되며 온몸에 하얗고 긴 털이 나 있다. 고치에서 실을 뽑으려고 집에서 기르는 누에와 가름하여 '산누에' 또는 '들누에'라고 한다. 누에나방은 날개가 퇴화되어 못 날지만 산누에나방은 잘 날아다닌다. 몸 빛깔도 하얀 누에나방에 견주어 훨씬 화려하고, 날개에는 가느다란 물결무늬와 눈알 모양의 검은 점이 있다.

한살이 한 해에 한 번 발생한다. 알로 겨울을 난다. 애벌레는 4~5월에 깨어나고 9월 무렵 어른벌레가 된다.

생김새 밤나누산누에나방은 날개를 편 길이가 105~135mm이다. 몸과 날개 빛깔은 회갈색 또는 황갈색이다. 앞날개에는 2줄의 물결무늬가 있고 뒷날개에는 눈알 모양의 무늬가 있다. 더듬이는 암컷 수컷 모두 깃털 모양인데 암컷이 더 길다. 알은 2.2mm 정도이고 타원꼴이며 매우 단단하다. 애벌레는 온몸에 긴 털이 나 있고, 몸길이가 70~100mm나 된다. 고치를 짓고 번데기가 되는데 고치가 그물처럼 구멍이 나 있어서 번데기가 들여다보인다.

다른 이름 어스렝이나방

크기 105~135㎜

나타나는 때 9~10월

먹이 참나무, 사과나무, 배나무, 싸리, 밤나무

한살이 알 ▶ 애벌레 ▶ 번데기 ▶ 어른벌레

밤나무산누에나방 수컷 ×2
2015년 8월 강원도 치악산

밤나무산누에나방 고치
2017년 7월 경기도 운길산

가중나무고치나방

Samia cynthia

가중나무고치나방은 아주 큰 나방이다. 넓은잎나무가 많은 산에 산다. 날개가 뚜렷한 검은 밤색이고 빛이 난다. 앞날개 가장자리에 검은 점무늬가 있다. 날개 가운데에는 초승달 같은 무늬가 있다. 가중나무고치나방은 밤에 나는데 자주 날아다니지는 않는다. 가끔 불빛에 모여든다.

애벌레는 산에 자라는 여러 나무에서 나뭇잎을 먹고 산다. 상수리나무, 녹나무, 사과나무, 황벽나무, 소태나무, 가죽나무, 옻나무, 붉나무, 감탕나무, 대추나무, 때죽나무, 그 밖에 여러 나무에서 잎을 먹는다. 몸집이 크고 많이 먹어서 몇 마리만 있어도 나무가 벌거숭이가 되고 만다. 애벌레가 다 자라면 누에처럼 고치를 짓는다. 그래서 '가중나무산누에나방'이라고도 한다. 입에서 실을 뽑아 나뭇잎을 엮어서 길쭉한 고치를 만든다. 잿빛이 도는 밤색 고치를 나뭇가지나 나뭇잎, 땅 위에 쌓인 가랑잎 사이에 붙인다. 고치 속에서 번데기가 되어 겨울을 난다.

산누에나방 무리 '가중나무고치나방'은 산누에나방 무리에 속한다. 산누에나방 무리는 참나무나 밤나무 잎을 먹고 산다. 우리나라에서 지금까지 11종이 알려져 있는데 어떤 것은 날개를 편 길이가 150mm가 넘는다. 우리나라에 사는 산누에나방 가운데는 '참나무산누에나방'이 가장 크다. 날개에는 눈알 무늬가 있는 것이 많다. 뒷다리에는 짧은 솜털이 수북이 나 있다.

한살이 한 해에 두 번 발생한다. 번데기로 겨울을 보낸다. 6월과 8월에 어른벌레가 나온다. 애벌레는 7~8월과 9~10월에 나타난다.

생김새 가중나무고치나방은 날개 편 길이가 110~140mm쯤 된다. 몸과 날개 색깔은 밤색이다. 날개 가운데에는 짙은 밤색 테두리가 있는 초승달 무늬가 크게 있다. 앞날개 끝이 앞으로 튀어나와 있다. 수컷은 더듬이가 깃털 모양이고 암컷은 빗살 모양이다. 알은 노랗고 반달꼴이다. 애벌레는 몸길이가 50mm쯤이고 갓 깨어났을 때는 연노란색이다가 자라면 푸른빛을 띤다. 다리는 누런 밤색이며 마디마다 돌기가 나 있다. 고치를 짓고 그 속에서 번데기가 된다.

다른 이름 가중나무산누에나방

크기 110~140㎜

나타나는 때 6~8월

먹이 이슬, 과일즙

한살이 알 ▶ 애벌레 ▶ 번데기 ▶ 어른벌레

국외반출승인대상생물종

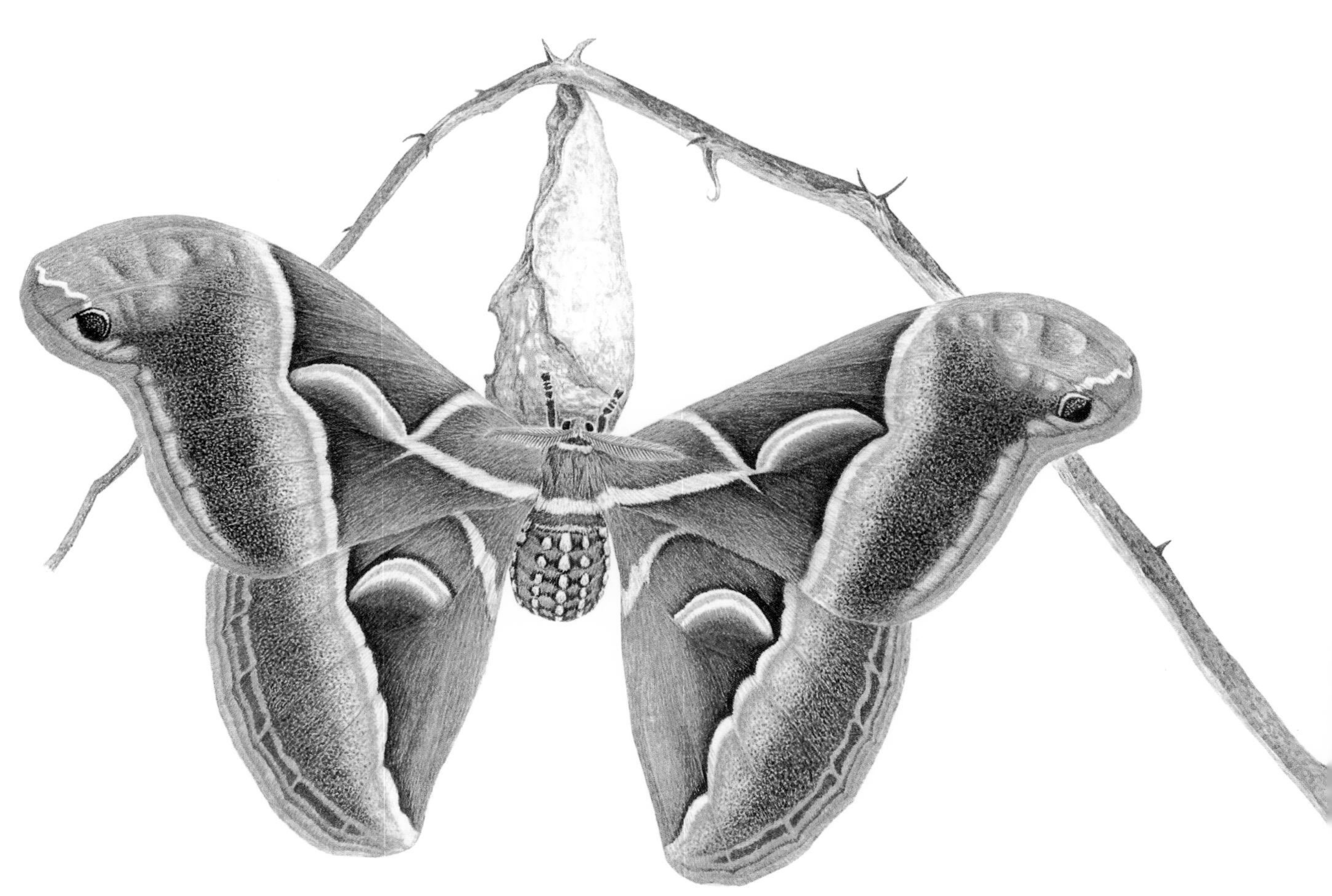

가중나무고치나방 수컷 ×1
1998년 4월 충북 제천

점갈고리박각시

Ambulyx ochracea

점갈고리박각시는 산에 많이 산다. 날개가 세모꼴이고 날개 끝이 뾰족한 갈고리 같아서 이름에 갈고리라는 말이 들어 있다. 날개가 크고, 푸드덕푸드덕 빠르게 날아다닌다. 몸통이 굵어서 둔해 보이지만, 길고 둥글게 생겨서 잘 날 수 있다.

점갈고리박각시는 낮에는 움직이지 않다가 밤이 되면 날아다닌다. 냄새를 맡고 여러 가지 들꽃을 찾아 날아가서 꿀을 먹는다. 갈고리 같은 발톱을 꽃잎에 걸고 매달린 채로 대롱 같은 주둥이로 꿀을 빨아 먹는다. 새가 나타나면 날아가지 않고 날개를 위로 반쯤 들어 올리고 더듬이를 세운 채 몸을 부르르 떨어서 다가오지 못하도록 한다.

여러 가지 박각시 나방 이 나방들은 날개 길이가 20mm에서 200mm까지 여러 가지가 있는데, 다른 나방보다 큰 편이다. 날개 색이 화려하고 무늬가 아름다운 것이 많다. 멀리까지 날아가서 꽃꿀이나 나뭇진을 빨아 먹는다. 낮에 날아다니는 것도 있다. 박각시 무리의 애벌레는 다른 나방 애벌레와 달리 배 끝에 바늘 같은 돌기가 있다.

한살이 한 해에 두 번쯤 발생한다. 어른벌레는 4월 말부터 8월 중순에 걸쳐 나타난다. 자세한 한살이는 밝혀지지 않았다.

생김새 점갈고리박각시는 날개 편 길이가 91~99mm이다. 날개와 몸은 황토색이고 가슴등 쪽 어깨에 검은 밤색 무늬가 뚜렷하다. 날개에 희미하게 검은 밤색 무늬가 줄지어 있다. 배와 앞날개 몸통 가까이에는 짙은 밤색 점이 있다. 애벌레는 머리가 세모꼴이고 푸른색이다. 몸은 둥근 통 모양이고 어른 손가락만큼 굵다. 배 끝에는 바늘처럼 뾰족한 돌기가 위로 솟아 있다.

크기 91~99㎜

나타나는 때 4~8월

먹이 꿀, 나뭇진

한살이 알 ▶ 애벌레 ▶ 번데기 ▶ 어른벌레

점갈고리박각시 ×1
1996년 5월 경기도 남양주

작은검은꼬리박각시

Macroglossum bombylans

작은검은꼬리박각시는 꽃꿀을 먹고 산다. 꿀을 먹을 때 제자리에서 붕붕 날갯짓을 하면서 빨대처럼 기다란 입을 꽃에 찌른 채로 빨아 먹는다. 앉지 않고 쉴 새 없이 이 꽃 저 꽃을 옮겨 다니며 먹는 모습이 벌새를 빼닮았다. 큼지막한 벌처럼 보이기도 한다.

작은검은꼬리박각시는 나방이지만 나비처럼 낮에 날아다니고 밤에는 쉰다. 뜨거운 한낮보다 저녁 무렵에 더 활발하게 움직인다. 산골짜기에 피는 물봉선 꽃에도 날아오고, 마당에 심어 놓은 봉숭아, 과꽃, 채송화에도 날아온다. 7월 중순에서 10월 사이에 나타나는데 따뜻한 남쪽 지방에서는 봄에 나오기도 한다.

나비와 나방 나방은 나비와 달리 밤에 날아다닌다. 그런데 나비처럼 낮에만 날아다니는 나방도 더러 있다. 또 나비처럼 날개 무늬가 화려한 것도 많아서 나방과 나비를 구별해서 알아보기는 어렵다. 나비와 나방은 더듬이가 다르게 생겼다. 나비 더듬이는 끝이 곤봉처럼 생겼고, 나방은 더듬이가 빗살 모양, 실 모양, 톱니 모양이 있다. 또 밤에 날아다니는 나방은 밝은 곳에서 보면 눈이 까맣지만 어두운 곳에서 보면 산짐승 눈처럼 빛이 난다. 하지만 낮에 날아다니는 나방 눈은 나비와 비슷하다.

한살이 한 해에 두세 번 생긴다. 애벌레는 7월부터 늦가을 사이에 많이 보인다. 한살이가 자세하게 연구된 것이 거의 없다.

생김새 작은검은꼬리박각시는 날개 편 길이가 41~44mm이다. 더듬이는 끝으로 갈수록 굵어진다. 앞날개는 밤색인데 짙은 밤색 무늬가 가운데에 있다. 뒷날개도 밤색인데 몸 쪽으로 가까이 갈수록 누런색을 띤다. 가슴과 배의 등 쪽은 푸른빛이 도는 밤색 털이 촘촘히 나 있다. 배 끝에는 짙은 밤색 털이 먼지떨이 모양으로 나 있다. 애벌레는 머리가 짙은 풀색이고 흰 줄이 두 줄 있다. 몸 색깔은 밤색인 것도 있고 풀색인 것도 있다. 몸에는 알갱이 같은 것이 오톨도톨 많이 나 있다.

다른 이름 꼭두서니박나비[북]

크기 41~44㎜

나타나는 때 7~10월

먹이 꽃꿀

한살이 알 ▶ 애벌레 ▶ 번데기 ▶ 어른벌레

작은검은꼬리박각시 수컷 ×2
1999년 10월 경기도 남양주

매미나방

Lymantria dispar

매미나방은 과수원이나 낮은 산에서 산다. 암컷은 몸집이 크고 멀리 날아다니지 않지만 수컷은 밤낮으로 암컷을 찾아 빙빙 날아다닌다. 그래서 '집시나방'이라고도 한다. 그늘진 나뭇가지에 누런 털뭉치가 군데군데 붙어 있는 것은 매미나방 알집이다. 매미나방 암컷이 알을 낳고 몸에 있는 털로 덮어 둔 것이다. 여름에 알을 낳아 두면 알집 속에서 겨울을 나고 이듬해 봄에 애벌레가 깨어난다.

매미나방 애벌레는 여러 가지 넓은잎나무, 바늘잎나무, 과일나무에서 잎을 가리지 않고 먹는다. 참나무, 소나무, 느릅나무, 밤나무, 감나무, 벚나무, 낙엽송, 자작나무, 오리나무, 찔레나무, 해당화, 매실나무, 자두나무, 사과나무, 배나무, 귤나무, 단풍나무, 진달래, 석류나무 같은 온갖 나무의 잎을 먹는다. 낮에는 쉬고 밤에 나와서 잎을 갉아 먹는다. 갑자기 숫자가 늘어나서 참나무 숲과 낙엽송 숲을 크게 해치기도 한다. 애벌레가 어릴 때는 문제가 되지 않지만 자라면서 먹는 양이 많아져서 몇 마리만 있어도 나무에 해를 크게 입힌다. 매미나방을 없애려면 4월쯤 매미나방 알이 깨어나기 전에 나뭇가지에 있는 알집을 뜯어서 태운다. 지금은 숫자가 줄어들었다. 애벌레, 어른벌레 모두 독이 있어서 만지면 피부병이 생길 수 있다.

한살이 한 해에 한 번 발생한다. 나무줄기에서 알로 겨울을 난다. 4월 중순에 알에서 애벌레가 깨어난다. 애벌레는 4~5일 동안 알집 가까이 머물다가 자기가 토한 실에 매달려 바람을 타고 흩어진다. 애벌레는 45~66일이 지나 6월 중순에서 7월 초에 나뭇잎을 말고 번데기가 된다. 보름쯤 지나 7월 초에서 8월 초에 날개돋이를 한다. 짝짓기를 마친 암컷은 나뭇가지에 군데군데 알을 낳는다. 알집 속에 알을 500개쯤 낳는다. 알은 알집 속에서 아홉 달쯤 지낸다.

생김새 매미나방 암컷은 날개 편 길이가 35~45mm이고, 수컷은 24~32mm이다. 암컷은 날개가 희고 수컷은 어두운 밤색이다. 알은 작고 둥글며 어두운 밤색이다. 알집은 겉이 암컷 털로 덮여 있어서 누런 털뭉치처럼 보인다. 애벌레는 깨어날 때는 옅은 밤색인데 차츰 잿빛에 검은 점이 있는 모양으로 바뀐다. 머리는 누런색이고 온몸에 털이 많다. 다 자라면 60mm쯤 된다. 번데기는 붉은 밤색이다.

다른 이름 사과나무털벌레[북], 집시나방, 참나무털벌레

크기 24~45㎜

나타나는 때 7~8월

먹이 꽃꿀, 나뭇진

한살이 알 ▶ 애벌레 ▶ 번데기 ▶ 어른벌레

국외반출승인대상생물종

매미나방 암컷 ×2
1999년 7월 서울 노원구

나무줄기에 알을 낳고 있는 매미나방
1999년 7월 서울 노원구

나뭇잎을 먹고 있는 매미나방 애벌레

흰무늬왕불나방

Aglaeomorpha histrio

흰무늬왕불나방은 우리나라에 사는 불나방 무리 가운데 가장 크다. 검은 날개에 흰 점이나 연노랑 점이 얼룩덜룩 있다. 넓은잎나무가 많은 숲과 낮은 산골짜기에서 5월 말에서 8월 말 사이에 흔히 볼 수 있다. 알록달록한 날개를 아래로 내리고 나뭇잎에 앉아서 쉬곤 한다.

흰무늬왕불나방은 고추나무같이 산에 피는 꽃에 날아와서 꿀을 먹는다. 나방이지만 낮에 많이 움직인다. 나뭇잎에 가만히 붙어 있는 때가 많고 자리를 잘 옮기지 않고 멀리 날아가지도 않는다. 앉아 있을 때 심하게 건드리면 10m쯤 날아가서 같은 자세로 앉는다. 밤에 불빛에 날아들기도 한다.

여러 가지 불나방 불나방 무리는 앞날개가 가늘고 길다. 날개 색은 붉은색이 많고 노란색, 흰색, 잿빛도 있다. 대부분 밤에 날아다니지만 흰무늬왕불나방처럼 낮에 날아다니는 것도 있다. 애벌레는 몸에 털이 많다. '미국흰불나방'은 우리나라에 없었는데 외국에서 목재 따위를 들여올 때 거기에 붙어서 들어온 것이다. 미국흰불나방 애벌레는 송충이같이 생겼고 길고 흰 털이 빽빽이 나 있다. 다 자란 애벌레는 잎맥만 남기고 잎을 다 먹어 버린다. 산에 있는 나무나 길가에 심어 둔 나무나 가리지 않고 잎을 다 먹어 치우는 해충이다.
한살이 한 해에 한 번 발생한다. 한살이에 대해 연구된 것이 없다.
생김새 흰무늬왕불나방은 날개 편 길이가 80~90mm이다. 더듬이는 실 모양이고 까맣다. 수컷은 더듬이에 잔털이 나 있다. 머리는 노랗다. 앞날개는 검은 바탕에 노란 둥근 무늬와 흰 둥근 무늬가 여러 개 퍼져 있다. 배는 노란색이다. 수컷은 암컷보다 날개가 가늘다.

크기 80~90㎜
나타나는 때 5~8월
먹이 꿀
한살이 알 ▶ 애벌레 ▶ 번데기 ▶ 어른벌레

흰무늬왕불나방 수컷 ×1½
1999년 5월 경기도 남양주 천마산

얼룩나방

Chelonomorpha japana

얼룩나방은 나방 무리 가운데 크기가 중간쯤 된다. 5~6월에 산이나 들판 여기저기에서 볼 수 있다. 날개 무늬나 빛깔이 화려하다. 거의 낮에만 꽃에 모여 꿀을 빨아 먹는다.

애벌레는 털이 길며 검은색과 주홍색의 줄무늬가 있다. 흙 속에서 번데기가 된다.

나방 무리는 빛깔이나 무늬가 나무껍질이나 나뭇잎과 비슷해서 천적으로부터 자기 몸을 지킨다. 날개가 검은 얼룩나방은 19세기 영국 공업지대에서 처음 알려졌다. 본디 살던 얼룩나방은 날개에 반점이 있고 옅은 잿빛이어서 잿빛이나 하얀 이끼가 자라는 나무껍질에 앉으면 가려내기 어려웠다. 그런데 공장에서 나오는 연기나 그을음 따위로 이끼가 죽고 나무가 시커멓게 되면서 잿빛 나방은 눈에 잘 띄게 되었고, 새들에게 쉽게 잡아먹혔다. 그러자 돌연변이로 나타난 검은 얼룩나방만 살아남아 본디 얼룩나방보다 많아졌다. 차츰 매연이 줄어들면서 이끼들이 살아나자 거꾸로 검은 얼룩나방은 쉽게 먹잇감이 됐다. 다윈이 이 예를 생물은 살아남기 위해 환경에 맞춰 진화한다는 보기로 들면서, '다윈의 나방'으로 불리게 되었다. 그리고 공해가 심한 곳에서는 어두운 빛깔의 동물이 늘어난다는 '공업암화'의 예로 쓰이게 되었다.

닮은 얼룩나방 얼룩나방은 '애기얼룩나방'과 비슷하게 생겼다. 얼룩나방은 뒷날개 가장자리가 흰색이지만 애기얼룩나방은 검은색이다. 앞날개 흰무늬도 다르다.

생김새 날개 길이는 약 28mm이고, 날개편 길이는 57mm 안팎이다. 더듬이는 약간 곤봉 모양이다. 배 쪽에는 주황색 털 뭉치가 있다. 몸과 날개는 검은색인데 일부는 황백색이다.

크기 57㎜ 안팎

나타나는 때 5~6월

먹이 꽃꿀

한살이 알 ▶ 애벌레 ▶ 번데기 ▶ 어른벌레

얼룩나방 ×1⅓
2012년 5월 경기도 남양주 덕소

왕자팔랑나비

Daimio tethys

왕자팔랑나비는 '왕팔랑나비'보다 작다고 붙은 이름이다. 왕자팔랑나비는 낮은 산 언저리의 넓게 트인 풀밭에서 산다. 늦은 봄부터 여름 사이에 나타나서 날개를 팔랑거리며 낮게 날아다닌다. 앉아 있을 때는 나방처럼 날개를 펴고 앉는다. 엉겅퀴나 개망초 같은 꽃에 날아와 꿀을 빨아 먹는다. 짐승이 싸 놓은 똥에 앉아 즙을 먹기도 하고 땀 냄새를 맡고 사람에게도 날아와 앉는다.

왕자팔랑나비는 빠르게 날갯짓하면서 날아다닌다. 수컷은 다른 수컷이 가까이 다가오면 뒤를 쫓아가 내쫓는다. 날개로 탁 쳐서 가까이 오지 말라는 뜻을 나타낸다. 암컷은 단풍마나 마 잎 위에 알을 하나씩 낳는다. 암컷은 배에 난 털을 끈적끈적한 알에 붙여 놓아서 천적이 알아볼 수 없게 만든다. 애벌레가 깨어나면 잎을 자르고 입에서 뿜어낸 실로 엮어서 집을 만든다. 먹을 때만 집 밖으로 나온다.

우리나라의 나비 이름은 대개 1945년 광복이 된 뒤에 나비 학자 석주명 선생이 붙였다. '팔랑나비'라는 이름은 몸은 큰데 날개가 작아 땅에 떨어지지 않으려고 팔랑거리며 나는 모습을 보고 붙였다고 한다. 왕자팔랑나비보다 더 큰 '대왕팔랑나비', '왕팔랑나비'도 있다.

한살이 한 해에 두세 번 발생한다. 5~9월에 나타난다. 다 자란 애벌레로 겨울을 난다. 애벌레는 봄이 되면 아무것도 먹지 않은 채로 번데기가 된다. 일주일쯤 지나면 번데기에서 어른벌레가 깨어난다.

생김새 왕자팔랑나비는 날개 편 길이가 33~38mm이다. 더듬이는 끝이 뾰족하다. 날개는 검은 밤색 바탕에 흰 점이 크게 박혀 있다. 날개 가장자리가 들쭉날쭉하다. 암컷과 수컷은 날개 무늬가 비슷하다. 암컷 배가 수컷보다 눈에 띄게 굵다. 알은 크기가 1mm쯤이고 둥글다. 색은 누런 밤색이다. 알은 옆면에 줄무늬가 스무 줄 있다. 애벌레는 몸이 잿빛이고 머리는 검은 밤색이다. 다 자라면 25mm까지 커진다. 번데기는 옅은 밤색과 은색 무늬가 있다. 길이는 19mm쯤 된다. 머리 가운데에 뾰족하고 짧은 돌기가 하나 있다.

다른 이름 꼬마금강희롱나비[북]

크기 33~38㎜

나타나는 때 5~9월

잘 모이는 꽃 산딸기, 엉겅퀴, 개망초

애벌레 먹이식물 마, 참마, 단풍마, 부채마

한살이 알 ▶ 애벌레 ▶ 번데기 ▶ 어른벌레

왕자팔랑나비 수컷 ×1½
1999년 5월 경기도 남양주

줄점팔랑나비

Parnara guttatus

줄점팔랑나비는 마을이나 개울 가까이에 사는 작은 나비다. 날개에 하얀 점이 이어져 있어서 줄점팔랑나비라고 한다. 엉겅퀴 꽃이나 국화꽃이나 메밀꽃이나 고마리 꽃에서 꿀을 빨거나 썩은 과일에서 즙을 빤다. 7월 초부터 8월 초 사이에 논에 날아와서 벼 잎 위에 알을 하나씩 군데군데 낳는다.

줄점팔랑나비 애벌레는 벼를 먹는 해충이다. 벼 잎 서너 장을 한데 말아서 대롱 모양으로 집을 만든다. 커 가면서 벼 잎을 더 많이 모아서 집을 크게 만든다. 낮에는 집 속에 숨어 있다가 해가 지면 밖으로 나와서 잎을 갉아 먹는다. 심할 때는 벼 잎을 깡그리 갉아 먹어서 이삭이 제대로 여물지 못한다. 줄점팔랑나비 애벌레는 벼 말고도 보리, 갈풀, 억새, 띠, 강아지풀, 대나무 같은 벼과 식물을 먹는다.

여러 가지 팔랑나비 '산팔랑나비', '제주꼬마팔랑나비', '산줄점팔랑나비'는 줄점팔랑나비와 비슷하게 생겼다. 이 나비들은 모두 벼과 식물을 먹고, 애벌레로 겨울을 난다. '산팔랑나비'는 줄점팔랑나비와 달리 뒷날개에 흰무늬가 삐죽삐죽 있다. '제주꼬마팔랑나비'는 뒷날개에 흰 점무늬가 없다. '산줄점팔랑나비'는 산기슭이나 풀밭에 살고 뒷날개 가운데에 흰 점이 하나 더 있다.

한살이 한 해에 두세 번 발생한다. 논이나 대밭에서 애벌레로 겨울을 난다. 봄에 번데기가 되었다가 5~6월에 어른벌레가 된다. 어른벌레는 7월 초에서 8월 초 사이에 벼에 알을 낳는다. 알에서 애벌레가 깨어나면 벼 잎을 먹으면서 자란다. 다 자라면 벼 잎을 말아서 만든 집 속에서 고치를 만들어 번데기가 된다. 두 번째 어른벌레는 7월에서 8월 사이에, 세 번째 어른벌레는 9월에서 10월 사이에 나타난다.

생김새 줄점팔랑나비는 날개 편 길이가 33~40mm이다. 날개는 밤색이다. 앞날개에는 흰무늬가 여덟 개 있다. 뒷날개가 작고 세모꼴이다. 뒷날개 가운데에 흰 점 네 개가 한 줄로 있다. 암컷은 날개가 넓고 흰무늬도 크다. 알은 찐빵 모양이고 길이가 1mm쯤 된다. 처음에는 잿빛이다가 점점 누런 밤색이나 검보라색으로 바뀐다. 다 자란 애벌레는 연한 밤색이고 몸길이가 36~40mm쯤 된다. 번데기는 길이가 20~25mm쯤 된다.

다른 이름 한줄꽃희롱나비[북], 벼희롱나비

크기 33~40㎜

나타나는 때 5~11월

잘 모이는 꽃 여러 가지 들꽃, 마당에 피는 꽃

애벌레 먹이식물 벼, 갈풀, 강아지풀, 바랭이

한살이 알 ▶ 애벌레 ▶ 번데기 ▶ 어른벌레

줄점팔랑나비 수컷 ×2½
1998년 10월 경기도 남양주 천마산

벼 잎에 집을 짓는 줄점팔랑나비 애벌레

모시나비

Parnassius stubbendorfii

모시나비는 몸과 날개 빛깔이 하얗다. 날개는 여름에 입는 모시처럼 얇고 속이 비친다. 모시나비는 들판이나 낮은 산 둘레의 풀밭에서 산다. 5월에서 6월 초에 나타나는데 천천히 미끄러지듯 날아다닌다. 보통 아침나절과 저녁에 활발하게 날아다닌다. 햇빛이 뜨거운 한낮에는 대개 앉아 있는데 날아도 힘이 없어 보인다. 맑고 더운 날보다는 흐린 날에 더 잘 날아다닌다.

모시나비는 기린초, 토끼풀, 엉겅퀴, 자운영 같은 꽃에서 꿀을 빨아 먹는다. 꿀을 먹고 있을 때는 웬만큼 다가가도 놀라서 날아가거나 하지 않는다. 암컷이 꿀을 빨고 있으면 수컷이 다가와 짝짓기를 한다. 짝짓기를 끝낸 암컷은 현호색과 들현호색 둘레에 있는 마른 풀잎 위에 알을 하나씩 낳아 붙인다. 알에서 애벌레가 나오면 현호색과 들현호색 잎을 먹고 자란다. 애벌레는 적이 다가오거나 하면 냄새가 나는 작은 젖빛 뿔을 내민다.

여러 가지 모시나비 우리나라에는 모시나비 말고도 '붉은점모시나비', '왕붉은점모시나비', '황모시나비'가 있다. 모두 다 날개가 투명하고 날개에 붉은 점무늬가 있다. 왕붉은점모시나비와 황모시나비는 개마고원과 백두산에서만 산다.

한살이 한 해에 한 번 발생한다. 알로 겨울을 보낸다. 이른 봄에 알에서 애벌레가 나온다. 애벌레로 50~60일쯤 보낸다. 다 자란 애벌레는 마른 가랑잎 속에서 엉성하게 고치를 짓고 그 속에서 번데기가 된다. 2~3주쯤 지나 어른벌레가 깨어난다. 어른벌레는 한 달쯤 산다.

생김새 모시나비는 날개 편 길이가 43~60mm이다. 더듬이는 짧고 끝이 뭉툭하다. 날개는 잿빛이 도는 흰색이고 반투명하다. 날개에 까만 무늬가 있다. 배에 잔털이 많은 것은 수컷이고 없는 것은 암컷이다. 알은 폭이 1.4mm, 길이가 0.9mm쯤이다. 찐빵처럼 생겼는데 겉이 울퉁불퉁하다. 알은 갓 낳았을 때 노랗다가 점점 색이 옅어진다. 애벌레는 짙은 밤색이고 몸에 누런 흰색 줄무늬가 있다. 번데기는 검은 밤색을 띠며 길이는 16mm쯤이다.

다른 이름 모시범나비[북]

크기 43~60㎜

나타나는 때 5~6월

잘 모이는 꽃 쥐오줌풀, 기린초, 엉겅퀴, 서양민들레

애벌레 먹이식물 현호색, 들현호색, 왜현호색, 산괴불주머니

한살이 알 ▶ 애벌레 ▶ 번데기 ▶ 어른벌레

모시나비 수컷 ×1⅓
1999년 5월 경기도 남양주

애호랑나비

Luehdorfia puziloi

애호랑나비는 '호랑나비'보다 조금 작고 이른 봄에 나타난다. 진달래꽃이 피기 시작하는 4월 초에 나타나기 시작해서 5월 중순이 지나면 사라진다. 낮은 산 골짜기나 숲 가장자리를 날아다니면서 진달래, 민들레, 얼레지 같은 봄꽃에서 꿀을 빤다. 높은 산에는 5월 말까지도 있다.

짝짓기를 마친 암컷은 족도리풀이나 개족도리풀을 찾아 날아가 잎 뒷면에 알을 낳는다. 알에서 깨어난 애벌레는 이 잎을 먹고 자란다. 애벌레들은 처음에는 모여 지내다가 어느 정도 크면 흩어진다. 애호랑나비는 번데기로 지내는 시간이 길다. 6월쯤에 번데기가 되어 여름, 가을, 겨울을 모두 번데기로 지낸다.

애호랑나비 애벌레는 족도리풀만 먹는다. 그런데 사람들이 족도리풀 뿌리를 약으로 쓰려고 많이 캐 가서 족도리풀이 산에 드물어졌다. 그래서 요즘에는 애호랑나비가 살 곳이 점점 줄어들고 있다.

한살이 한 해에 한 번 발생한다. 번데기로 겨울을 난다. 이른 봄에 어른벌레가 깨어나서 45일쯤 산다. 4월 말에서 5월 초에 알을 5~15개쯤 낳는다. 이 주일이 지나면 알에서 애벌레가 깨어 나온다. 애벌레로 한 달쯤 지내고 6월쯤에 가랑잎이나 돌 밑에서 번데기가 된다.

생김새 애호랑나비는 날개 편 길이가 39~49mm이다. 몸에 잔털이 많이 나 있다. 배를 보면 수컷은 연노랑색 털이 많이 나 있고, 암컷은 털이 없고 매끈하며 검은빛을 띤다. 알은 작고 동그랗다. 진주처럼 빛이 나는 흰색인데 점점 잿빛 밤색으로 바뀐다. 애벌레는 까맣다. 몸에 굵고 긴 검은 털이 촘촘히 나 있다. 번데기는 검은 밤색이고 긴 오뚝이 모양이다.

다른 이름 애기범나비[북], 이른봄애호랑나비, 이른봄범나비

크기 39~49㎜

나타나는 때 4~5월

잘 모이는 꽃 줄딸기, 서양민들레, 제비꽃

애벌레 먹이식물 족도리풀, 개족도리풀

한살이 알 ▶ 애벌레 ▶ 번데기 ▶ 어른벌레

애호랑나비 암컷 ×1⅓
2000년 4월 경기도 의정부

족도리풀을 먹는 애호랑나비 애벌레들

호랑나비

Papilio xuthus

호랑나비는 날개가 노랑 바탕에 검정 줄무늬가 있는 것이 호랑이 무늬와 비슷하다. 들판이나 낮은 산에 흔하지만 공원이나 마당에도 날아온다. 큰 날개로 천천히 날갯짓하면서 잘 다니는 길로 날아다닌다. 어른벌레가 한 해에 두 번 봄과 여름에 나타나는데, 봄에 나오는 나비는 여름에 나오는 것보다 몸집이 작고 날개 빛깔은 산뜻하고 또렷하다. 진달래꽃 같은 여러 가지 꽃에서 꿀을 먹는다. 앞다리로 맛을 보고 빨대같이 생긴 입으로 꿀을 빨아 먹는다.

짝짓기를 끝낸 암컷은 애벌레가 즐겨 먹는 탱자나무, 산초나무, 황벽나무, 귤나무 들을 찾아가서 알을 낳는다. 애벌레가 깨어나면 번데기가 될 때까지 그 나뭇잎을 갉아 먹으며 산다. 다 자란 호랑나비 애벌레는 적을 쫓는 뿔이 있다. 머리 뒤에 숨기고 있다가 적이 다가오거나 위험해지면 내민다. 뿔은 주황색이고 지독한 구린내를 풍긴다. 애벌레가 잘 먹는 탱자나무, 산초나무, 황벽나무, 귤나무 잎들은 몹시 진한 냄새가 나는데 애벌레는 이 냄새를 몸에 모아 두었다가 위험할 때 풍기는 것이다.

사람들과 친숙한 나비 호랑나비는 빛깔과 무늬가 화려하고 아름다워서 사람들이 좋아한다. 옛날부터 그림이나 문양으로 많이 썼다. 문갑이나 화장대 같은 가구에도 호랑나비 문양을 많이 새겼다. 시나 노래에도 자주 나온다. '봄에 호랑나비를 처음 본 사람은 그해 운이 튼다.', '아침에 호랑나비를 보면 그날 좋은 일이 생긴다.'는 속담도 있다.

한살이 한 해에 두세 번 발생한다. 봄에는 4~5월에 나타나고, 여름에는 6~10월 사이에 한두 번 나타난다. 잎 뒷면이나 줄기에 알을 하나씩 군데군데 낳는다. 모두 100개쯤 낳는다. 일주일쯤 지나면 애벌레가 깨어난다. 네 번 허물을 벗고 난 뒤에 번데기가 된다. 번데기로 겨울을 지낸다.

생김새 호랑나비는 날개 편 길이가 60~120mm쯤 된다. 암컷은 날개 색이 수컷보다 더 노랗다. 알은 구슬처럼 동그랗고 아주 작다. 연노란색이다가 차츰 까매진다. 갓 깨어난 애벌레는 온몸에 털이 나 있고 짙은 밤색인데 새똥처럼 보인다. 길이가 40mm쯤이고 다 자라면 밝은 풀색이 된다. 번데기는 풀색이거나 짙은 밤색이다. 산호랑나비는 생김새가 호랑나비와 아주 비슷하다. 호랑나비보다 노란빛이 조금 더 짙고 뒷날개 안쪽 가장자리에 붉은 점이 뚜렷하게 있다.

호랑나비

다른 이름 범나비[북]

크기 60~120㎜

나타나는 때 4~10월

잘 모이는 꽃 엉겅퀴, 산초나무, 참나리

애벌레 먹이식물 산초나무, 탱자나무, 귤나무, 황벽나무

한살이 알 ▶ 애벌레 ▶ 번데기 ▶ 어른벌레

산호랑나비

다른 이름 노랑범나비[북]

크기 65~95㎜

나타나는 때 4~10월

잘 모이는 꽃 진달래, 코스모스, 개망초

애벌레 먹이식물 당근, 미나리, 백선, 탱자나무, 유자나무

한살이 알 ▶ 애벌레 ▶ 번데기 ▶ 어른벌레

산호랑나비 *Papilio machaon* 수컷 ×1
1999년 8월 경북 예천

호랑나비 암컷 ×1
1999년 10월 경기도 의정부

탱자나무 잎을 먹는 호랑나비 애벌레

긴꼬리제비나비

Papilio macilentus

긴꼬리제비나비는 몸과 날개가 크고 검다. 날개 끝에 긴 돌기가 꼬리처럼 뻗어 있다. 다른 호랑나비보다 느리게 날지만 제비가 미끄러져 내리듯이 잘 날아다닌다. 참나무가 많은 울창한 산골짜기나 길가에서 볼 수 있다. 좀처럼 내려앉지 않는다. 갑자기 숲속에서 나와 길을 따라 날기 때문에 마치 길을 안내하는 것처럼 보인다. 수수꽃다리, 나리, 엉겅퀴 같은 꽃에 앉아서 꿀을 빨아 먹는다. 수컷들은 축축한 땅에 내려앉아 물을 빨아 먹기도 한다. 먹는 동안에도 살짝살짝 날갯짓을 한다. 4월에서 9월 사이에 흔히 볼 수 있다.

암컷은 수컷보다 천천히 날며 나무 그늘 사이에서 자주 나타난다. 암컷은 애벌레 먹이식물인 귤나무, 산초나무를 찾아 어린줄기나 잎 뒷면에 알을 하나씩 낳는다. 애벌레가 귤나무 잎을 갉아 먹기 때문에 귤밭에 해가 된다.

한살이 한 해에 두세 번 발생한다. 번데기로 겨울을 난다. 알을 낳은 지 열흘쯤 지나면 애벌레가 나온다. 애벌레는 20~30일쯤 지나면 다 자라서 둘레에 있는 바위나 나무줄기에 붙어서 번데기가 된다. 번데기가 된 지 보름쯤 지나면 날개를 펴고 어른벌레가 된다. 번데기로 겨울을 날 때는 여덟 달 동안 번데기로 지낸다. 어른벌레는 20일에서 한 달까지 산다.

생김새 긴꼬리제비나비는 날개 편 길이가 봄형은 60~80mm, 여름형은 102~120mm이다. 날개는 검고 돌기가 꼬리처럼 길게 나 있다. 뒷날개 가장자리에 빨갛고 둥근 무늬가 있는데 수컷보다 암컷이 크다. 수컷은 뒷날개 위에 희고 굵은 줄무늬가 있고 암컷은 없다. 알은 길이가 1.3mm쯤 되고 둥근 공 모양이다. 처음에 젖빛이 나면서 진주처럼 빛나다가 점점 밤색으로 바뀐다. 애벌레가 나오기 바로 전에 검은색이 된다. 애벌레는 어릴 때는 새똥처럼 생겼는데 자라면서 푸르게 바뀐다. 다 자라면 45mm에 이른다. 번데기는 푸른색이나 밤색이고, 길이는 37mm쯤이다. 머리에 뾰족한 돌기 한 쌍이 나 있다.

다른 이름 긴꼬리범나비[북]

크기 60~120㎜

나타나는 때 4~9월

잘 모이는 꽃 보리수나무, 야광나무, 원추리

애벌레 먹이식물 귤나무, 산초나무, 상산

한살이 알 ▶ 애벌레 ▶ 번데기 ▶ 어른벌레

긴꼬리제비나비 암컷 ×1
1998년 8월 경기도 남양주

각시멧노랑나비

Gonepteryx mahaguru

각시멧노랑나비는 넓은잎나무가 많은 산길이나 숲 가장자리에 산다. 꽃에 앉아 있는 모습이 수줍은 새색시같이 다소곳하고 고와서 '각시'라는 말이 이름에 붙었다. 각시멧노랑나비는 붉은색 꽃과 보라색 꽃을 좋아해서 엉겅퀴나 큰꼬리풀 꽃에 자주 날아든다.

각시멧노랑나비는 초여름에서 초가을까지 산과 들에서 날아다닌다. 나무 사이를 나풀나풀 날아다니는데 힘차게 날지는 않는다. 아주 더운 한여름과 추운 겨울에는 잠을 잔다. 초여름에 잠깐 날아다니다가 7월 중순 넘어 아주 더워지면 한 달쯤 여름잠을 잔다. 여름잠을 자던 각시멧노랑나비는 8월 말이 되어 선선해지면 잠에서 깨어난다. 초가을까지 지내다가 다시 겨울잠을 잔다. 겨울잠을 자고 나면 날개에 밤색 점이 많이 생기고 색이 바랜다.

각시멧노랑나비와 멧노랑나비 '멧노랑나비'와 '각시멧노랑나비'는 서로 닮았다. 둘 다 여름잠을 자고 어른벌레로 겨울을 난다. 멧노랑나비는 높은 산에서 많이 살고 각시멧노랑나비보다 늦게 나타난다. 겨울을 나고 나면 각시멧노랑나비는 날개 색이 많이 변하지만 멧노랑나비는 거의 변하지 않는다.

한살이 한 해에 한 번 발생한다. 어른벌레로 겨울을 나고 4월부터 볼 수 있다. 5월에 암컷은 애벌레 먹이인 갈매나무 어린잎에 알을 하나씩 낳는다. 애벌레는 한 달 남짓 지나 번데기가 되고 6월 중순이나 7월에 어른벌레로 깨어난다. 어른벌레로 여름잠을 잠깐 자고 초가을에 날아다니다가 겨울잠을 잔다.

생김새 각시멧노랑나비는 날개 편 길이가 50~60mm쯤이다. 수컷은 날개 앞면이 연노란색이고, 암컷은 연한 풀색을 띤다. 알은 길쭉하고 길이가 1.5mm쯤으로 아주 작다. 알을 막 낳았을 때는 누런빛이 도는 풀색이다가 점점 짙은 노란색이나 붉은 밤색으로 바뀐다. 애벌레는 길고 풀색인데 머리는 동그랗고 푸르다. 다 자라면 36~40mm쯤 된다. 번데기는 머리에 돌기가 하나 있다. 몸은 풀색이고 길이는 25mm쯤 된다.

다른 이름 봄갈구리노랑나비[북]

크기 50~60㎜

나타나는 때 4~9월

잘 모이는 꽃 엉겅퀴, 개망초, 미국쑥부쟁이

애벌레 먹이식물 갈매나무, 참갈매나무, 털갈매나무

한살이 알 ▶ 애벌레 ▶ 번데기 ▶ 어른벌레

겨울잠을 자고 나온 각시멧노랑나비
1996년 4월 경기도 남양주 천마산

각시멧노랑나비 수컷 ×1⅓
1999년 9월 경기도 의정부

나비목
흰나비과

노랑나비

Colias erate

노랑나비는 봄부터 가을까지 볼 수 있는 아주 흔한 나비다. 날개는 노랗고 가장자리만 조금 검다. 양지바른 풀밭 위를 재빠르게 날아다닌다. 그러다가 수컷끼리 만나면 서로 날개로 쳐서 쫓아낸다. 얼핏 보기에는 서로 어우러져 노는 것처럼 보인다.

노랑나비는 마을 가까이 양지바른 풀밭에 산다. 집 마당에도 날아든다. 넓게 트인 곳을 좋아해서 바닷가나 강둑이나 높은 산에 있는 풀밭에서도 보인다. 민들레, 개망초, 토끼풀, 엉겅퀴, 구절초 같은 들꽃에 내려앉아 꿀을 먹는다. 축축한 곳에서 물을 빨아 먹기도 한다.

노랑나비 중에 날개가 흰 것도 있다. 수컷은 다 노란데, 암컷은 흰 것도 있고 노란 것도 있다. 흰 암컷보다 노란 암컷한테 수컷이 많이 모인다. 짝짓기를 하고 난 뒤 암컷은 토끼풀이나 비수리 같은 풀을 찾아가서 잎 뒷면에 알을 하나씩 낳아 붙인다. 애벌레가 콩잎을 먹어서 콩농사에 해를 끼치기도 한다.

풀밭에 사는 나비 나비는 사는 곳이 뚜렷이 정해져 있는 것이 많다. '큰녹색부전나비'나 '황세줄나비'처럼 참나무 숲에서만 사는 나비가 있는가 하면 '눈많은그늘나비'나 '뱀눈그늘나비'처럼 바위투성이인 곳에만 사는 나비도 있다. '흰나비'나 '노랑나비'는 나무 그늘 하나 없는 풀밭을 좋아한다. 아무리 햇빛이 세게 내리 쬐어도 날개가 하얘서 열을 반사할 수 있기 때문이다. 하지만 날개가 검은 나비들은 햇빛이 쨍쨍한 풀밭에 오래 머무르기 어렵다.

한살이 한 해에 서너 번 발생한다. 봄과 가을에 한 번, 여름에 한두 번 어른벌레가 된다. 애벌레 또는 번데기로 겨울을 난다. 다 자란 애벌레는 가까이 있는 바위나 집 담벼락에 붙어서 번데기가 된다. 열흘 뒤에 어른벌레가 깨어난다. 어른벌레는 20일에서 한 달쯤 산다.

생김새 노랑나비는 날개 편 길이가 38~50mm이다. 날개는 노란 바탕에 검은 무늬가 조금 있다. 날개 가장자리가 검다. 수컷보다 암컷의 날개가 크고 둥글다. 알은 너비가 0.6mm, 길이가 1.3mm쯤 된다. 세로로 길고 양 끝이 뾰족하다. 알은 갓 낳았을 때는 하얗다가 점점 빨갛게 바뀐다. 애벌레는 다 자라면 몸길이가 30mm에 이른다. 몸은 풀색이고 옆면에 연푸른 줄이 나 있다. 번데기는 옅은 풀색이고 길이는 20~22mm 쯤이다. 머리에 짧고 뾰족한 돌기가 하나 있다.

크기 38~50㎜

나타나는 때 3~10월

잘 모이는 꽃 갓, 뱀딸기, 토끼풀, 서양민들레

애벌레 먹이식물 토끼풀, 자운영, 콩, 아까시나무

한살이 알 ▶ 애벌레 ▶ 번데기 ▶ 어른벌레

노랑나비 수컷 ×2
1999년 6월 경기도 남양주

개망초 꽃에서 꿀을 빠는 노랑나비
1999년 6월 경기도 남양주

배추흰나비

Pieris rapae

배추흰나비는 봄이 되면 나타나서 채소밭에 날아다닌다. 겨울에 번데기로 지내다가 봄에 깨어난 것이다. 낮에 날아다니면서 파나 무나 배추의 장다리꽃 꿀을 빨고 잎 뒷면에 아주 길쭉하고 노르스름한 작은 알을 낳는다.

배추흰나비 애벌레를 '배추벌레'라고 한다. 처음에는 노랗다가 차츰 배춧잎과 색이 비슷해진다. 배추벌레는 배추뿐만 아니라 유채나 무나 겨자의 잎을 갉아 먹는다. 양배추에 유난히 많이 꼬인다. 처음에는 잎에 작은 구멍을 내면서 갉아 먹는데 자라면서 잎맥만 남기고 모조리 갉아 먹는다. 배추벌레가 퍼지면 농사에 큰 해를 입히기 때문에 손으로 하나하나 잡아 주어야 한다.

배추벌레는 6~7월과 9~10월에 많이 나타난다. 봄과 가을에는 낮에 갉아 먹고 아침과 저녁에는 고갱이 속에 들어가 있다. 여름에는 반대로 아침과 저녁에만 갉아 먹고 낮에는 고갱이나 그늘진 잎줄기에 숨는다. 배추 색과 비슷해서 찾아내기 힘들다. 배추벌레가 눈 수수 알만 한 까만 똥을 보고 배추벌레가 어디 있는지 찾아서 잡는다. 이른 봄에 밭 둘레에 있는 잡풀을 불태워서 겨울을 난 번데기를 없애기도 한다.

배추 해충 배추를 갉아 먹는 해충에는 '배추흰나비', '배추순나방', '거세미나방', '벼룩잎벌레', '진딧물' 들이 있다. 배추순나방 애벌레는 배추 고갱이 속에 있다. 거세미나방 애벌레는 배추 싹을 잘라 먹는다. 벼룩잎벌레는 다 자라면 2mm가 좀 넘고 갉아 먹은 잎은 구멍이 송송 뚫려 있다. 또 진딧물이 많이 끼면 배춧잎이 오그라들고 말린다. 심해지면 색깔이 검게 되면서 시들시들해진다.

한살이 한 해에 여러 번 생긴다. 나무줄기, 울타리, 돌 틈에서 번데기로 겨울을 난다. 4월 초에 처음 나타난다. 채소밭에 날아와서 채소 잎에 하나씩 군데군데 알을 낳는다. 봄에는 7~10일 만에 알에서 애벌레가 깨어난다. 애벌레는 보름쯤 지나면 번데기가 된다. 번데기는 다시 보름쯤 지나서 어른벌레가 된다. 어른벌레는 열흘쯤 산다.

생김새 배추흰나비는 날개 편 길이가 39~52mm이다. 몸길이는 17~20mm이고 몸이 하얗거나 노르스름하다. 앞날개는 희고 군데군데 검은색이다. 여름에 생기는 나비는 봄과 가을에 생기는 것보다 크고 빛깔도 또렷하다. 알은 가늘고 길이가 0.5mm쯤 된다. 처음에는 젖빛을 띠지만 점점 누렇게 바뀐다. 애벌레는 길이가 25~35mm이며 몸은 풀색이다. 온몸에 짧은 털이 있고 머리는 거무스레한 풀색이다. 번데기는 길이가 17mm쯤 된다. 처음에는 풀색이다가 나중에는 밤색이 된다.

다른 이름 흰나비[북]

크기 39~52㎜

나타나는 때 3~11월

잘 모이는 꽃 서양민들레, 갓, 파, 개망초, 무

애벌레 먹이식물 무, 순무, 갓, 배추

한살이 알 ▶ 애벌레 ▶ 번데기 ▶ 어른벌레

배추흰나비 ×2½
1996년 4월 경기도 남양주

배춧잎을 갉아 먹는 배추흰나비 애벌레

갈구리나비

Anthocharis scolymus

갈구리나비는 이른 봄에만 나타나는 작고 흰 나비다. 날개 끝이 뾰족하게 구부러져 있어서 갈고리같이 보인다. 산 가장자리 양지바른 풀밭이나 산속에 있는 집 가까이에서 흔하게 볼 수 있다. 한곳에서 바쁘게 왔다 갔다 하는 습성이 있다. 높게 날지는 않고 1m쯤 높이로 날아다닌다. 구름이 해를 가려 서늘해지면 나뭇잎에 매달려 쉰다.

갈구리나비는 민들레, 나무딸기, 냉이꽃에 날아와 꿀을 빨아 먹는다. 다른 나비와 달리 물가에서 물을 먹는 일은 없다. 암컷은 산속 양지바른 풀밭에서 자라는 장대나물의 꽃이나 어린잎에 알을 하나씩 낳아 붙인다. 알에서 깨어난 애벌레는 장대나물 잎과 열매를 갉아 먹으며 자란다. 애벌레는 장대나물 열매처럼 가늘고 기다랗게 생겼다. 몸 빛깔도 열매 색과 비슷해서 눈에 잘 띄지 않는다.

봄을 좋아하는 나비 바깥 온도에 따라 몸의 온도가 달라지는 곤충들에게 날씨 변덕이 심한 봄이 좋을 리 없다. 그런데 나비 가운데 오히려 날씨가 선선해야 나타나는 나비가 있다. '갈구리나비', '유리창나비', '애호랑나비', '쇳빛부전나비' 들이다. 이런 나비들은 이른 봄에 나타나서 봄 내내 날아다니다가 여름이 오기 전에 사라진다.

한살이 한 해에 한 번 발생한다. 번데기로 겨울을 난다. 알을 낳은 지 열흘쯤 지나면 애벌레가 나온다. 석 달쯤 지나 애벌레가 다 자라면 마른 풀 줄기에 몸을 지탱하고 번데기가 된다. 번데기로 아홉 달쯤 지내고 이듬해 봄에 어른벌레가 깨어난다. 어른벌레는 대개 4~5월에 나오고 한 달 남짓 산다.

생김새 갈구리나비는 날개 편 길이가 43~47mm이다. 날개 끝이 갈고리 모양이다. 날개는 흰색 바탕에 검은 무늬가 군데군데 있다. 날개 뒷면은 알록달록하다. 몸은 검다. 수컷은 날개 끝에 주황색 무늬가 있으나 암컷은 없다. 알은 폭이 0.4mm, 높이가 1mm쯤이고 길고 둥글다. 처음에 젖빛이다가 차츰 붉은색으로 변한다. 애벌레가 나오기 바로 전에는 알이 까맣다. 애벌레는 머리가 검고 몸은 풀색인데 검은 점이 여러 개 몸에 퍼져 있다. 다 자란 애벌레는 26mm쯤이다. 번데기는 옅은 밤색이며 길이는 22~24mm쯤 된다. 머리는 뾰족하고 옆에서 보면 '〈' 모양이다.

다른 이름 갈구리흰나비[북], 갈고리흰나비, 갈고리나비

크기 43~47㎜

나타나는 때 4~5월

잘 모이는 꽃 냉이, 민들레, 장대나물, 유채

애벌레 먹이식물 냉이, 장대나물, 갓

한살이 알 ▶ 애벌레 ▶ 번데기 ▶ 어른벌레

날개를 접고 앉은 갈구리나비
1998년 4월 충북 제천

갈구리나비 수컷 ×2⅓
1998년 4월 충북 제천

남방부전나비

Pseudozizeeria maha

남방부전나비는 양지바른 풀밭을 빠르게 날아다니고 몸집이 작다. 도시의 공원, 길가, 집 마당에도 자주 날아온다. 민들레나 개망초나 토끼풀과 같이 키 작은 들꽃에 앉아서 쉬기도 하고 꿀도 먹는다. 날개를 접고 앉아 있는 모습이 세모꼴이다. 봄부터 가을까지 보이는데 따뜻한 곳에 많이 나타난다. 봄과 여름에는 낮게 날아다니고 가을에는 높게 날기도 한다.

남방부전나비는 괭이밥이 있는 곳이면 어디든 눈에 띈다. 암컷은 괭이밥 잎 뒷면에 알을 하나씩 낳아 붙인다. 애벌레가 깨어나면 괭이밥 잎 위에 붙어 잎을 갉아 먹는다. 다 큰 애벌레는 줄기와 열매까지도 먹는다. 애벌레는 건드리면 땅바닥으로 떨어져 죽은 체한다.

도시에서 사는 나비 도시에서 사는 나비는 많지 않다. 하지만 '남방부전나비'나 '노랑나비'들은 도시에서도 볼 수 있다. 노랑나비 애벌레는 토끼풀을 먹고, 남방부전나비 애벌레는 괭이밥을 먹고 산다. 도시 길가나 공원에도 토끼풀과 괭이밥은 흔하게 자라서 이 나비들이 도시에서 살 수 있다.

개미와 나비 애벌레 '일본왕개미'는 부전나비 가운데 '담흑부전나비' 애벌레를 자기 집으로 옮겨 놓는다. 담흑부전나비 애벌레는 개미집 속에서 개미가 물어다 주는 먹이를 먹고 자라고 개미는 나비 애벌레가 내는 단물을 얻어먹는다. 나비 애벌레는 개미집 안에 있기 때문에 새 같은 천적들을 피해서 안전하게 자랄 수 있게 된다.

한살이 한 해에 서너 번 발생한다. 봄보다 여름이나 가을에 수가 늘어난다. 어른벌레로 겨울을 난다. 애벌레는 20일쯤 지나 돌이나 가랑잎 밑으로 내려가 번데기가 된다. 열흘쯤 지나면 어른벌레가 나온다. 어른벌레는 20일쯤 산다.

생김새 남방부전나비는 날개 편 길이가 17~28mm이다. 수컷은 날개 윗면이 파랗고 암컷은 검은 밤색이다. 철에 따라 날개 색이 달라진다. 알은 폭이 0.6mm, 길이가 0.3mm쯤이다. 희고 평평하고 작다. 애벌레는 풀색이고 몸에 잔털이 많다. 번데기는 오뚝이처럼 생겼는데 옅은 밤색이고 짙은 색 무늬가 있다. 길이는 9mm쯤 된다.

다른 이름 남방숫돌나비[북]

크기 17~28㎜

나타나는 때 4~11월

잘 모이는 꽃 토끼풀, 마디풀, 개망초, 제비꽃

애벌레 먹이식물 괭이밥, 자주괭이밥, 선괭이밥

한살이 알 ▶ 애벌레 ▶ 번데기 ▶ 어른벌레

남방부전나비 암컷 ×2⅓
1998년 8월 서울 노원구

작은주홍부전나비

Lycaena phlaeas

작은주홍부전나비는 봄부터 가을까지 내내 볼 수 있는 작은 나비다. 논둑, 밭둑, 낮은 산의 풀섶, 도시에 있는 빈터 어디서나 흔하다. 앞날개는 바탕색이 주홍색이고 뒷날개는 끝자락에 주홍색 띠무늬가 있다. 작은주홍부전나비는 낮은 풀 위를 재빠르게 날아다닌다. 멀리 나는 일은 없다. 수컷은 자신이 있는 곳으로 가까이 다가오는 다른 나비들을 날개로 쳐서 쫓아낸다. 암컷은 몸이 좀 크고 무거워서 나는 모습이 둔해 보인다.

작은주홍부전나비는 풀밭에 피어 있는 개망초, 토끼풀, 붉은토끼풀 같은 여러 들꽃은 말할 것도 없고 도심의 길바닥에 피어 있는 민들레에도 날아가 꿀을 빨아 먹는다. 암컷은 수영이나 애기수영이나 소리쟁이를 찾아가서 알을 낳는다. 풀 아래쪽으로 기어 내려가서 줄기나 잎 뒷면에 알을 하나씩 낳아 붙인다. 알에서 깨어난 애벌레는 잎 뒷면에 붙어서 잎을 갉아 먹는다.

여러 가지 부전나비 부전나비들은 날개가 작은 나비 무리다. '부전'은 옛날 여자아이들이 차던 노리개인데 나비 생김새가 이 부전과 비슷하다고 '부전나비'라고 하였다. 날개는 푸른색, 파란색, 붉은색 말고도 여러 가지가 있다. 날개 끝에 꼬리 모양 돌기가 있는 것이 많다. 애벌레 때에 개미집에서 사는 것도 많다. 부전나비들은 저마다 사는 곳이 조금씩 다른데, 나무가 우거진 숲에는 '녹색부전나비' 무리가 살고 풀밭에는 '부전나비' 무리가 산다.

한살이 한 해에 여러 번 발생한다. 여름형은 봄형보다 크기가 조금 작고 색깔이 진하다. 한 달쯤 자란 애벌레는 땅으로 내려와 가랑잎 밑이나 흙덩어리 밑이나 돌 밑에서 번데기가 된다. 열흘쯤 지나면 어른벌레가 된다. 어른벌레는 20일쯤 사는데 암컷이 수컷보다 조금 더 산다. 마른 풀이나 가랑잎 속에서 애벌레로 겨울을 난다.

생김새 작은주홍부전나비는 날개 편 길이가 26~34mm이다. 날개는 바탕이 주홍빛이고 그 위에 검은 점들이 여러 개 퍼져 있다. 수컷은 앉아 있을 때 햇빛을 받으면 날개가 반짝거린다. 암컷은 수컷보다 크고, 날개가 둥글어 보인다. 알은 찐빵처럼 생겼는데 너비가 0.6mm, 길이가 0.3mm쯤이다. 애벌레는 몸 색이 풀색이고 다 자라면 13mm까지 큰다. 번데기는 오뚝이처럼 생겼는데 연한 밤색이며 몸에 짙은 밤색 무늬가 군데군데 있다.

다른 이름 붉은숫돌나비[북]

크기 26~34㎜

나타나는 때 4~11월

잘 모이는 꽃 개망초, 이고들빼기, 쑥부쟁이

애벌레 먹이식물 애기수영, 수영, 소리쟁이, 개대황

한살이 알 ▶ 애벌레 ▶ 번데기 ▶ 어른벌레

작은주홍부전나비 수컷 ×2
1999년 4월 경북 예천

뿔나비

Libythea celtis

뿔나비는 넓은잎나무가 우거진 골짜기에 모여 산다. 주둥이 아래가 몹시 튀어나와서 긴 뿔이 난 것처럼 보인다고 '뿔나비'라는 이름이 붙었다. 양지바른 덤불에서 겨울잠을 자고 3월이면 깨어나서 날아다닌다. 여름에는 썩은 과일이나 동물 시체에 잘 모인다. 한여름이면 여름잠을 자기 시작해서 그대로 이듬해 봄까지 잠을 자는 것이 많다. 가을에 잠에서 깨어나기도 하는데 이 나비들은 꽃에서 꿀을 빤다.

뿔나비는 팽나무에 알을 낳는다. 팽나무에 새잎이 벌어지기 시작하면 벌어진 잎 속에 배를 깊숙이 넣고 낳는다. 뿔나비 애벌레는 한데 모여서 팽나무 잎을 갉아 먹는데 심할 때는 나무 한 그루에 난 잎을 깡그리 다 먹어 버린다. 한쪽 나뭇가지에서 잎을 다 먹으면 실을 토해 낸 뒤에 실을 타고 잎과 잎 사이를 옮겨 다니면서 먹는다. 애벌레는 풍게나무 잎도 먹는다. 풍게나무는 산기슭이나 골짜기에서 자라는 넓은잎나무다. 단감주나무라고도 하는데 팽나무와 친척인 나무이다.

한살이 한 해에 한 번 발생하고 어른벌레로 겨울을 난다. 이른 봄에 짝짓기를 하고 팽나무나 풍게나무 어린 잎에 알을 깐다. 5월 초에서 중순 사이에 애벌레가 깨어나서 나뭇잎을 갉아 먹는다. 애벌레는 5월 말에 팽나무 잎사귀에서 번데기가 된다. 번데기는 8~10일쯤 지나서 6월 초에 날개돋이를 한다.

생김새 뿔나비는 날개 편 길이가 32~47mm이다. 아랫입술 수염이 길게 튀어나왔다. 날개 가장자리가 들쭉날쭉하다. 날개는 짙은 밤색인데 앞날개에 큰 귤색 무늬가 있다. 가장자리에는 흰 점이 두 개 있다. 알은 길쭉하고 둥글다. 폭이 0.4mm, 길이가 0.8mm이다. 갓 나온 알은 하얗다가 점점 밤색이 된다. 애벌레 몸 색깔은 밤색을 띠는 풀빛이고, 머리는 검다. 다 자라면 몸길이가 35mm쯤 된다. 번데기는 16~18mm쯤이다. 몸 빛깔이 처음에는 풀빛이다가 조금씩 검게 된다.

크기 32~47㎜

나타나는 때 3~11월

잘 모이는 꽃 국수나무, 고마리, 미국쑥부쟁이

애벌레 먹이식물 팽나무, 풍게나무

한살이 알 ▶ 애벌레 ▶ 번데기 ▶ 어른벌레

겨울을 난 뿔나비 ×1½
1999년 4월 경기도 남양주 천마산

팽나무 잎을 갉아 먹는 뿔나비 애벌레

네발나비

Polygonia c-aureum

네발나비는 다리가 네 개로 보인다. 사실 다리는 여느 곤충처럼 여섯 개인데 앞다리 두 개는 쓰지 않아서 눈에 띄지 않을 만큼 아주 작아졌다. 네발나비는 논밭 언저리나 개울가나 낮은 산의 숲 가장자리나 도시의 빈터에서 사는 아주 흔한 나비다. 여름에는 개망초에서 꿀을 빨아 먹고 나뭇진도 잘 먹는다. 가을에는 구절초, 코스모스, 국화에서 꿀을 빨아 먹고 썩은 감에서 즙을 빨아 먹는다.

네발나비 수컷은 사는 곳 둘레를 쉴 새 없이 낮게 날아다닌다. 암컷은 환삼덩굴에 알을 낳는다. 알에서 깨어난 애벌레는 새 같은 천적을 피하려고 환삼덩굴 잎 뒷면에서 잎을 우산 모양으로 접어서 집을 만든다. 먹을 때만 집 밖으로 나온다. 어른벌레로 겨울을 지내는데 볏짚단, 처마 밑, 가랑잎 속, 바위틈에서 움직이지 않고 꼭 붙어서 지낸다. 겨울이라도 어쩌다 따뜻한 날에는 양지바른 곳에서 날아다닌다.

계절형 네발나비는 여름에는 6월부터 8월 사이에, 가을에는 8월 말부터 이듬해 5월에 걸쳐 나타난다. 여름과 가을에 나오는 네발나비는 생김새와 날개 색이 다르다. 이처럼 철에 따라 날개 색과 모양이 달라지는 것을 '계절형'이라고 한다. 봄에 나오는 것은 '봄형', 여름에 나오는 것은 '여름형', 가을에 나오는 것은 '가을형'이라고 한다. 한 나비라도 철에 따라 빛깔이나 크기나 생김새가 조금씩 달라진다.

한살이 한 해에 두세 번 발생한다. 어른벌레로 겨울을 난다. 알을 낳은 지 한 주쯤 지나면 애벌레가 나온다. 갓 나온 애벌레는 알 껍질을 먹은 뒤에 움직인다. 번데기를 거쳐 어른벌레가 된다. 여름에 나온 어른벌레는 20일쯤 살고 가을에 나온 것은 7~8개월 동안 산다.

생김새 네발나비는 날개 편 길이가 41~55mm이다. 날개 바깥 가장자리는 들쭉날쭉하고 모가 나 있다. 여름형은 날개가 누르스름한 밤색이고 가을형은 붉은 밤색을 띤다. 또 여름형보다 가을형이 날개 모양이 더 날카롭게 모가 져 있다. 암컷은 수컷보다 크고, 날개가 둥글게 보인다. 알은 폭이 0.6mm, 길이가 0.7mm쯤이다. 옆면에는 세로줄이 여러 개 튀어나와 보인다. 짙은 풀색을 띠고 참외와 닮은꼴이다. 애벌레는 짙은 밤색이고 몸에 큰 가시가 빽빽이 나 있다. 번데기는 옅은 밤색이고 군데군데 검은 밤색 줄무늬가 여러 개 있다.

다른 이름 노랑수두나비[북], 남방씨무늬수두나비[북], 남방씨알붐나비

크기 41~55㎜

나타나는 때 1년 내내

잘 모이는 꽃 여러 가지 꽃, 썩은 과일, 나뭇진, 동물 똥

애벌레 먹이식물 환삼덩굴, 삼, 홉

한살이 알 ▶ 애벌레 ▶ 번데기 ▶ 어른벌레

개망초 꽃에 앉은 네발나비 수컷 ×2
1998년 8월 경기도 남양주

왕오색나비

Sasakia charonda

왕오색나비는 오색나비 무리 가운데 가장 커서 '왕오색나비'다. 수컷은 날개 윗면이 햇빛에 비치면 남색과 보라색이 서로 어울려 빛난다. 몸 빛깔이 화려한 수컷과 달리 암컷은 짙은 밤색이다. 6월 중순부터 8월까지 우리나라 몇몇 곳에서 가끔 볼 수 있다.

왕오색나비는 낮은 산이나 마을 둘레 팽나무가 많이 자라는 곳에서 산다. 나무 위나 숲 가장자리 둘레를 천천히 뱅 돌면서 날아다니기도 한다. 하늘에 높이 떠서 날갯짓도 하지 않고 빙빙 도는 모습이 마치 새가 나는 것 같다.

왕오색나비는 참나무 진이나 동물 똥이나 썩은 과일에 잘 모인다. 무리를 지어 참나무 진을 빨거나 젖은 땅에 앉아 물을 빨아 먹기도 한다. 암컷은 참나무 진에만 날아온다.

8월쯤 짝짓기를 마치면 암컷은 팽나무나 풍게나무를 찾아 나무줄기나 잎 뒷면에 알을 무더기로 낳는다. 팽나무나 풍게나무는 애벌레의 먹이식물이다. 알은 수십 개에서 백 개쯤 낳는다. 일주일쯤 지나면 알에서 애벌레가 나와 뿔뿔이 흩어져 팽나무와 풍게나무 잎을 갉아 먹고 큰다. 애벌레는 실을 토해 잎사귀를 만 다음 그 속에서 산다. 가을이 되면 몸 빛깔이 낙엽과 같은 갈색으로 바뀌고, 먹이식물 가까운 낙엽에 붙은 채 겨울을 난다. 이듬해 봄에 깬 애벌레는 허물을 두 번 더 벗고 난 뒤에 꽁무니를 나무줄기나 잎에 붙이고 거꾸로 매달려 번데기가 된다.

요즘은 나비 서식지가 망가지고 사는 환경이 바뀌면서 숫자가 많이 줄었다.

여러 가지 오색나비 '밤오색나비'와 '오색나비'는 우리나라 강원도 몇몇 곳에서 볼 수 있다. '번개오색나비'는 경기도 북부와 강원도 일부에 살고, '황오색나비'는 제주도를 뺀 온 나라에서 산다. 밤오색나비는 날개가 붉은 밤색을 띠고, 흰무늬가 잔뜩 나 있다. 왕오색나비는 크기가 커 쉽게 알아보지만, 오색나비, 황오색나비, 번개오색나비는 자세히 살펴보아야 겨우 가려볼 수 있다.

한살이 한 해에 한 번 날개돋이한다. 6월 중순에서 8월에 어른벌레를 볼 수 있다. 애벌레로 겨울을 난다.

생김새 날개 편 길이는 71~101mm이다. 날개 윗면 가운데부터 날개 뿌리까지 쇠붙이처럼 반짝이는 파란 빛을 띠고, 여기저기에 하얀 무늬가 있다. 앞날개 아랫면 날개 뿌리부터 가운데까지는 까만 밤색을 띠고, 뒷날개 아랫면은 누런빛을 띤다. 암컷이 수컷보다 크다. 암컷은 온몸이 누런 밤색을 띠고, 허연 무늬들이 많다.

크기 71~101mm

나오는 때 6~8월

잘 모이는 곳 참나무 진, 동물 똥, 썩은 과일

애벌레 먹이식물 팽나무, 풍게나무

한살이 알 ▶ 애벌레 ▶ 번데기 ▶ 어른벌레

국외반출승인대상생물종

왕오색나비 수컷 ×1
2013년 6월 경기도 남양주 덕소

팽나무 잎을 먹는 왕오색나비 애벌레
2011년 6월 경기도 남양주 덕소

애기세줄나비

Neptis sappho

애기세줄나비는 세줄나비 가운데 가장 작다. 날개를 펼치고 앉았을 때 위에서 보면 검은 밤색 바탕에 가로로 하얀 줄무늬가 석 줄 나타난다. 확 트인 골짜기나 숲 가장자리 풀밭에서 산다. 도시에 있는 공원에도 산다. 날개를 쭉 펴고 미끄러지듯 날다가 가끔씩 파닥파닥 날갯짓을 하면서 날아오른다.

애기세줄나비는 쥐똥나무나 나무딸기나 산초나무 꽃을 찾아서 꿀을 빨아 먹는다. 축축한 곳에 여러 마리가 내려앉아서 물을 먹기도 한다. 나뭇진이나 썩은 과일즙을 먹기도 한다. 먹을 때에는 다른 나비나 천적을 경계하느라고 날개를 폈다 접었다 한다.

애기세줄나비 암컷은 아까시나무나 싸리나 나비나물 같은 콩과 식물의 연한 잎 끝에 알을 하나씩 낳아 붙인다. 애벌레가 깨어 나오면 가운데 잎맥만 남기고 잎을 다 먹어 치운다. 애벌레는 몸 색이 나뭇가지와 비슷한 검은 밤색이고 좀처럼 움직이지 않아서 눈에 잘 띄지 않는다. 애기세줄나비 애벌레는 겨울잠을 잘 때가 되면 잎자루와 나뭇가지를 실로 칭칭 묶어서 바람이 불어도 잎이 떨어지지 않게 해 둔다. 애벌레는 마른 잎에 매달린 채로 겨울을 난다.

여러 가지 세줄나비 우리나라에 사는 세줄나비는 모두 11종이 있다. 가장 흔한 '애기세줄나비'를 비롯해서 '세줄나비', '황세줄나비', '어리세줄나비' 들이 있다. 세줄나비들은 넓은잎나무가 많은 숲 가까이 산다. 물가에 잘 날아오고 동물 시체에 날아와 즙을 먹기도 한다. 애벌레는 몸에 바늘 같은 돌기가 여러 개 나 있다.

한살이 한 해에 두세 번 발생한다. 애벌레로 겨울을 난다. 알을 낳은 지 한 주쯤 지나면 애벌레가 깨어난다. 번데기는 잎이나 가지에 거꾸로 매달린다. 10~14일쯤 지나면 어른벌레가 나온다. 여름에 태어난 어른벌레는 20일에서 한 달쯤 산다.

생김새 애기세줄나비는 날개 편 길이가 42~55mm이다. 날개는 검은 밤색이고 하얀 줄무늬가 있다. 암컷이 수컷보다 날개가 크고 둥글다. 수컷은 뒷날개 윗면의 가장자리가 잿빛으로 반짝인다. 알은 공처럼 생겼는데 자세히 보면 겉면이 그물 모양이다. 길이가 1mm 남짓 된다. 색은 연한 풀색이다. 애벌레는 검은 밤색이고 몸에 가시처럼 생긴 돌기가 있다. 번데기는 옅은 밤색이고 군데군데 짙은 밤색 무늬가 있다. 길이는 19mm쯤이다. 머리 양옆으로 귀처럼 생긴 돌기가 나 있다.

다른 이름 작은세줄나비[북]

크기 42~55㎜

나오는 때 5~9월

잘 모이는 곳 산초나무, 국수나무, 밤나무, 싸리

애벌레 먹이식물 싸리, 자귀나무, 칡

한살이 알 ▶ 애벌레 ▶ 번데기 ▶ 어른벌레

애기세줄나비 수컷 ×1
1999년 5월 경기도 남양주 천마산

더 알아보기

곤충의 분류

분류는 왜 하는가?

지금까지 우리 인간이 전 세계에서 찾아 낸 곤충은 거의 100만 종쯤 되고, 곤충을 포함한 모든 동물은 140만 종쯤 된다. 하지만 아직도 찾아내지 못했거나 찾았어도 알아내지 못한 종이 훨씬 더 많다. 열대 지방의 밀림 지대에는 아직도 사람이 못 들어가 본 곳이 많다. 그래서 어떤 곤충이 있는지 조사조차 해 보지 못했다. 깊은 바다 속에 어떤 동물이 사는지는 더욱 모른다. 우리나라처럼 땅이 넓지 않은 나라라 해도 곤충이 살 수 있는 곳을 샅샅이 조사하려면 곤충학자가 많이 있어야 한다. 연구하는 학자가 적어서 조사를 못 하기도 한다.

그런데 이미 찾아서 이름까지 있는 종을 잘못 알고 있는 수도 있다. 생김새가 아주 달라서 서로 다른 종인 줄 알았는데 나중에 알고 보니 같은 종일 때가 있다. 또 반대로 생김새가 똑같아 보였는데 사실은 서로 다른 종인 때도 무척 많다. 마치 보통 사람들이 늑대와 개를 구별하지 못하는 것과 같다. 대단히 유명한 동물학자라도 전 세계의 개와 전 세계의 늑대를 모두 모아 놓고 두 종을 구별하라고 하면 잘 하지 못한다. 개와 늑대는 아주 닮았기 때문이다. 개의 모습이 어떤 것이라고 생각하는가? 진돗개나 세퍼트가 진짜 모습인가, 푸들이나 치와와가 진짜인가, 포메라니안이나 삽살개가 진짜인가, 아니면 포인터나 불독이 진짜 모습인가? 늑대도 세계 여러 지방의 늑대를 모두 모아 보면 생김새가 한 가지로 똑같지 않다. 그래서 전문가라도 각각의 종을 구별해 내기 어려울 때가 많은 것이다.

호랑이 무리도 모두 모아 본다면 새끼 호랑이나 삵과 고양이를 구별하기 어렵다. 그래도 사람들은 개, 늑대, 호랑이, 고양이는 서로 다른 종(種, Species)이라고 한다. 왜 그럴까? 그것은 개와 늑대가 짝짓기를 하고 새끼를 낳는 일이 없기 때문이다. 호랑이와 삵과 고양이도 마찬가지다. 사람들이 일부러 개와 늑대를 짝짓기 시켜 보기도 한다. 말과 당나귀를 짝지어 보기도 하고, 동물원에서는 사자와 호랑이를 짝지어 보기도 한다. 말과 당나귀 사이에서는 노새라는 새끼가 나오고, 사자와 호랑이 사이에서는 라이거라는 새끼가 태어났다. 하지만 노새나 라이거가 또다시 새끼를 낳지는 못한다. 사람이 서로 다른 종을 일부러 짝짓기 시켜서 태어난 동물이기 때문이다. 말, 당나귀, 사자, 호랑이는 각각 한 종이지만 노새와 라이거는 종이라고 하지 않는다. 자연에서는 이런 일이 생길 수 없으므로 종이라고 할 수 없다. 자연에서 자기네끼리 짝짓기를 하여 새끼를 앞으로도 낳을 수 있을 때 그 무리들을 한 종이라고 한다.

늑대나 호랑이처럼 큰 동물도 종을 구별하는 것이 쉽지 않은데, 아주 작은 곤충들을 구별하는 일은 훨씬 더 어렵기 마련이다. 종의 구별조차 이렇게 어려운데 100만도 넘는 종을 아무 기준 없이 늘어놓으면, 우리가 어떤 곤충이나 동물을 알고 싶을 때 그 종을 찾아낼 수가 없다. 100만 종을 죽 늘어놓고 한 종마다 1초씩만 훑어본다고 가정해 보자. 시간이 100만 초가 필요하다. 한 시간은 3천6백 초이고 하루는 24시간이다. 3,600초 곱하기 24시간을 하면 하루는 86,400초이다. 하루 종일 먹지도 자지도 않고, 화장실도 안 가고 훑어보아도 8만 6천4백 종밖에 볼 수 없다. 100만 종을 보려면 먹지도 자지도 않고 열이틀이 걸린다. 이렇게 많은 것이라도 어떤 기준을 세워 놓고, 그 기준에 따라 나열하면 훨씬 쉽게 찾아서 알아볼 수가 있다.

기준을 마련하고, 거기에 맞추어 나열하는 학문을 분류학(Taxonomy 또는 Systematics)이라고 한다. 그런데 기준을 마련하기 위해서는 먼저 어떤 동물들이 있는지 샅샅이 조사해야 하고, 조사된 동물끼리는 친척 관계가 어떻게 되는지를 알아내야 한다. 예를 들면, 사마귀와 바퀴는 생김새도 딴판이고 사는 방법도 아주 다르다. 하지만 이 두 종류는 같은 할아버지의 자손이므로 서로 사촌인 셈이다. 한 할아버지의 자식들 중 하나는 낮에 들판으로 나가 다른 곤충을 잡아먹다 보니 앞다리가 날카로운 낫처럼 변해서 오늘날의 사마귀가 된 것이고, 다른 하나는 낮에는 틈바구니에 숨어 있다가 밤에 나와 음식 찌꺼기를 먹다 보니 몸이 납작한 바퀴가 된 것이다. 이런 관계까지 알아야 하므로 분류학은 쉽지 않은 연구 분야다. 한편, 학자가 아닌 사람들은 기준을 모두 공부할 기회가 없어서 학자들이 분류해 놓은 방법과 까닭을 잘 모르기 마련이다. 시간을 두고 하나씩 배워 나가는 것이 좋겠다.

분류는 어떻게 하나?

어느 정도 이치에 맞는 기준이 마련되고, 친척 관계도 알게 되면 그 기준에 따라 몇 개의 무리로 나눈다. 이렇게 하는 것이 훨씬 편하기 때문이다. 곧, 어떤 종들이 서로 가까운 친척이고 생김새도 비슷하면 그 무리는 같은 '속(Genus)'으로 묶어 주는 것이다. 몇 개의 속이 비슷한 생태를 가졌을 때는 하나의 '과(Family)'로 묶고, 몸의 기본 구조가 같은 것끼리는 같은 '목(Order)', '강(Class)', '문(Phylum)'으로 묶어 준다. 그리고 하나의 목이나 강에 많은 종류가 들어 있을 때는 목과 과 사이에 '아목'을 두기도 한다. 비슷한 무리의 목이나 과들이 많을 때는 목이나 과 위에 '상목'이나 '상과'를 둘 수도 있다. 목이나 과뿐만 아니라 강, 속, 종 모두에 상 또는 아로 나누어서 묶어 줄 수 있다.

어떤 곤충을 분류하려면 우선 그 곤충이 어떤 목, 무슨 과, 무슨 속에 속하는지를 알아내야 한다. 예를 들어, 실잠자리, 검은물잠자리, 고추잠자리, 된장잠자리는 모두 절지동물문, 곤충강, 잠자리목에 속한다는 것을 알아야 한다. 그런데 실잠자리와 검은물잠자리는 습성이나 생김새에 차이가 있어서 각각 실잠자리과와 물잠자리과로 나눈다. 하지만 고추잠자리와 된장잠자리는 습성이나 생김새가 많이 닮아서 두 종 모두 잠자리과에 속한다.

어떤 곤충을 처음으로 알았거나 찾아냈다면 그 곤충에게 이름을 지어 주어야 한다. 이름을 지어 주는 것은 분류학자의 첫째 임무다. 그런데 사람마다 자기는 처음 보았다고 하여 저마다 다른 이름을 지으면 나머지 사람들은 어떤 이름이 그 곤충의 진짜 이름인지 알 수가 없다. 그래서 첫 번째 사람이 한 번 이름을 지으면 다음 사람은 또다시 짓지 말아야 한다. 더 넓게 보면, 세상에는 여러 나라와 민족이 있고, 저마다 다른 말과 글을 쓴다. 그래서 같은 곤충을 두고도 나라마다 이름이 다 다르다. 더욱이 한 나라 안에서도 지방마다 사투리가 있다. 예를 들면, 땅강아지는 이웃 나라인 중국이나 일본에는 물론 저 멀리 프랑스나 미국에도 다 다른 이름이 있다. 우리나라에서는 땅강아지란 이름이 본디 전라북도에서 쓰던 것인데 지금은 우리나라에서 표준으로 삼는 이름이 되었다. 표준이 정해지기 전에 경기도에서는 밥두더기, 충청북도는 지밥두럭이, 황해도는 둘래미, 평안남도는 돌도래, 함경북도는 꿀도떡이라고 했다. 지금 북녘에서는 도루래라고 한다.

250년쯤 전에 스웨덴의 학자였던 린네(Carl von Linnaeus, 나중에는 Carl von Linne 라고 씀)는 이렇게 복잡하고 어려운 이름 문제를 해결하기 위해 '이명법'이라는 것을 처음으로 내놓았다. 그리고 전 세계의 모든 동식물학자는 반드시 이 이명법을 따르기로 했다. 이명법이란 어느 생물이든지 그 종이 속한 속 이름과 종 이름만 쓰는 것이다. 사람이 성과 이름을 쓰는 것과 같은 방법인 것이다. 동물과 식물 이름 뒤에는 그 이름을 지은 사람의 성을 쓰기 때문에 마치 낱말이 세 개인 것처럼 보이지만 생물의 이름은 처음의 두 단어뿐이다. 예를 들어, 우리 인간은 영장목, 사람과, 사람속, 사람종이다. 린네는 사람속을 'Homo'로, 사람종을 'sapiens'라고 지었다. 그래서 사람은 'Homo sapiens Linne'라고 쓴다. 이렇게 한 번 이름을 짓고 나면 어느 누구도 또 다른 이름을 지어서는 안 된다고 세계의 분류학자들이 약속한 것이다.

이렇게 이명법에 따라서 지은 이름을 우리는 '학명(學名, scientific name)'이라고 한다. 하지만 우리나라 사람들에게 학명은 매우 불편하다. 학명은 반드시 고대 로마 제국의 글자인 라틴어로 지어야만 인정해 주기 때문이다. 라틴어를 모르는 사람은 이름을 지을 때도 어렵고, 다른 사람이 지어 놓은 곤충의 이름이 무슨 뜻인지도 잘 모르기 때문이다.

사람들은 어떤 곤충을 처음 보았거나 잡으면 곤충의 이름을 알고 싶어 한다. 그럴 때는 도감을 찾아보지만 도감에서 그 곤충의 이름을 찾는 것은 만만한 일이 아니다. 내가 찾고 싶은 곤충이 두꺼운 도감 어디쯤에 있는지 바로 알지 못하고 또 그 곤충이 어느 목, 어느 과에 딸린 것인지 모르기 때문이다.

내가 찾는 곤충이 속한 목이나 과를 알려면 먼저 그 곤충의 특징을 찾아보아야 한다. 그러고 나서 내가 발견한 특징이 어느 목이나 과의 특징인가를 알아야 한다. 처음 도감을 찾아보는 사람에게는 무척 어려운 일이다. 또한 목이나 과의 특징을 알았더라도 곤충은 아주 작아서 그 특징을 찾아내기 어려울 때가 많다.

목이나 과의 특징을 모르니 처음에는 도감에 있는 그림이나 사진에다 곤충을 대보게 된다. 곤충을 나누는 중요한 특징은 모르고 몸 색깔과 생김새만 대충 맞추어 보게 된다. 그러는 바람에 전혀 다른 종으로 알거나 도감에서 찾지 못하는 수도 있다. 제비나방을 제비나비로 잘못 알거나, 잎벌레를 풍뎅이나 무당벌레로 잘못 알기도 한다. 노린재 무리인 암수다른장님노린재를 딱정벌레로 잘못 알기도 하고, 파리 무리인 꽃등에를 꿀벌로 잘못 알고 겁을 내며 도망가는 사람도 많다. 나비, 나방, 잎벌레, 풍뎅이, 무당벌레는 더듬이 모양이 다 다르다는 것을 미리 알았다면 이런 실수는 없을 것이다. 노린재 무리와 딱정벌레 무리는 입 모양이 다르고, 벌 무리는 날개가 두 쌍이지만 파리 무리는 한 쌍뿐인 것을 안다면 알아보기가 더 쉬워진다.

어떤 곤충의 이름을 알려면 먼저 그가 속하는 목, 과, 속이 어디인가를 알아보고, 다음에 그 과나 속 또는 종들의 특징을 설명해 놓은 글을 찾아 맞춰 보아야 한다. 이렇게 각 종의 특징을 설명한 글을 '기재(description)'라고 한다. 표본의 특징과 기재가 맞으면 바로 그 종이 되는 것이다. 기재가 없을 때도 있다. 우리나라의 모든 기재를 다 찾아보았는데 맞는 것이 없으면 '신기록종(미기록종, unrecorded species)'이 되고, 세계의 기재를 모두 다 보았는데도 없으면 '신종(new species)'이 되는 것이다. 그러고 보면 어떤 종의 이름을 알아낸다는 것은 그 곤충이 가진 특징을 미리 설명해 놓은 기재와 맞춰 보는 일이다. 이렇게 기재된 특징에 맞추어 보는 일은 '분류(classification)'가 아니라 '동정(identification)'이다. 분류는 어떤 곤충의 소속을 결정하거나 친척 관계를 판단할 때 하는 것이다. 우리가 곤충을 찾아보는 것은 학자들이 '분류'한 기준에 따라 곤충을 '동정'하는 것이다.

곤충을 구별할 때는 어떤 특징이 중요한가?

곤충의 목(Order)을 구별할 때 가장 기본이 되는 특징은 날개와 입틀에 있다. 날개는 가죽이나 겉 뼈대처럼 단단한지 얇은 막으로 되어 있는지 비늘이나 털로 덮여 있는지 하는 성질과, 날개맥은 어떤 모양인지 하는 구조를 아는 것이 중요하다. 입틀은 먹이를 씹을 수 있는 큰턱이 있는가, 즙을 빨아 먹을 수 있는 바늘이나 대롱 모양인가, 즙을 핥아 먹을 수 있는 것인가 같은 그 모양과 성격이 중요하다. 하지만 종류에 따라서는 그들이 살아가는 방식이나 어떤 특별한 기관의 구조를 보고 구분하기도 한다.

날개에서는 날개맥의 생김새가 과를 나눌 때 아주 중요한 특징이 된다. 예를 들어, 말총벌이 속하는 고치벌과는 그 모습이나 사는 방법이 맵시벌과와 거의 같다. 다만, 고치벌 무리는 고치를 짓고 그 속에서 번데기 시절을 보내는 종류가 많을 뿐 어른벌레끼리는 잘 구별되지 않는다. 고치벌과와 맵시벌과는 앞날개 맥의 생김새로 구별한다.

과 아래의 속이나 종에서는 특별히 어떤 것이 중요하다고 할 수 없다. 몸의 모든 부분에서 특징을 찾아야 하기 때문이고, 어떤 종끼리는 색깔이나 무늬 모양만으로도 중요한 특징이 될 수 있기 때문이다. 다만 짝짓기를 할 때 사용하는 교미 기구의 모양은 어느 종에서든 대단히 중요한 특징이 된다. 겉모습이나 살아가는 방법이 완전히 똑같더라도 교미 기구의 구조가 다르면 짝짓기를 할 수 없기 때문이다. 짝짓기가 안 되면 겉모습이 아무리 똑같더라도 서로 다른 종이 되는 것이다. 또 어떤 종들은 어른벌레끼리는 구별되지 않지만 애벌레 모습으로 구별되는 수도 있다. 어떤 대벌레 무리는 어른벌레도 애벌레도 구별되지 않는데 알의 모양으로 구별되기도 한다.

곤충은 크게 나누면 어떤 종류가 있는가?

생물의 종이란 사람이 마음대로 만든 것이 아니라 자연이 만들어 준 것이다. 따라서 사람이 마음대로 종을 정해서는 안 된다. 앞에서 이야기했던 늑대와 개는 그들의 모습이나 살아가는 방법이 아무리 비슷하더라도 둘 다 한 종이라고 결정해서는 안 된다. 반대로, 꿩은 암컷과 수컷의 모양이 아주 달라서 그 이름마저도 수컷은 장끼, 암컷은 까투리라고 한다. 그렇다고 이 둘이 다른 종은 아니다.

하지만 속부터 그 위의 단계인 과나 목들은 사람이 어떤 특징을 기준으로 정한 것이다. 그런데 어떤 때는 먼저 정해 놓은 기준이 잘 맞지 않을 때도 있다. 기준을 세울 때 못 보던 종류가 새로 발견되었는데, 그 특징이 여러 속이나 과의 중간쯤 되는 수가 있기 때문이다. 어떤 때는 기준에 맞추어 여러 종류를 분류했는데 나중에는 그 종류가 너무 많아져서 기준을 다시 나눌 때도 있기 때문이다. 새로 나누거나 뚜렷하지 않은 종류를 분류할 때 학자들끼리 의견이 안 맞는 일도 생긴다. 그래서 과나 목의 숫자는 학자마다 다를 수 있다. 전 세계의 곤충은 학자에 따라 20~40개의 목으로 나누지만, 보통 30개쯤으로 나누는 학자가 많다. 우리나라는 25~33개 목으로 나누는데, 그중 흰개미붙이목(Embioptera)과 민벌레목(Zoraptera)은 우리나라에 없다.

곤충은 그 종 수가 워낙 많고, 목끼리 비슷한 특색이 있어서 곤충을 바로 30개목으로 나누기보다는 몇 가지 목을 '아강'으로 묶어서 정리해 두는 것이 좋다. 먼저 날개가 생겨났는지 안 났는지에 따라 '무시아강(無翅亞綱, Apterygota)'과 '유시아강(有翅亞綱, Pterygota)'으로 나눈다. 곤충의 조상이나 가장 먼저 태어난 곤충은 아직 날개가 생기지 않았고, 배에는 마디마다 한 쌍씩 다리가 있었다. 곤충으로 진화하면서 날개가 생기고, 배에 있던 다리는 없어졌다. 무시아강에 속하는 곤충은 아직도 날개가 없고, 배에 다리가 여러 쌍 남아 있다. 그래서 원시 곤충이라고 한다.

개미나 흰개미는 여왕개미나 수개미만 날개가 있고 일개미나 병정개미는 날개가 퇴화해서 없다. 이렇게 지금은 날개가 없지만 있다가 퇴화한 종류는 '유시아강'으로 분류한다. 지금은 없지만 본디 있던 것이 없어진 것이어서 '유시아강'으로 분류하는 것이다. 날개는 기본이 두 쌍이지만 뒷날개가 없어져서 한 쌍만 남은 파리도 유시아강에 들어간다. 남에게 더부살이 하다 보니 날개가 필요하지 않아 없어져 버린 이나 빈대나 벼룩 따위도 다 유시아강에 속한다.

날개가 생겨나서 유시아강에 속하기는 해도 아직은 그 날개가 뒤쪽으로 젖혀지지 않아 몸의 옆구리에 붙이지 못하는 종류가 있다. 뒤로 접지 못하면 적이 나타나도 숲속이나 좁은 틈 사이로 날아서 도망칠 수가 없다. 날개가 걸리기 때문이다. 또 날개는 얇을수록 가볍고 펄럭이기 좋다. 날개에 맥이 많을수록 무겁고, 맥이 적을수록 가볍다. 뒤로 접지 못하고 맥이 많은 날개는 덜 발달한 것이다. 이런 날개를 가진 종류를 '고시류(古翅類, Paleoptera)'라고 하고 하루살이와 잠자리 무리가 속한다. 나머지는 모두 날개를 몸의 옆구리에 붙일 수 있어서 '신시류(新翅類, Neoptera)'로 분류한다.

모든 곤충은 자라는 동안 여러 번 허물을 벗는다. 그런데 무시아강에 속하는 곤충은 허물을 벗기 전이나 벗고 나서나 겉모습이 별로 달라지지 않는다. 하지만 유시아강에 속하는 곤충은 허물을 벗고 나면 겉모습이 달라진다. 애벌레 때는 조금 덜 바뀌더라도 마지막 허물을 벗고 어른벌레가 되었을 때는 모습이 완전히 바뀐다. 이렇게 허물을 벗으면서 모습이 바뀌는 것을 '탈바꿈' 또는 '변태(變態, metamorphosis)'라고 한다.

고시류는 자라는 동안 번데기를 만들지 않는다. 신시류인 나비 무리는 애벌레 때 송충이나 배추벌레 모습이고, 애벌레가 다 자라면 모습이 아주 다른 번데기가 된다. 또다시 허물을 벗으면 애벌레나 번데기와는 아주 다른 화려한 모습의 어른벌레가 된다. 딱정벌레나 파리나 벌 무리도 마찬가지다. 메뚜기나 매미 무리는 신시류이지만 번데기를 거치지 않는다. 메뚜기나 매미처럼 번데기를 거치지 않는 곤충은 '안갖춘탈바꿈' 또는 '불완전변태'를 하는 것이며, 이런 종류는 '외시류(外翅類, Exopterygota)'로 분류한다. 반면에 번데기를 거치는 곤충은 '갖춘탈바꿈', 곧 '완전변태'를 하는 것이며, 이런 종류는 내시류(內翅類, Endopterygota)로 분류한다.

동물의 목록을 만들 때는 아직 덜 진화한 종류를 먼저 놓고, 더 진화한 종류를 뒤에 두는 것이 보통이다. 하지만 정반대로 늘어놓는 수도 있다. 그런데 누가 더 진화했는지 모르는 때도 많아 이 배열 방법도 학자에 따라 다르다. 심지어 학명을 영어의 알파벳 순서대로 늘어놓는 사람도 있다. 그러나 이렇게 하면 독자는 곤충에 대한 종합 지식을 알 수가 없다. 처음에 조금 어렵더라도 진화한 차례대로 놓는 것이 좋다.

곤충 몸의 여러 기관들을 견주어 보면, 파리 무리가 가장 진화했다. 벼룩 무리는 파리 무리에서 발전한 것 같다. 그렇다면 파리와 벼룩을 목록의 가장 뒷부분에 놓아야 한다. 하지만 파리는 나비 무리보다 먼저 이 세상에 태어났다. 그래서 목록에는 파리를 앞에 두고 늦게 태어난 나비를 뒤에 두는 학자도 많다. 이런 배경들을 참고하여 우리나라에 살고 있는 곤충을 31목으로 정리하고 덜 진화한 종류부터 늘어놓아 보면 다음과 같다.

곤충의 목별 특징

우리나라는 곤충을 25~33개 목으로 나누는데 다 볼 수 있는 것은 아니다. 어떤 종류는 너무 작아서 눈에 띄지 않고, 어떤 종류는 아주 드물어서 찾아보기 힘들다. 눈에 잘 띄지 않는 종류는 빼고, 목 윗단계의 무리와 중요한 목에 대해서만 살펴보자. 목의 번호는 327쪽 목록에 붙여진 번호와 같다.

Ⅰ. 무시아강 (Apterygota)

톡토기, 낫발이, 좀붙이, 돌좀, 좀과 같은 곤충이 무시아강에 속한다. 가슴다리는 여느 곤충처럼 세 쌍이지만 아직 곤충으로 제대로 진화하지 못했다. 날개도 없고, 배에 다리가 남아 있다. 뿐만 아니라 몸의 여러 기관, 무엇보다도 내장 기관이 다른 곤충과 다르고, 변태를 하지 않고 살아가는 방법도 다르다. 이들 가운데 톡토기, 좀붙이, 낫발이 무리는 더 진화가 안 된 무리다. 그래서 이 세 종류는 곤충이 아니라고 하는 학자도 있다. 이 무리들은 크기가 아주 작고 몹시 드물다. 여기서는 집 안에 많이 살았던 '좀'만 살펴보기로 하자.

4. **좀목** (Zygentoma)

다 자란 옷좀 어른벌레는 몸길이가 10mm를 조금 넘는다. 날개는 없고 몸은 납작한데 앞쪽이 넓고 뒤쪽은 좁은 유선형이다. 빛깔은 연노란색이지만 등 쪽은 조금 윤이 나는 은회색 비늘로, 배 쪽은 거의 흰 비늘로 덮여서 물고기를 떠오르게 한다. 그래서 서양에서는 이 곤충을 '은빛물고기(Silverfish)'라고 한다. 더듬이가 길고, 배에 막대기처럼 생긴 다리가 있다. 배 끝에는 꼬리털 한 쌍이 있고 그 사이에는 긴 꼬리 모양의 돌기가 있다.

예전에는 옷장 속이나 방 안에 옷좀이 많이 살았다. 주로 밤에 돌아다니고 아주 재빠르게 달려서 자세히 살펴보거나 잡기가 쉽지 않다. 요즘은 거의 사라져서 찾아보기가 어렵다. 어떻게 좀이 사라졌는지 그 까닭은 자세히 알려지지 않았다. 하지만 좀이 살던 모습을 보면 짐작 가는 것이 있다. 옷좀은 녹말이 들어 있는 먹이를 좋아하고 옷이나 종이 같은 식물성 섬유도 잘 먹는다. 1960년대까지만 해도 우리가 입던 옷은 무명이나 삼베로 만들었다. 무명이나 삼베는 목화나 삼에서 실을 뽑아 짠 옷감이다. 이런 옷에다 풀까지 먹였으니 좀에게는 훌륭한 먹이였다. 게다가 종이로 만든 벽지와 장판을 쓰고, 밀가루로 쑤어 만든 풀로 도배를 했으니 이것들도 아주 좋은 먹이였다. 그러니 집 안에는 30여 년 전까지만 해도 좀이 먹을 것이 아주 많았던 것이다. 그 뒤로 대부분의 옷을 화학 섬유로 만들어서 좀이 먹을거리가 없어졌다. 장판이나 벽지도 화학 제품으로 바뀌어서 좀이 먹을 것은 더욱 없어진 셈이다. 게다가 장작이나 볏짚을 때서 방을 데우던 것이 1970년대부터 연탄으로 바뀌었다. 연탄이 탈 때는 독한 일산화탄소가 나온다. 이 가스는 벽지 틈으로 파고들어 좀이 살아남을 수가 없게 되었다.

좀은 나프탈렌 냄새를 아주 싫어한다. 그래서 옛날부터 나프탈렌을 알맹이로 만들어 좀약이라고 하며 장롱 속에 넣어 두었다. 지금도 장롱 속에 넣어 두는 집이 많은데 이제는 좀이 사라져서 이 약이 필요 없게 되었다. 그런데 옷장에서 털옷이나 가죽옷을 갉아 먹고, 연구실에서 동물 표본을 갉아 먹는 곤충이 있다. 이 곤충은 좀이 아니라 딱정벌레에 속하는 '수시렁이'다. 수시렁이는 좀약이 아무리 많아도 끄떡하지 않는다.

II. **유시아강** (Pterygota)

보통 사람들이 곤충으로 알고 있는 것은 거의 다 유시아강에 속한다. 가슴에 날개가 두 쌍 있고, 배에 다리가 없다. 유시아강에서 날개가 덜 진화한 것은 고시류로 나누고, 더 진화한 것은 신시류로 나눈다.

가. 고시류 (Palaeoptera)

날개에 가로세로로 맥이 아주 많아 마치 물고기를 잡는 그물 모양이다. 앉았을 때는 날개를 수평으로 펴거나 접어서 등 위쪽으로 세운다. 애벌레는 모두 물속에서 자란다. 지금도 살아 있는 종류는 하루살이와 잠자리 무리밖에 없다.

6. **하루살이목** (Ephemeroptera)

요즘 우리나라는 하루살이가 너무 드물어서 어른들조차도 작은 날파리 종류를 하루살이라고 잘못 아는 사람이 많다. 하지만 우리나라에 사는 하루살이는 가장 크기가 작은 종이라도 몸길이가 5mm는 넘고, 가장 흔한 종들은 대개 15mm 안팎이다. 몸이 매우 연하고, 더듬이는 아주 짧고 눈은 매우 크다. 어른벌레는 입이 없어져서 먹이를 먹지 못한다. 날개는 얇은 막처럼 생겼고, 날개맥은 그물처럼 매우 많다. 앞날개가 크고 앞모서리가 좁아졌으며 뒷날개는 아주 작아 전체로는 세모꼴로 보인다. 가끔 뒷날개가 없는 종도 있다. 앉았을 때는 날개를 등 뒤쪽으로 세운다. 배는 10마디인데 끝 마디에 가늘고 긴 꼬리털이 한 쌍 있다. 어떤 종류는 꼬리털 사이에 가늘고 긴 털이 하나 더 있다.

하루살이는 종에 따라 몇 달 또는 몇 년 동안 맑은 시냇물이나 강이나 연못의 물속에서 자란다. 다 자란 애벌레들은 해가 질 무렵 한꺼번에 어른벌레가 되어 하늘로 날아오른다. 하늘에서 암컷과 수컷이 만나 짝짓기를 한다. 짝짓기가 끝난 수컷은 바로 죽고, 암컷은 물속으로 들어가 알을 낳고 죽는다. 수컷은 짝짓기가 끝나자마자 물 위로 떨어지는 것도 있다. 그래서 하루밖에 살지 못한다는 이름을 얻은 것이다. 오염되지 않은 물에서는 수많은 하루살이가 한꺼번에 날아오르기 때문에

Ⅰ. **무시아강** (Apterygota)

1. **톡토기목** (Collembola, 190/ 2000)
2. **낫발이목** (Protura, 22/ 200)
3. **좀붙이목** (Diplura, 3/ 600)
4. **좀목** (Zygentoma, 1/ 200)
5. **돌좀목** (Microcoryphia, 4/ 400)

Ⅱ. **유시아강** (Pterygota)

가. 고시류 (Palaeoptera)

6. **하루살이목** (Ephemeroptera, 80/ 2500)
7. **잠자리목** (Odonata, 107/ 5000)

나. 신시류 (Neoptera)

1) 외시류 (Exopterygota)

ㄱ. 메뚜기 계열 (Orthopteroid orders)

8. **귀뚜라미붙이목** (Grylloblatodea, 5/ 20)
9. **바퀴목** (Blattaria, 7/ 4000)
10. **사마귀목** (Mantodea, 7/ 2000)
11. **흰개미목** (Isoptera, 1/ 2000)
12. **강도래목** (Plecoptera, 30/ 1700)
13. **집게벌레목** (Dermaptera, 20/ 1200)
14. **메뚜기목** (Orthoptera, 130/ 22000)
15. **대벌레목** (Phasmida, 5/ 2500)

ㄴ. 매미 계열 (Hemiperoid orders)

16. **다듬이벌레목** (Psocoptera, 12/ 2000)
17. **이목** (Phthiraptera, 26/ 4500)
18. **총채벌레목** (Thysanoptera, 50/ 5200)
19. **노린재목** (Hemiptera, 600/ 26000)
20. **매미목** (Homoptera, 750/ 50000)

2) 내시류 (Endopterygota)

21. **풀잠자리목** (Neuroptera, 35/ 4000)
22. **뱀잠자리목** (Megaloptera, 4/ 600)
23. **약대벌레목** (Rapidioptera, 1/ 100)
24. **딱정벌레목** (Coleoptera, 3,000/ 360000)
25. **부채벌레목** (Strepsiptera, 1/ 300)
26. **벌목** (Hymenoptera, 2,000/ 100000)
27. **밑들이목** (Mecoptera, 11/ 500)
28. **벼룩목** (Siphonaptera, 40/ 1300)
29. **파리목** (Diptera, 1,200/ 100000)
30. **날도래목** (Trichoptera, 72/ 10000)
31. **나비목** (Lepidoptera, 3,000/ 200000)

( ) 안에는 학명을 쓰고, 그 목에 속한 곤충이 우리나라와 전 세계에 몇 종쯤 있는지를 밝혔다.

멀리서 보면 마치 연기가 피어오르거나 구름 같아 보여서 '하루살이떼'란 말이 나왔다. 하지만 요즘 시냇물이나 골짜기 물이 더러워져서 이런 모습은 거의 볼 수가 없다. 우리나라나 서양에서나 5월에 어른벌레가 되는 종이 많다. 그래서 서양에서는 '5월 곤충(Mayflies)'이라고 하는 나라가 많다.

7. 잠자리목 (Odonata)

잠자리는 머리가 크고 가슴은 두껍고 배는 가늘고 길다. 몸집이 대체로 큰 종이 많아 몸길이가 30mm도 안 되는 종은 보기 어렵고, 큰 종은 90mm쯤 된다. 옛날에는 훨씬 큰 종이 많았다. 화석을 보면 날개를 편 길이가 850mm나 되는 종도 있고, 어떤 무리는 모두 600mm가 넘었다. 겹눈이 커서 어떤 종은 머리 위쪽을 모두 덮기까지 한다. 더듬이는 아주 짧아서 작은 털처럼 보인다. 날개는 막처럼 얇고 투명한데 짙은 색깔을 띠거나 무늬가 있는 종류도 많다. 앞날개와 뒷날개가 모두 길고, 날개맥은 그물처럼 아주 많다. 배는 10마디인데 무늬가 있는 종이 많고, 끝마디에는 꼬리털이 있다. 하지만 꼬리털이 짧고 두꺼워서 털처럼 보이지 않는다.

잠자리목은 크게 실잠자리아목과 잠자리아목, 두 아목으로 나눈다. '실잠자리아목(Zygoptera)'은 머리가 옆으로는 넓어도 앞뒤로는 폭이 좁아 위에서 보면 길쭉한 모습이다. 날개는 앞뒤의 것이 같은 모습인데 가슴과 연결된 쪽은 폭이 아주 좁다. '잠자리아목(Anisoptera)'은 머리가 공처럼 둥글고 크며, 뒷날개가 앞날개보다 넓다. 화석으로 남아 있는 잠자리의 조상들은 '옛잠자리아목(Anisozygoptera)'으로 분류하는데, 옛잠자리는 같은 종이어도 암수에 따라 잠자리 모습을 하거나 실잠자리 모습을 하고 있다. 인도의 히말라야 지방과 일본에는 이런 옛잠자리가 아직도 한 종씩 살고 있다.

모든 곤충은 알이 나오거나 정자가 나오는 구멍(생식공)이 배 끝 쪽에 있다. 그래서 곤충이 짝짓기를 할 때는 언제나 암컷과 수컷이 배 끝 쪽을 붙인다. 그런데 잠자리가 짝짓기하는 모습은 사뭇 다르다. 잠자리 암컷은 다른 곤충처럼 생식공이 배 끝에 있는데 수컷은 생식공이 배 앞쪽에 있다. 그래서 수컷이 꽁무니 부속기로 암컷의 뒷머리를 잡으면 암컷은 배를 구부려 수컷의 생식공에 대고 짝짓기를 한다. 그래서 짝짓기하는 모습이 둥그런 심장꼴이다.

나. 신시류 (Neoptera)

1) 외시류 (Exopterygota)

ㄱ. 메뚜기 계열 (Orthopteroid oders)

메뚜기 계열은 모두가 큰턱으로 씹어 먹는 입틀을 가졌다. 날개는 두 쌍이고 앞날개는 조금 두꺼운 종류가 많다. 날개맥은 고시류처럼 많아 보이나 길이로 달리는 맥이 많고 앞뒤로 연결하는 맥은 적어서 그물처럼 보이지는 않는다. 배 끝에는 꼬리털이 있다. 요즘에는 바퀴목, 사마귀목, 흰개미목을 바퀴목으로 통합하였다.

9. 바퀴목 (Blattaria)

바퀴는 몸이 납작한데 짧고 넓은 편이며, 조금 작거나 중간 크기인 종이 많다. 머리는 아주 작지만 더듬이는 가늘고 길며, 큰턱과 겹눈은 잘 발달했다. 가슴은 앞가슴이 가장 크다. 날개는 두 쌍이지만 아주 짧아졌거나 없는 종들도 있다. 배는 10마디인데 끝에는 꼬리털이 한 쌍 있다. 꼬리털은 그다지 길지 않다.

열대 지방에서는 야외에 사는 종류가 많으나 더러는 물가나 사람이 사는 집 안에 사는 종류도 있다. 많은 종이 밤에 기어 다니고, 낮에는 작은 틈새나 가랑잎, 돌, 죽은 나무, 썩은 식물 밑에 숨어 있기를 좋아한다. 하지만 동굴 속이나 개미집에 살거나, 땅속에 굴을 파고 사는 종류도 있다. 우리나라는 7종이 알려져 있는데 그 가운데 4종이 집 안에 산다.

옛날에 우리나라 사람들은 바퀴를 '돈벌레'라고 했다. 그러고 보면 밉다고 구박하지는 않은 것 같다. 그런데 요즘 사람들은 바퀴를 무척 싫어한다. 왜 그럴까? 바퀴는 먹을 것이 많고 따뜻한 집을 좋아한다. 옛날에는 아파트 같은 건물이 없었기 때문에 돈이 많은 부잣집이 아니면 바퀴가 살 수 없었을 것이다. 생김새는 둥글둥글한데 색깔도 동전처럼 누렇거나 검은 것이 부잣집에서만 보이기 때문에 돈벌레라는 이름을 얻은 듯하다. 그런데 요즘은 어느 집이나 따뜻하고 먹을 것도 많다. 수가 많아진데다 우리가 먹는 음식에 병균을 옮긴다는 소문까지 퍼지는 바람에 바퀴가 더욱 천덕꾸러기가 된 것 같다.

10. 사마귀목 (Mantodea)

사마귀목에는 몸집이 큰 종류가 많고 몸이 대부분 가늘고 길다. 머리는 작지만 큰턱, 겹눈, 홑눈이 모두 발달했고 더듬이는 실처럼 가늘고 길다. 앞가슴은 아주 가늘고 길며 앞날개는 뒷날개보다 좁고 두꺼운 편이다. 앞다리가 잘 발달했는데 날카롭고 뾰족한 가시들이 나 있어서 다른 곤충을 잡아먹기 알맞다. 배는 10마디인데 끝에는 짧은 꼬리털이 한 쌍 있다.

사마귀는 대부분 몸 색깔을 둘레의 환경과 같게 바꾼다. 외국의 어떤 종들은 벌레 먹은 푸른 나뭇잎이나 분홍색 꽃을 닮아서 적을 속이기도 하고, 먹이가 될 곤충이 속아서 다가오기도 한다. 이런 종류는 색깔뿐만 아니라 몸의 모양까지 의태를 한 것이다. 그러니 사마귀 무리의 특징에는 의태를 잘한다는 점도 있다.

암컷은 짝짓기를 하기 전에 또는 짝짓기를 하면서 자기 짝인 수컷을 잡아먹는 포악한 곤충으로 유명하다. 어떤 사람은 암컷이 수컷을 잡아먹어야 알을 낳는다고 생각하는데, 그렇다는 증거는 없다. 수컷을 잡아먹지 않아도 아무 이상 없이 알을 낳을 수 있다. 지금까지는 사마귀 암컷이 왜 짝짓기를 하다가 수컷을 잡아먹는지 정확히 아는 사람은 없다.

13. 집게벌레목 (Dermaptera)

앞날개는 아주 작고 가죽 같다. 배 끝에 커다란 집게를 가진 것이 특징이다. 집게는 꼬리털이 크고 딱딱하게 바뀐 것인데 적을 공격하거나 막는 데 쓴다. 앞날개는 아주 작지만 두꺼운 가죽같이 생겼고, 뒷날개는 얇은 막으로 되어 있는데 접는 부채처럼 생겼다. 날개가 짧아서 뚱뚱한 배를 대부분 드러내 놓고 있다. 어떤 종은 날개가 없어서 배를 다 드러내 놓고 있다. 더듬이와 큰턱과 겹눈은 있지만 홑눈은 없다. 열대 지방에는 '이'처럼 박쥐나 들쥐 몸에 붙어서 기생하는 종류가 있다. 이렇게 기생하는 종류는 꼬리털이 길기만 하고 단단하지는 않다.

집게벌레는 어미가 알이나 새끼를 보호해서 모성애를 가진 곤충으로 유명하다. 어떤 종류는 새끼가 제법 많이 자랄 때까지 먹이도 구해 주고, 적이 잡아먹지 못하게 보호도 해 준다. 적이 너무 강해서 새끼를 보호할 수 없을 때는 차라리 제 새끼를 잡아먹어 버리는 종도 있다.

14. 메뚜기목 (Orthoptera)

몸집이 큰 종류가 많고 아주 작은 종류는 많지 않다. 몸은 길고 굵고, 거의가 날개도 길다. 앞날개는 좁고 두껍지만 뒷날개는 얇고 넓어서 아주 잘 난다. 하지만 날개가 아주 짧거나 아예 없는 무리도 있다. 제대로 날개가 있는 종류는 울음소리를 내는 것이 많다. 큰턱, 겹눈, 더듬이가 있고 앞가슴이 크다. 대개 뒷다리가 커서 높이 뛰거나 멀리 뛰기에 알맞다. 배는 10마디인데 꼬리털 한 쌍이 배 끝에 있다. 메뚜기 무리의 꼬리털은 보통 아주 짧고 뭉툭해서 잘 안 보인다. 꼬리털이 긴 종류도 가끔 있다. 몸의 색깔로 의태를 하는 종류가 많다.

메뚜기 무리는 크게 '메뚜기아목(Caelifera)'과 '여치아목(Ensifera)'으로 나눈다. 메뚜기아목은 더듬이가 짧고 굵지만, 여치아목은 아주 가늘고 길다. 메뚜기아목은 산란관 없이 꽁무니로 땅을 파고 알을 낳는다. 여치아목은 산란관이 있는데, 길이가 길거나 짧은 칼 모양이거나 귀뚜라미처럼 똑바른 창 모양이다. 메뚜기 무리는 뒷다리로 우툴두툴한 앞날개를 비벼서 소리를 낸다. 여치 무리 가운데 우는 종류는 양쪽 앞날개에 유리창처럼 생긴 울음판이 있다. 이 울음판을 아래위로 포개 놓고 비벼서 소리를 낸다.

눅눅한 광 속이나 으슥한 집 뒤곁의 벽에 앉아 있는 '꼽등이'를 보고 귀뚜라미라고 생각하는 사람이 많다. 꼽등이는 몸길이가 20mm가 넘고 뚱뚱한 몸집을 가졌다. 날개가 없고 등이 둥글게 굽었으며, 낚싯줄처럼 가늘고 긴 더듬이를 천천히 이리저리 돌린다. 몸 색깔은 흰 바탕에 누렇거나 밤색 무늬가 많다. 꼽등이는 소리를 내지 못한다.

15. 대벌레목 (Phasmida)

몸은 대나무 줄기처럼 가늘고 긴데, 다리도 몹시 가늘고 길다. 대부분 큰 종류가 많은데 동남아시아에는 몸길이가 30cm도 넘는 종이 있다. 몸에 비해 머리는 아주 작은데, 긴 더듬이가 있고 겹눈도 크다. 앞가슴은 짧지만 가운데가슴과 뒷가슴은 길다. 날개는 두 쌍인데, 없는 종도 여럿이다. 배 끝에는 아주 짧은 산란관이 있고 꼬리털도 한 쌍 있다.

주변 환경을 닮아서 의태하는 행동은 사마귀보다 더 유명하다. 어른벌레는 물론 애벌레나 알까지도 의태를 한다. 땅에다 알을 하나씩 떨어뜨리며 낳는데, 생김새가 마치 씨앗 같아서 적의 눈을 속인다. 어떤 종들은 수컷이 발견되지 않는다. 아마도 이런 종은 암컷이 짝짓기를 하지 않고 알을 낳는 것으로 여겨진다. 이처럼 짝짓기를 하지 않고 알을 낳는 것을 '단위 생식' 또는 '처녀 생식'이라고 한다.

ㄴ. 매미 계열 (Hemiperoid orders)

메뚜기 계열과 반대되는 특징이 많다. 입틀은 큰턱으로 씹는 것이 아니라 바늘처럼 생겨 식물의 줄기나 동물의 살갗을 뚫고 즙을 빨아 먹는다. 하지만 다듬이벌레 무리(Psocoptera)나 새털이 무리(Mallophaga)처럼 아직 덜 진화한 무리는 큰턱이나 큰턱과 바늘 중간 모양의 입틀을 가졌다. 날개는 두 쌍인데 메뚜기 계열처럼 앞날개가 조금 두꺼운 종류가 있기는 하다. 하지만 날개맥은 훨씬 적다. 배의 마디 수는 메뚜기 계열보다 적고 꼬리털이 없다.

17. 이목 (Phthiraptera)

모두 새나 젖먹이동물의 몸에 붙어서 기생한다. 몸길이가 1~4mm밖에 안 되는 작은 종이 많다. 더듬이는 짧고, 눈은 퇴화해서 있어도 보지 못하거나 없다. 가슴은 하나로 뭉쳐져서 앞가슴이나 뒷가슴을 구별하기 어려운 종류가 많다. 다리는 대개 짧고, 날개는 모두 없다. 새에 기생하는 '새털이'는 큰턱으로 새의 깃털이나 비듬같이 벗겨지는 낡은 피부를 씹어 먹는다. 사람이나 다른 포유류에 기생하는 '이' 무리는 큰턱이 침 모양으로 바뀌어서 살갗을 뚫고 피를 빨아 먹는다.

사람에게는 이(머릿니와 옷이)와 사면발이 두 종이 사는데 모두 몸을 깨끗이 하지 않는 사람에게 산다. 이는 병원균을 전염시켜서 발진티푸스나 재귀열 같은 열병을 일으킨다. 사면발이는 병을 옮기지는 않지만 피를 빨 때 피부에 상처를 내고 물린 자리가 무척 가려워서 몹시 귀찮은 곤충이다.

19. 노린재목 (Hemiptera)

입틀은 매미처럼 찌를 수 있는 바늘 모양인데 매미보다 머리는 작고 더듬이는 길고 눈은 잘 발달했다. 앞가슴이 커서 커다란 세모꼴인데 양옆에 뿔이 난 것처럼 보이는 종류도 있다. 날개는 두 쌍인데 앞날개는 뒷날개보다 두껍다. 더구나 앞날개는 앞쪽 절반이 가죽처럼 두껍고 투명하지도 않지만 뒤쪽 절반은 얇고 투명하게 비치는 막으로 된 종류가 많다. 아주 많은 무리가 식물을 먹지만 다른 곤충이나 동물을 잡아먹는 무리도 있다.

크게 세 무리로 나뉜다. 땅 위에서만 사는 무리(육서계열: Geocorisae), 주로 물 표면에서 사는 무리(반수서군: Amphibicorisae), 완전히 물속에서 사는 무리(진수서군: Hydrocorisae) 들인데 땅 위에서 사는 무리는 다시 크게 빈대상과와 노린재상과로 나뉜다. 빈대상과에는 빈대과, 침노린재과, 장님노린재과, 방패벌레과가 있다. 빈대과는 전 세계에 40종쯤 있는데 그중 우리나라에도 사는 한 종과 열대 지방에 사는 한 종, 이렇게 두 종만 사람 피를 빨고 다른 종들은 다 짐승의 피를 빨아 먹는다. 침노린재과도 전 세계에 3천5백 종쯤 있고, 다른 곤충을 잡아먹는다. 장님노린재과와 방패벌레과도 각각 7천 종과 1천 종이 있고 거의 대부분이 식물의 즙을 빨아 먹는다.

주로 물 표면에 사는 무리 중에 가장 대표가 될 만한 것이 소금쟁이상과이다. 전 세계에 7백 종쯤, 우리나라에는 34종이 알려졌다. 물속에 사는 무리는 종 수가 많지는 않고, 송장헤엄치게, 물벌레, 물빈대, 물둥구리, 물장군, 장구애비와 같이 여러 가지 과가 있다. 그중 물장군은 넓고 납작한 방패 모양인데, 몸길이가 50~65mm나 되어 몸집이 아주 크고 물고기나 개구리까지 잡아먹는다. 물자라는 수컷이 알을 등에 업고 다니며 보호하는 곤충으로 유명하다.

20. 매미목 (Homoptera)

크기가 여러 가지여서 몸길이가 1mm밖에 안 되는 종부터 90mm나 되는 종까지 있다. 입틀은 바늘이나 창 모양이어서 식물을 찔러 즙을 빨아 먹는다. 더듬이는 짧은 편이고 눈은 잘 발달하였다. 날개는 두 쌍인데 앞날개가 좀 더 두꺼운 편이며 날개에 색깔이나 무늬가 있는 것도 있다. 크게 '매미아목'과 '진딧물아목'으로 나누며, 모두 다 식물을 해치는 해충이다.

'매미아목(Auchenorrhyncha)'에는 덩치가 큰 '매미상과' 외에도 꽃매미, 멸구, 선녀벌레, 매미충, 뿔매미 따위를 포함하는 '꽃매미상과'와 '거품벌레상과'가 있다. 꽃매미상과는 전 세계에 1만3천 종이 알려져 있고, 우리나라에는 300종쯤 알려졌다. 거품벌레상과는 우리나라에 33종이 알려져 있다. 매미상과는 세계에 3천 종이 알려져 있다. 아주 작은 종이라도 몸길이가 15mm는 되고 외국에서는 90mm나 되는 것도 있다고 한다. 또한 매미는 배에 울음주머니가 있어서 큰 소리로 울 수 있고, 애벌레가 땅속에서 오래 사는 것으로 이름나 있다. 우리나라에는 매미상과에 딸린 매미가 27종이 알려져 있는데 요즘은 15종만 발견된다. 애벌레가 자라는 기간은 별로 조사되지 않았다. 아마도 5~6년쯤 자라는 종류가 많은 것 같다. 땅속에서 가장 오래 자라는 종류는 미국의 동부 지방에서 조사된 '17년매미'다.

'진딧물아목(Sternorrhyncha)'은 전 세계에서 거의 1만3천 종쯤 알려졌는데 그중 가장 많은 종류는 6천 종쯤 되는 '깍지벌레상과'와 4천 종쯤 알려진 '진딧물상과'다. 나머지는 나무이와 가루이 무리다. 진딧물은 몸이 연약한 대신 꿀물을 개미에게 주고 개미는 힘이 없는 진딧물을 싱싱한 잎이나 줄기로 옮겨 주어서 서로 공생한다.

2) 내시류 (Endopterygota)

내시류는 번데기를 거쳐서 어른벌레가 되는 갖춘탈바꿈을 하는 무리다. 이 무리 중 밑들이목은 태어난 지 3억 년도 훨씬 넘어, 내시류에서 가장 할아버지가 되는 셈이다. 2억8천만 년쯤 전에 이 밑들이의 자손 중 일부가 파리 무리와 날도래 무리의 조상이 되었다. 날도래는 애벌레가 물속에서 사는데, 그중 일부가 땅 위로 올라와 살다가 나비 무리가 되었다. 파리 무리 중 일부는 벼룩 무리의 조상이 된 것 같다. 그래서 밑들이, 날도래, 나비, 파리, 벼룩 다섯 종류는 '밑들이군'으로 분류하기도 한다. 우리가 흔히 보는 딱정벌레나 벌 따위는 그 조상이 누구인지 아무도 모른다. 그래서 이렇게 모르는 종류는 임시로 내시류 중 '기타 무리'로 분류하기도 한다.

21. 풀잠자리목 (Neuroptera)

뿔잠자리목이라고도 한다. 전에는 '뱀잠자리(Megaloptera)'와 '약대벌레(Rapidioptera)'도 같은 목으로 분류했는데, 요즘은 세 종류를 각각의 목으로 나눈다.

뿔잠자리는 몸집은 커도 살갗은 연하다. 머리에는 크게 발달한 겹눈이 있고 입틀은 큰턱으로 먹이를 씹을 수 있다. 날개는 두 쌍인데 길고 투명하며 맥이 많아 거의 그물 모양이다. 배는 10마디인데 가늘고 길며 꼬리털이 없다. 이런 모습은 잠자리를 많이 닮았다. 하지만 잠자리는 더듬이가 너무 짧아서 잘 안 보이는데 뿔잠자리는 모두 더듬이가 길다. 그리고 잠자리는 멀리까지 빨리 잘 나는데, 뿔잠자리 무리는 나는 힘이 아주 약하다.

명주잠자리상과는 몸이 가늘지만 길이는 4~6cm쯤 되고 잠자리를 많이 닮았다. 명주잠자리 애벌레는 모래밭에다 깔때기 같은 함정을 파 놓는다. 개미 같은 벌레가 지나가다 빠지면 함정 밑에서 기다렸다 잡아먹는다. 그래서 명주잠자리 애벌레를 '개미귀신'이라고 하고 함정을 '개미지옥'이라고 한다. 몸집이 작아서 몸길이가 2~3cm밖에 안 되지만 날개가 아주 넓은 종류는 종 수도 많고, 여러 무리로 나눈다. 그 가운데 풀잠자리과는 대개 몸이 연한 풀색이다. 풀잠자리는 풀이나 나뭇잎에 알을 붙여 놓는데 그 알들은 가느다란 실 끝에 매달려 있다. 또 다른 종류는 앞다리가 꼭 사마귀의 앞다리처럼 생긴 사마귀붙이상과다. 사마귀처럼 다른 곤충을 잡아먹고, 애벌레는 거미 알집이나 벌집에 기생한다.

다른 목으로 독립된 뱀잠자리도 특징은 뿔잠자리와 거의 같다. 그러나 앞가슴은 더 크고, 애벌레는 물속에 산다. 약대벌레는 앞가슴이 뱀잠자리보다 더 길고 날개맥은 훨씬 적은데, 애벌레는 바늘잎나무의 나무껍질 밑에서 다른 곤충을 잡아먹고 산다.

24. 딱정벌레목 (Coleoptera)

앞날개가 갑옷처럼 딱딱한 딱지날개로 변한 것이 특징이고, 몸의 다른 부분도 매우 단단하다. 이렇게 튼튼해서 종 수도 많이 늘어나 전 세계에 36만 종이나 알려져 있다. 곤충 전체의 40%에 이르고, 동물 전체에서도 1/4 을 차지하는 숫자다. 종수가 많아서인지 크기나 모습도 아주 여러 가지다. 1mm도 안 되는 아주 작은 종류부터 10cm가 넘는 종류까지 있고, 모습도 긴 것, 짧은 것, 길고 둥근 것, 각진 것, 두꺼운 것, 납작한 것, 공 모양인 것, 공을 절반으로 쪼갠 모양인 것, 이렇게 아주 다양하다. 더듬이 모양도 종류별로 다 다르고, 겹눈은 발달했지만 대개 홑눈이 없다. 튼튼한 큰턱이 있어서 먹이를 씹거나 적에게 맞서는 데 쓴다. 앞가슴은 등판이 넓지만 가운데가슴과 뒷가슴의 등판은 좁다. 가운데가슴등판은 딱지날개 앞쪽 가운데에 작은 세모꼴로 보이거나 보이지 않고, 뒷가슴등판은 딱지날개로 덮여서 안 보인다. 뒷날개는 얇은 막으로 되어 있는데 가운데를 접어서 딱지날개 밑에 포개 놓는다. 하지만 날개가 짧거나 뒷날개는 없는 종류도 있다. 배는 원래 10마디인데 가슴과 합쳐지거나 마디끼리 합쳐져서 다섯 마디만 보이는 종류도 있다. 꼬리털은 없다.

사는 곳도 여러 군데다. 하지만 98% 이상이 땅 위에 살고 물속에 사는 종류는 아주 조금 있다. 모습도 갖가지인 것 같지만 종 수에 비하면 몸 구조가 너무 단순해서 가까운 무리나 종끼리 구별하기가 어렵다. 크게 '원갑충아목(Archostemata)', '식균아목(Myxophaga)', '식육아목(Adephaga)', '풍뎅이아목(Polyphaga)' 이렇게 네 아목으로 나눈다. 앞의 두 아목은 딱정벌레의 조상이어서 원시 곤충의 특징이 많고, 종 수는 전 세계에서 겨우 50종쯤만 알려져 있다. 우리나라에도 한 종이 사는데 아주 드물게 보인다. 식육아목은 모두 다른 동물을 잡아먹는 무리라서 붙여진 이름이고, 전 세계에서 4만 종쯤 알려져 있다. 결국 나머지 32만 종은 모두 풍뎅이아목에 속하는데, 먹는 것이 여러 가지여서 '다식아목'이란 이름도 있다. 이렇게 아목은 네 개라도 종은 한 아목에 몰려 있어서 구별이나 분류가 어려운 것이다.

식육아목은 물속에 사는 종류와 땅바닥에 사는 종류가 있다. 물에는 전 세계에 4천5백 종쯤 되는 물맴이, 물진드기, 물방개 무리가 살고, 그 가운데 90%는 '물방개과(Dytiscidae)'이다. 우리나라에도 물방개는 52종이 알려져 있는데 나머지는 모두 14종밖에 안 된다. 땅에는 길앞잡이, 먼지벌레, 딱정벌레 따위가 사는데 모두 '딱정벌레상과'로 분류한다. 이 상과는 등줄벌레와 딱정벌레의 두 무리로 나누는데, 그중 딱정벌레는 학자에 따라 15개 과로 나누기도 한다. 길앞잡이말고는 거의가 돌이나 가랑잎 밑에 살며 작은 벌레들을 잡아먹는데, 커다란 종류의 딱정벌레 무리는 나비 애벌레나 지렁이, 달팽이까지 잡아먹는다.

풍뎅이아목은 애벌레가 자라는 동안 바뀌는 모습에 따라 크게 다섯 무리로 나눈다. 하지만 각각의 무리는 또 다시 여러 무리로 나눈다. 여기서는 다음과 같이 대표가 되는 몇 종류만 짧게 살펴보자.

'반날개 계열(Staphyliniformia)'은 대부분이 물속에 사는 '물땡땡이상과'와 모두 땅 위에 사는 '반날개상과'로 나눈다. 물땡땡이상과는 전 세계에 4과 4천5백 종, 우리나라는 물에 사는 물땡땡이 무리가 35종, 땅 위에 사는 풍뎅이붙이과가 50종 알려져 있다. 두 종류 모두 죽은 동물이나 썩은 식물을 먹는 종류가 많고, 살아 있는 벌레를 잡아먹는 종도 몇 종씩 있다. 반날개상과는 7과로 나누는데 그중 반날개과는 딱지날개가 집게벌레처럼 아주 짧은 것이 특징이며, 전 세계에서 4만3천 종이나 알려져 있다. 모든 동물 가운데 바구미 다음으로 종 수가 많다. 사는 곳은 산부터 바닷가 갯벌에 있는 바위 틈이나 모래 속까지 어디나 살지만 먹는 것은 물땡땡이 무리와 비슷하다. 나머지 과에서는 땅속에다 죽은 동물을 파묻는 송장벌레과가 유명할 뿐, 다른 과는 종 수가 많지 않다. 어쨌든 반날개 계열은 거의 다 죽은 동물이나 죽은 식물을 먹어 치우는 청소 곤충이라고 할 수 있다.

'풍뎅이 계열(Scarabaeiformia)'은 더듬이가 여러 마디로 되어 있는데 더듬이 끝의 몇 마디는 잎사귀처럼 넓고 납작하며 서로 포개져 있는 것이 특징이다. 전 세계에 2만8천 종이 알려져 있고, 우리나라에는 234종이 조사되어 있다. 상과 하나를 13과로 나누는데 그중 90%가 '풍뎅이과(Rutelidae)'에 속하여 분류하기가 불편하다. 하지만 크게 사슴벌레 무리, 똥을 먹어서 청소해 주는 무리, 식물을 해치는 무리로 나누는 방법도 있다. 사슴벌레 무리는 몸이 넓고 납작하며 대체로 큰 종이 많다. 큰턱이 유난히 크게 발달하여 무기로 쓰며, 애벌레는 나무줄기 속을 파먹고 자라는 해충이다. 똥을 먹는 무리는 금풍뎅이과와 소똥구리 무리가 있다. 송장풍뎅이과는 짐승 몸에서 빠진 털이나 죽은 동물의 뼈를 먹고 산다. 우리나라에서 흔히 볼 수 있는 풍뎅이, 검정풍뎅이, 우단풍뎅이, 장수풍뎅이, 꽃무지 따위는 풀이나 나무를 먹는다.

'방아벌레 계열(Elateriformia)'에는 반딧불이나 병대벌레무리, 비단벌레와 방아벌레 무리들까지 해서 6상과 47과가 있다. 비단벌레과와 방아벌레과만 1만 종씩이 넘고, 나머지는 모두 1천 종이 안 되는 수가 적은 과들이다. 방아벌레는 똑딱벌레라고도 하고, 비단벌레는 몸 색깔이 화려해서 사람들이 장식품으로 썼다. 경상북도 경주에 있는 왕릉의 고분에서도 비단벌레 날개 토막이 나온 것으로 보아 신라 시대에도 이 벌레를 장식품으로 쓴 것 같다.

'개나무좀 계열(Bostrichiformia)'은 2상과 7과로 나누지만 전체가 3천 종밖에 안 되고, 몸의 크기도 작은 종들이 많다. 하지만 개나무좀과는 목재에 구멍을 뚫고, 표본벌레과는 말린 동식물성 먹이를 먹어서 해충으로 여겨지는 종류가 많다.

무엇보다 '수시렁이과(Dermestidae)'는 이 계열에서 종 수도 가장 많아 세계에는 1천 종, 우리나라에는 20종쯤 알려져 있다. 나프탈렌 좀약에는 끄떡도 하지 않아 매우 골치 아픈 해충이다. 애벌레가 주로 가죽, 털옷, 카펫, 동물 표본, 말린 생선,

비단이나 누에고치 같은 마른 동물성 먹이를 먹는다. 이런 먹이는 여러 나라끼리 수입도 하기 때문에 상품을 따라 다른 나라에 퍼지기도 해서 더욱 골칫거리다.

마지막으로 '머리대장 계열(Cucujiformia)'은 종 수로 볼 때 모든 딱정벌레의 절반을 차지하며, 적어도 7상과 약 100과로 분류된다. 가장 종 수가 많은 바구미상과는 7만 종쯤 알려져 있는데 그중 6만 종은 바구미과에 속하고, 나머지는 8과로 다시 나뉜다. 잎벌레상과도 4과에 4만5천 종쯤 알려져 있는데 그 가운데 잎벌레과와 하늘소과가 2만 종씩 차지한다. 두 상과 모두 식물성 먹이를 먹으므로 해충이 많다. 그 밖에도 머리대장, 무당벌레, 거저리, 하늘소붙이, 꽃벼룩, 가뢰 따위가 있으며, 계열 전체로는 식물에 해를 끼치는 종류가 많다.

26. **벌목** (Hymenoptera)

1mm도 안 되는 작은 종부터 중간 크기까지일 뿐 몸집이 아주 큰 종류는 별로 없다. 머리에는 잘 발달한 겹눈이 있고, 홑눈이 세 개 있기도 하다. 더듬이도 9~70마디나 되어 매우 발달했음을 알 수 있다. 입틀에는 큰턱이 있는데 꿀을 빨아 먹을 수 있는 긴 혀도 있다. 앞가슴은 아주 짧아서 목처럼 보이고, 가운데가슴과 뒷가슴은 크다. 날개는 두 쌍인데 투명한 막으로 되어 있고, 날개맥은 많이 퇴화해서 거의 보이지 않는 종류까지 있다. 배의 첫 번째 마디는 가슴과 한 덩어리가 되어 가슴이 커 보인다. 그래서 뒷가슴의 뒤쪽을 전신복절이라고 하는데 전신복절 뒤쪽은 홀쭉하다. 암컷은 배 끝에 산란관이 있는데, 적을 쏘는 침으로 바뀐 종이 많다.

벌 무리는 개미처럼 사회생활을 하는 종류가 많은 것도 특징이다. 사회성 곤충은 계급이 있고 계급에 따라 모습이 다른 종들도 있다. 진화가 덜 된 무리는 식물을 먹고 살며, 조금 발전한 종류는 다른 곤충에게 기생하고, 더 진화한 종류는 다른 곤충을 잡아먹는다. 가장 진화한 종류는 다시 식물을 찾아와 잎이나 꿀을 먹는 것도 벌 무리의 특징이다. 크게는 이런 식성에 따라 분류할 수 있어서 윗단계의 분류는 편리하다. 하지만 같은 종이라도 좋은 먹잇감을 만났는지 아닌지 또는 계급에 따라 모습이 달라진 것인지 따위를 알기가 어려워 종을 구별하기가 아주 어렵다.

가장 하등한 무리는 '잎벌아목(Chalastogastra)'이다. 이 종류는 첫째와 둘째 배마디 사이가 홀쭉하지 않다. 다시 말해서 개미허리 모양이 아니라 넓게 연결된 허리여서 전에는 '넓은허리벌아목'이라고 했다. 애벌레는 머리가 단단하고, 가슴과 배에 다리가 있어서 송충이를 닮은 모습이다. 6천5백 종쯤을 5상과로 나뉘는데 그 가운데 6천 종쯤이 애벌레가 나뭇잎을 갉아 먹는 잎벌상과에 속한다. 나무벌 무리와 송곳벌 무리는 큰 나무나 풀에 구멍을 뚫고 그 속에 알을 낳는다. 알에서 깨어 나온 애벌레는 그 속을 파먹고 자라지만, 벌레살이송곳벌과는 다리가 없고 비단벌레와 같은 딱정벌레나 벌 무리의 애벌레에 기생한다.

'벌아목(Apocrita)'은 허리가 잘룩하여 호리허리벌이라고도 했다. 애벌레는 다리도 없고 머리도 단단하지 않아 구더기와 비슷한 모습이다. 다른 곤충에 기생하는 종류만도 6개 상과로 나누는데, 대표 종류는 맵시벌 무리와 좀벌 무리다. 맵시벌 무리는 세계에 5만5천 종, 우리나라에는 850종쯤 알려져 있고, 나방 애벌레나 딱정벌레 애벌레에 기생하는 종류가 많다. 몸은 가늘고 긴데 맵시벌은 몸집이 큰 종이 많고, 고치를 지어 그 속에서 번데기 생활을 하는 고치벌은 그보다 작은 종이 많다. 좀벌 무리는 몸이 넓고 짧지만 크기 자체가 아주 작다. 크기가 큰 종류도 1~2mm밖에 안 되는 종류가 흔하고 가장 큰 종류라도 5~6mm다. 여러 곤충의 알이나 번데기에 기생하는데 더러는 애벌레에 붙는 수도 있다. 세계에 4천6백 종쯤 알려져 있지만 너무 작아서 아직 알려지지 않은 종도 많은 것 같다.

다음은 다른 곤충의 애벌레를 잡아다가 자기 새끼에게 주는 무리다. 청벌, 배벌, 말벌, 대모벌, 구멍벌 무리들인데 개미상과도 분류학에서 보면 이들과 같은 무리다. 대모벌상과는 세계에서 4천2백 종, 우리나라는 30종쯤 알려져 있는데 이들도 같은 무리다. 대모벌은 거미를 잡아 땅속에 만든 방에 넣고 알을 낳는다. 청벌 무리는 세계에 3천 종, 우리나라에는 38종이 알려져 있는데 다른 벌이나 딱정벌레나 나비의 애벌레를 먹잇감으로 한다. 7천 종쯤 알려진 배벌 무리는 과에 따라 먹이가 다르다. 300종쯤 되는 배벌과와 1천5백 종쯤 되는 굼벵이벌과는 땅속에 사는 굼벵이에 기생하고, 5천 종쯤 알려져 있는 개미벌과는 벌의 애벌레나 번데기를 먹는다. 말벌 무리는 사회생활을 하는 종류가 많고, 여러 종류의 애벌레나 다른 곤충을 잡아먹는데, 꿀이나 과일, 꽃가루를 먹는 종류도 있다. 세계에 1만 종, 우리나라에는 134종이 알려진 꿀벌 무리는 꿀이나 꽃가루를 먹는 종류가 많고, 사회생활을 하는 종류도 꽤 많다.

27. 밑들이목 (Mecoptera)

몸은 가늘고 길며, 크기는 중간 정도다. 머리에는 가늘고 긴 더듬이와 잘 발달한 눈이 있다. 머리 아래쪽은 새의 부리처럼 길게 늘어났는데 그 끝에 큰턱이 있고, 작은 벌레를 잡아먹는다. 날개는 두 쌍인데 앞날개와 뒷날개 모양이 같고, 맥은 많은 편인데 얼룩무늬를 가진 종이 많다. 하지만 날개가 모두 사라진 종도 여럿이다. 배는 11마디인데 뒤쪽은 뾰족하게 가늘어졌고 작은 꼬리털이 한 쌍 있다. 수컷은 배 끝에 짝짓기할 때 쓰는 교미 기구가 있는데, 이 기구는 둥근 전갈의 집게 모양으로 크고 단단하다. 이렇게 큰 교미 기구를 등 쪽으로 말아서 올려놓고 다니기 때문에 '밑들이'라는 이름이 붙었다.

전 세계에 500종쯤 알려졌다. 우리나라에는 11종이 알려졌는데 거의 높은 산에 살고, 나뭇잎에 매달려 있기를 좋아한다. 나는 힘이 약해서 천천히 난다. 수컷은 짝짓기를 하기 앞서 먹이를 잡아서 암컷에게 바쳐야 한다. 그래야만 암컷이 짝짓기에 응하는 종류가 많다.

28. 벼룩목 (Siphonaptera)

몸은 옆으로 납작하고, 몸길이는 1~6mm밖에 안 되는 작은 곤충이다. 더듬이는 아주 짧고 눈은 없다. 입틀은 작고 날카로운 칼 모양이어서 살갗을 뚫고 피를 빨기에 적합하다. 몸에는 가시털이 많이 나 있고 살갗은 단단하다. 다리는 크게 발달하여 잘 뛴다. 전 세계에서 1천3백 종이 넘게 알려졌는데 그중 90%는 젖먹이동물에 기생하고, 나머지는 새에 기생한다. 우리나라에서는 40종이 알려져 있다.

29. 파리목 (Diptera)

파리목은 앞날개가 한 쌍만 있는 것이 가장 큰 특징이다. 뒷날개는 곤봉 모양이나 아주 작은 부채 모양으로 바뀌었는데 '평균곤'이라고 한다. 몸집은 거의 작은 편이고 아주 작은 종류도 많다. 머리는 잘 움직이며, 더듬이는 종류에 따라 길이나 모양이 다양하고, 입틀은 찔러서 빨아 먹는 것도 있고 혀처럼 넓어져서 핥아 먹는 것도 있다. 앞가슴은 짧고 가운데가슴은 넓고 뒷가슴은 작은 세모꼴이다. 배가 긴 종은 11마디인데 짧고 뚱뚱한 종류는 네 마디나 다섯 마디만 보인다. 꼬리털은 한 쌍이 있지만 너무 작아서 알아보기 어렵다.

전 세계에 10만 종이 넘게 알려져 있고 우리나라에도 1,200종이 알려져 있다. 생김새와 사는 곳과 살아가는 습성 따위가 가지가지라서 분류가 대단히 복잡하지만 크게는 서너 무리로 나눌 수 있다. 첫째는 '모기아목(Nematocera)'인데 더듬이나 배가 여러 마디여서 몸이 긴 종류가 많다. 개울가나 산길을 가다가 풀잎에 매달려 있는 다리가 긴 모기를 보고 놀라는 사람이 많은데, 이것은 모기가 아니라 각다귀다. 우리나라에는 모기과에 딸린 곤충이 51종인데 한 종만 7.5mm이고, 나머지는 모두 3.5~6mm밖에 안 된다. 사람 피를 빠는 모기는 15종쯤 되고, 각다귀와 나머지 모기는 풀잎에서 즙을 빨아 먹는다.

둘째로 '등에아목(Brachycera)'이 있는데 다른 무리에 비해 종 수는 많지 않지만 습성과 모습은 여러 가지다. 여름에 버스를 타고 가다 보면, 버스가 잠깐 멈췄을 때 몸길이가 20~30mm쯤 되는 넓적한 큰 파리들이 유리창에 모여드는 것을 볼 수 있다. 이들은 등에 무리인데, 우리나라에 사는 파리 가운데 가장 크고 소나 말의 피를 빨아 먹는다. 파리매과는 몸이 가늘고 긴데, 다른 곤충을 잡아서 침을 찔러 즙을 빨아 먹는다. 나방과 해충을 많이 잡아먹어서 농사에 이로운 곤충이다. 들판에 버려진 쓰레기 더미에는 까맣고 길쭉하고 배 맨 앞쪽이 희고 투명한 파리들이 날아다닌다. 이들은 등에아목에 속하는 '동애등에' 무리다.

셋째는 우리들이 흔히 보는 파리, 초파리, 꽃등에 따위 무리다. 이 무리는 다시 둘 또는 세 가지로 나눈다. 들이나 산에 피는 꽃에는 많은 곤충들이 모여든다. 꽃무지도 있고 벌도 많다. 하지만 여러 꽃들을 자세히 들여다보면 벌보다 파리가 훨씬 많다. 꽃등에는 벌과 아주 비슷하게 생겼는데 실은 파리 무리에 속한다. 꽃등에 애벌레는 진딧물을 잡아먹는 종류가 많다. 어떤 종류는 벌집 속에서 벌 애벌레를 잡아먹고, 또 어떤 종류는 개미집에 살면서 죽은 개미나 애벌레를 잡아먹기도 한다. 종 수가 무척 많아 전 세계에 6천 종, 우리나라에는 150종쯤 알려져 있다.

초파리상과나 과실파리과, 벌붙이파리과는 꽃등에와 다른 무리로 나눈다. 벌붙이파리는 꽃등에처럼 사냥하는 벌을 닮았다. 초파리상과와 과실파리과에 딸린 곤충에는 과일을 해치는 종류가 많고, 굴파리상과에는 잎에 굴을 파고 다니며 갉아 먹어서 농사에 큰 피해를 주는 종류가 많다. 들파리상과인 들파리, 대모파리, 꼭지파리 따위는 대개 다른 곤충을 잡아

먹고, 달팽이한테 기생하는 종류도 있다. 큰날개파리상과에는 아직 우리나라에서 발견하지 못한 꿀벌이파리과도 있다. 몸 길이는 1~2mm밖에 안 되며, 눈과 날개는 없고 다리만 길게 발달했는데 꿀벌 몸에 수십 마리가 붙어 다닌다고 한다.

또 다른 무리는 우리가 가장 흔하게 보는 집파리나 쉬파리 무리이고 종이 대단히 많다. 집파리나 쉬파리는 병원균을 옮기는 종류도 많고 농사에 해를 주는 종류도 많다. 쉬파리는 알을 낳지 않고 새끼인 구더기를 낳는다. 산이나 들에는 검정파리 무리가 있는데 그중 한 무리는 겉모습이나 습성이 집파리와 비슷하고, 다른 무리는 쉬파리와 비슷하다. 쉬파리와 비슷한 무리는 구더기를 낳는데 그 구더기는 다른 곤충, 무엇보다 나비 무리 애벌레의 몸속으로 뚫고 들어가 기생한다. 이 종류는 기생파리과로 분류한다. 아직 정확히 조사되지는 않았지만 전 세계에서 1만 종은 알려졌을 것 같다. 학자에 따라 기생파리 무리로 분류하거나 또는 다른 무리로 분류하는 종류가 또 있다. 들소나 사슴 같은 큰 동물의 가죽 밑에 기생하는 쇠파리, 양의 콧속에 기생하는 양파리 따위다. 사실은 집파리 무리에 속하는 말파리과 애벌레도 말, 당나귀, 노새 따위의 위 속에 산다. 사람, 토끼, 개의 위나 사람의 피부 밑에서 발견된 일도 있다. 마지막 무리는 이파리과와 거미파리과, 박쥐파리과 따위가 있다. 이파리과는 날개가 없고 진드기와 같은 모습인데, 새나 짐승의 살갗에 붙어살며 피를 빤다. 전 세계에 400종, 우리나라에 7종이 알려졌다. 거미파리과는 역시 날개가 없는데 다리가 길어서 거미처럼 보인다. 박쥐파리과는 두 종류의 중간형이다. 거미파리와 박쥐파리는 모두 박쥐의 피를 빨아 먹고 살고, 우리나라에 각각 3종과 1종이 있다.

30. 날도래목 (Trichoptera)

작은 종류가 많은데, 겉모습은 작은 나방 무리와 비슷하다. 나비나 나방은 날개와 몸통이 비늘로 덮였는데, 날도래는 털로 덮인 점이 다르다. 더듬이는 실처럼 가늘고 길며 겹눈은 대개 작다. 입틀은 없어져서 어른벌레는 먹지 않는다. 날개는 두 쌍인데 털로 덮였고 앉아 있을 때는 지붕처럼 비스듬하게 접고 있다.

애벌레는 송충이와 비슷하게 생겼다. 물속에 사는데, 둘레에 있는 모래나 나무토막이나 가랑잎 부스러기 따위를 배나 가슴에 있는 실로 묶어서 집을 만들고 그 속에서 산다. 집을 짓지 않고 걸어 다니는 종류도 있다. 전 세계에 1만 종쯤 알려졌고, 우리나라에는 72종이 알려져 있다.

31. 나비목 (Lepidoptera)

몸과 날개가 작은 비늘로 덮인 것이 특징이다. 머리에는 커다란 겹눈과 더듬이가 있다. 더듬이는 실 모양, 끝이 굵은 곤봉 모양, 빗살 모양, 깃털 모양 따위로 생김새가 여러 가지다. 입틀은 대롱처럼 생겨서 꿀을 빨기에 알맞지만 아직 진화가 덜 된 몇 종은 대롱으로 바뀌지 못하고 큰턱의 모습을 하고 있다. 날개에 화려한 무늬를 가진 종류가 많은데 나비 무리가 더욱 그렇고, 불나방, 알락나방, 가지나방 무리도 무늬를 가진 종이 많다. 배는 10마디이나 첫째 마디는 등판만 있고 배판은 없다. 꼬리털은 없다. 애벌레 때는 식물의 잎이나 줄기와 꽃, 뿌리, 나무줄기, 낟알을 먹고, 어른벌레는 꽃꿀을 먹고 꽃가루받이를 돕는다. 나방 중에는 과일을 빨아 먹는 것도 있다.

대개 나비목을 나비와 나방 무리로 나누지만 전문가들은 다른 방법으로 나눈다. 나비는 더듬이 끝이 조금 부풀어서 굵은 종류를 말한다. 대개 화려하고, 낮에 꽃을 찾아다니는 종류가 많다. 하지만 나방도 화려하고 낮에 돌아다니는 종류가 많으며, 더듬이는 실 모양이든 빗살이나 깃털 모양이든 모두 끝이 뾰족하다.

나비목은 전 세계에 20만 종쯤 알려져 있고, 우리나라에는 3천 종이 알려져 있다. 그 가운데 나비 무리는 세계에는 1만7천 종쯤, 우리나라에는 250종이 알려져 있다. 종이 가장 많은 것은 '밤나방상과'인데, 이 종류는 주로 밤에 활동하고 불빛에 잘 날아온다. 몸이 뚱뚱하고 털이 많은 종류가 많고, 날개가 화려한 종도 많다. 다음으로 많은 종류는 자나방 무리인데, 나비처럼 몸이 가는 종류가 많고, 색깔도 여러 가지이며 낮에 보이는 종도 많다. 누에나방 무리는 대개 실로 고치를 짓고 그 속에서 번데기 때를 보낸다. 누에나방 고치에서 뽑은 명주실로 비단을 짠다.

우리 이름 찾아보기

가

가는실잠자리 54
가뢰 188
가시개미 ▶ 일본왕개미 224
가시잎벌레 ▶ 잎벌레 206
가중나무고치나방 276
가중나무산누에나방 ▶ 가중나무고치나방 276
각다귀 244
각다귀 ▶ 모기 246
각시멧노랑나비 300
갈고리나비, 갈고리흰나비 ▶ 갈구리나비 306
갈구리나비 306
갈구리측범잠자리 ▶ 노란측범잠자리 58
갈구리흰나비 ▶ 갈구리나비 306
갈색여치 78
강구 ▶ 바퀴 68
개똥벌레 ▶ 반딧불이 178
개벼룩 ▶ 벼룩 242
거세미나방 ▶ 배추흰나비 304
거위벌레 210
검은다리베짱이 ▶ 검은다리실베짱이 74
검은다리실베짱이 74
검은매미 ▶ 말매미 126
검은물잠자리 52
검은실잠자리 ▶ 검은물잠자리 52
검은줄은잠자리 ▶ 왕잠자리 56
검정다리가위벌레 ▶ 집게벌레 72
검정물방개 ▶ 물방개 146
검정볼기쉬파리 ▶ 쉬파리 260
검정송장벌레 ▶ 송장벌레 152
검정수염이슬여치 ▶ 검은다리실베짱이 74
검정왕개미 ▶ 일본왕개미 224
검정파리 ▶ 쉬파리 260
검정파리매 ▶ 파리매 250
게발두더지 ▶ 땅강아지 82
게아재비 100
고마로브집게벌레 ▶ 집게벌레 72
고양이벼룩 ▶ 벼룩 242
고추잠자리 64
곰개미 226
곰벌 ▶ 호박벌 240
광대소금쟁이 ▶ 소금쟁이 108
광대파리매 ▶ 파리매 250
구들배미, 구뚤기 ▶ 왕귀뚜라미 80
굵은발춤파리 ▶ 파리매 250
귀뚜리 ▶ 왕귀뚜라미 80
귀신잠자리 ▶ 검은물잠자리 52
그라벤호르스트납작맵시벌 ▶ 맵시벌 220
금자라잎벌레 ▶ 잎벌레 206
금줄풍뎅이 ▶ 몽고청줄풍뎅이 168
금테줄배벌 222
금파리 ▶ 쉬파리 260
기또래미 ▶ 왕귀뚜라미 80
기름도치 ▶ 물방개 146
기름매미 ▶ 유지매미 128
긴꼬리범나비 ▶ 긴꼬리제비나비 298
긴꼬리제비나비 298
긴수염대벌레 ▶ 대벌레 94
긴알락꽃하늘소 ▶ 꽃하늘소 192
긴어리여치, 긴허리여치 ▶ 갈색여치 78
길앞잡이 142
깔따구 ▶ 하루살이 50
▶ 모기 246
꼬네 ▶ 날도래 266
꼬리벌꽃등에 ▶ 꽃등에 256
꼬마금강희롱나비 ▶ 왕자팔랑나비 288
꼬마꽃등에 ▶ 호리꽃등에 254
▶ 꽃등에 256
꼬마줄물방개 ▶ 물방개 146
꼭두서니박나비 ▶ 작은검은꼬리박각시 280
꼽등이 ▶ 왕귀뚜라미 80
꽃등에 256
꽃하늘소 192
꿀벌 238
끝검은말매미충 122

나

나나니 236
나벵이 ▶ 누에나방 272
날개날도래 ▶ 날도래 266
날개대벌레 ▶ 대벌레 94
날도래 266
날파리 ▶ 하루살이 50
남가뢰 ▶ 가뢰 188
남방부전나비 308
남방숫돌나비 ▶ 남방부전나비 308
남방씨무늬수두나비 ▶ 네발나비 314
남방씨알붐나비 ▶ 네발나비 314
남색초원하늘소 ▶ 꽃하늘소 192
남생이무당벌레 180
넉점박이송장벌레 ▶ 송장벌레 152
넉줄꽃하늘소 ▶ 꽃하늘소 192
넓적사슴벌레 154
네모집날도래 ▶ 날도래 266
네발나비 314
노내각씨 ▶ 소금쟁이 108
노란측범잠자리 58
노랑나비 302
노랑띠알락가지나방 270
노랑뿔잠자리 140
노랑수두나비 ▶ 네발나비 314
노랑쐐기나방 268
노랑초파리 258
녹색부전나비 ▶ 작은주홍부전나비 310
누에기생파리 ▶ 뒤영벌기생파리 262
누에나방 272
눈썹고추잠자리 ▶ 고추잠자리 64
늦반딧불이 ▶ 반딧불이 178
늦털매미 ▶ 털매미 130
니 ▶ 이 96

다

다색풍뎅이 ▶ 몽고청줄풍뎅이 168
단풍뿔거위벌레 ▶ 거위벌레 210
달팽이날도래 ▶ 날도래 266
담흑부전나비 ▶ 남방부전나비 308
대모송장벌레 ▶ 송장벌레 152
대벌레 94
대왕팔랑나비 ▶ 왕자팔랑나비 288
대추벌 ▶ 땅벌 232
도루래 ▶ 땅강아지 82
도토리거위벌레 ▶ 거위벌레 210
독일바퀴, 돈벌레 ▶ 바퀴 68
돌누에 ▶ 날도래 266
되지여치 ▶ 여치 76
된장잠자리 66
두꺼비메뚜기 92
두점박이고추잠자리, 두점박이좀잠자리
▶ 고추잠자리 64
뒤병기생파리 ▶ 뒤영벌기생파리 262
뒤영기생파리 ▶ 뒤영벌기생파리 262
뒤영벌기생파리 262
뒤영벌파리매 ▶ 파리매 250
등얼룩풍뎅이 166
따닥깨비 ▶ 방아깨비 88

땅강아지 82
땅개비 ▶ 땅강아지 82
땅벌 232
땡끼벌, 땡비 ▶ 땅벌 232
떡갈나무하늘소 ▶ 우리목하늘소 198
똑딱벌레 ▶ 방아벌레 174
뚱보기생파리 ▶ 중국별뚱보기생파리 264
뜨물, 뜬물 ▶ 진딧물 134
띠무늬우묵날도래 ▶ 날도래 266

마

마당잠자리 ▶ 된장잠자리 66
만만이 ▶ 명주잠자리 138
말똥구리 ▶ 소똥구리 160
말매미 126
말머리 ▶ 말벌 230
말벌 230
말선두리 ▶ 물방개 146
말초리벌 ▶ 말총벌 218
말총벌 218
매미나방 282
매미충 ▶ 끝검은말매미충 122
맵시벌 220
먹가뢰 ▶ 가뢰 188
먹바퀴 ▶ 바퀴 68
먹줄왕잠자리 ▶ 왕잠자리 56
멋쟁이딱정벌레 ▶ 홍단딱정벌레 144
메추리장구애비 ▶ 장구애비 98
멧노랑나비 ▶ 각시멧노랑나비 300
명주딱정벌레 ▶ 홍단딱정벌레 144
명주잠자리 138
모기 246
모래톱물땡땡이 ▶ 물땡땡이 150
모시나비 292
모시범나비 ▶ 모시나비 292
목화진딧물 ▶ 진딧물 134
몽고청동풍뎅이 ▶ 몽고청줄풍뎅이 168
몽고청줄풍뎅이 168
몽똑바구미 ▶ 거위벌레 210
무늬금풍뎅이 ▶ 보라금풍뎅이 158
무늬소주홍하늘소 196
무용춤파리 ▶ 파리매 250
물강구 ▶ 물장군 104
▶ 물방개 146
물결넓적꽃등에 ▶ 호리꽃등에 254
물거미 ▶ 소금쟁이 108
물것 ▶ 이 96
물날도래 ▶ 날도래 266
물땡땡이 150
물매암이 ▶ 물맴이 148
물맴이 148
물무당 ▶ 물맴이 148
물방개 146
물사마귀 ▶ 게아재비 100
물여우나비 ▶ 날도래 266
물소 ▶ 물장군 104
물송장 ▶ 송장헤엄치게 106
물자라 102
물장군 104
물짱군, 물찍게 ▶ 물장군 104
미국바퀴 ▶ 바퀴 68
미국흰불나방 ▶ 흰무늬왕불나방 284
미끈이하늘소 ▶ 하늘소 194
밀잠자리 62

바

바구미 ▶ 쌀바구미 212
▶ 밤바구미 214
▶ 배자바구미 216
바꾸 ▶ 바퀴 68
바다리 ▶ 말벌 230
▶ 쌍살벌 234
바다소금쟁이 ▶ 소금쟁이 108
바쿠 ▶ 바퀴 68
바퀴 68
바퀴벌레 ▶ 바퀴 68
반날개여치 ▶ 갈색여치 78
반디뿔 ▶ 반딧불이 178
반딧불이 178
밤나무산누에나방 274
밤바구미 214
밤색깡충이 ▶ 벼멸구 124
밤오색나비 ▶ 왕오색나비 316
방개 ▶ 물방개 146
방아개비 ▶ 방아깨비 88
방아깨비 88
방아벌레 174
배벌 222
배자바구미 216
배짧은꽃등에 ▶ 꽃등에 256
배추순나방 ▶ 배추흰나비 304
배추흰나비 304
뱀눈그늘나비 ▶ 노랑나비 302
버마재비 ▶ 사마귀 70
버리디 ▶ 벼룩 242
번개오색나비 ▶ 왕오색나비 316
범나비 ▶ 호랑나비 296
베레기 ▶ 벼룩 242
베짱이 ▶ 검은다리실베짱이 74
벼루기 ▶ 벼룩 242
벼룩 242
벼메뚜기 ▶ 우리벼메뚜기 86
벼멸구 124
벼희롱나비 ▶ 줄점팔랑나비 290
별넓적꽃등에 ▶ 꽃등에 256
보라금풍뎅이 158
복숭아명나방 ▶ 밤바구미 214
복숭아혹진딧물 ▶ 진딧물 134
보리방개 ▶ 물땡땡이 150
봄갈구리노랑나비 ▶ 각시멧노랑나비 300
북방보라금풍뎅이 ▶ 보라금풍뎅이 158
북방여치 ▶ 여치 76
분홍날개대벌레 ▶ 대벌레 94
불개미 ▶ 곰개미 226
불한듸 ▶ 반딧불이 178
붉은배잠자리 ▶ 고추잠자리 64
붉은숫돌나비 ▶ 작은주홍부전나비 310
붉은점모시나비 ▶ 모시나비 292
비리 ▶ 진딧물 134
빌로도재니등에, 빌로드재니등에
▶ 빌로오도재니등에 252
빌로오도재니등에 252
빌로오드재니등에 ▶ 빌로오도재니등에 252
빨간집모기 ▶ 모기 246
뽕나무돌드레 ▶ 뽕나무하늘소 200
뽕나무하늘소 200
뽕누에나비 ▶ 누에나방 272
뽕집게 ▶ 뽕나무하늘소 200
뿔나비 312
뿔소똥구리 ▶ 소똥구리 160
뽕나무벌비 ▶ 하늘소 194

사

사과나무털벌레 ▶ 매미나방 282
사과혹진딧물 ▶ 진딧물 134

사마귀 70
사마귀메뚜기 ▶ 두꺼비메뚜기 92
사시나무잎벌레 ▶ 잎벌레 206
산길앞잡이 ▶ 길앞잡이 142
산누에나방 ▶ 밤나무산누에나방 274
▶ 가중나무고치나방 276
산줄점팔랑나비 ▶ 줄점팔랑나비 290
산팔랑나비 ▶ 줄점팔랑나비 290
산호랑나비 ▶ 호랑나비 296
삼하늘소 204
서생원 ▶ 명주잠자리 138
석잠 ▶ 날도래 266
섬서구메뚜기 84
세줄나비 ▶ 애기세줄나비 318
소금장수, 소금장이 ▶ 소금쟁이 108
소금쟁이 108
소똥구리 160
소똥물땡땡이 ▶ 물땡땡이 150
소주홍하늘소 ▶ 무늬소주홍하늘소 196
송장메뚜기 ▶ 두꺼비메뚜기 92
송장벌레 152
송장헤엄치게 106
송충살이고치벌 ▶ 말총벌 218
쇠똥구리 ▶ 소똥구리 160
쉿빛부전나비 ▶ 갈구리나비 306
수중다리꽃등에 ▶ 호리꽃등에 254
쉬파리 260
시골가시허리노린재 110
실베짱이 ▶ 검은다리실베짱이 74
실잠자리 54
싸리수염진딧물 ▶ 진딧물 134
쌀바구미 212
쌀방개 ▶ 물방개 146
쌍살벌 234
쐐기밤나비 ▶ 노랑쐐기나방 268
씽씽매미 ▶ 털매미 130

아

아시아실잠자리 54
아이노각다귀 ▶ 각다귀 244
아카시아진딧물 ▶ 진딧물 134
알락수염노린재 116
알지게, 알지기 ▶ 물자라 102
애기꽃무지 ▶ 풀색꽃무지 172
애기범나비 ▶ 애호랑나비 294
애기뿔소똥구리 ▶ 소똥구리 160
애기세줄나비 318
애기얼룩나방 ▶ 얼룩나방 286
애꽃무지 ▶ 풀색꽃무지 172
애남가뢰 ▶ 가뢰 188
애반딧불이 ▶ 반딧불이 178
애사슴벌레 ▶ 톱사슴벌레 156
애소금쟁이 ▶ 소금쟁이 108
애점박이꽃무지 ▶ 점박이꽃무지 170
애집개미 ▶ 곰개미 226
애초록꽃무지 ▶ 풀색꽃무지 172
애호랑나비 294
애호리병벌 ▶ 호리병벌 228
애홍날개 ▶ 홍날개 186
양봉꿀벌 ▶ 꿀벌 238
어리세줄나비 ▶ 애기세줄나비 318
어리아이노각다귀 ▶ 각다귀 244
어리장수잠자리 60
어리줄배벌 ▶ 배벌 222
어리줄풀잠자리 ▶ 풀잠자리 136
어리호박벌 ▶ 호박벌 240
어스렝이나방 ▶ 밤나무산누에나방 274
얼룩나방 286
얼룩대장노린재 118
여치 76
연가시 ▶ 사마귀 70
연노랑풍뎅이 ▶ 등얼룩풍뎅이 166
열두점박이꽃하늘소 ▶ 꽃하늘소 192
열점박이별잎벌레 ▶ 잎벌레 206
오색나비 ▶ 왕오색나비 316
오줌싸개 ▶ 사마귀 70
왕개미 ▶ 일본왕개미 224
왕거위벌레 ▶ 거위벌레 210
왕귀뚜라미 80
왕매미 ▶ 말매미 126
왕모기 ▶ 각다귀 244
왕무당벌레붙이 ▶ 큰이십팔점박이무당벌레 184
왕물맴이 ▶ 물맴이 148
왕바다리 ▶ 쌍살벌 234
왕벌 ▶ 말벌 230
왕벼룩잎벌레 208
왕붉은점모시나비 ▶ 모시나비 292
왕사마귀 ▶ 사마귀 70
왕사슴벌레 ▶ 톱사슴벌레 156
왕소금쟁이 ▶ 소금쟁이 108
왕소등에 248
왕소똥구리 ▶ 소똥구리 160
왕오색나비 316
왕자팔랑나비 288
왕잠자리 56
왕퉁이 ▶ 말벌 230
왕파리 ▶ 왕소등에 248
왕파리매 ▶ 파리매 250
왕팔랑나비 ▶ 왕자팔랑나비 288
왕풍뎅이 162
왜여치 ▶ 여치 76
우단송장벌레 ▶ 송장벌레 152
우리대벌레 ▶ 대벌레 94
우리목하늘소 198
우리벼메뚜기 86
우묵날도래 ▶ 날도래 266
유럽쥐벼룩 ▶ 벼룩 242
유리창나비 ▶ 갈구리나비 306
유지매미 128
이 96
이른봄범나비, 이른봄애호랑나비
▶ 애호랑나비 294
이십팔점박이무당벌레
▶ 큰이십팔점박이무당벌레 184
이질바퀴 ▶ 바퀴 68
이화명나방 ▶ 벼멸구 124
일본왕개미 224
잎벌레 206

자

작은검은꼬리박각시 280
작은말잠자리 ▶ 어리장수잠자리 60
작은빨간집모기 ▶ 모기 246
작은세줄나비 ▶ 애기세줄나비 318
작은주홍부전나비 310
잔물땡땡이 ▶ 물땡땡이 150
장구애비 98
장님잠자리 ▶ 검은물잠자리 52
장님쥐벼룩 ▶ 벼룩 242
장수풍뎅이 164
장수하늘소 ▶ 하늘소 194
재래꿀벌 ▶ 꿀벌 238
점갈고리박각시 278
점박이꽃무지 170
점박이송장벌레 ▶ 송장벌레 152

점박이풍뎅이 ▶ 점박이꽃무지 170
젓가락잠자리 ▶ 검은물잠자리 52
제주꼬마팔랑나비 ▶ 줄점팔랑나비 290
조롱벌 ▶ 호리병벌 228
조팝나무진딧물 ▶ 진딧물 134
좀길앞잡이 ▶ 길앞잡이 142
좀사마귀 ▶ 사마귀 70
주홍길앞잡이 ▶ 길앞잡이 142
줄깔따구꽃하늘소 ▶ 꽃하늘소 192
줄날도래 ▶ 날도래 266
줄물방개 ▶ 물방개 146
줄점팔랑나비 290
줄풍뎅이 ▶ 몽고청줄풍뎅이 168
중국뚱보파리 ▶ 중국별뚱보기생파리 264
중국무당벌레 ▶ 큰이십팔점박이무당벌레 184
중국별뚱보기생파리 264
중국얼룩날개모기 ▶ 모기 246
중국청람색잎벌레 ▶ 잎벌레 206
쥐벼룩 ▶ 벼룩 242
진두머리, 진디 ▶ 진딧물 134
진딧물 134
진홍단딱정벌레 ▶ 홍단딱정벌레 144
진홍색방아벌레 ▶ 방아벌레 174
집게벌레 72
집게벌레 ▶ 톱사슴벌레 156
집누에나비 ▶ 누에나방 272
집바퀴 ▶ 바퀴 68
집시나방 ▶ 매미나방 282
집파리 ▶ 쉬파리 260
찍게 ▶ 톱사슴벌레 156

차

참금풍뎅이 ▶ 보라금풍뎅이 158
참나무털벌레 ▶ 매미나방 282
참나무하늘소 ▶ 하늘소 194
참납작하루살이 ▶ 하루살이 50
참매미 132
참사마귀 ▶ 사마귀 70
창뿔소똥구리 ▶ 소똥구리 160
청가뢰 ▶ 가뢰 188
천우충, 철포충 ▶ 뽕나무하늘소 200
청단딱정벌레 ▶ 홍단딱정벌레 144
청줄보라잎벌레 ▶ 잎벌레 206
초파리잠자리 ▶ 고추잠자리 64
춤파리 ▶ 파리매 250
측범잠자리 ▶ 노란측범잠자리 58
칠성무당벌레 182
칠성풀잠자리, 칠성풀잠자리붙이
▶ 풀잠자리 136
칠점박이무당벌레 ▶ 칠성무당벌레 182

카

카멜레온줄풍뎅이 ▶ 몽고청줄풍뎅이 168
콩중이 90
콩진딧물 ▶ 진딧물 134
콩팥무당벌레 ▶ 큰이십팔점박이무당벌레 184
콩풍뎅이 ▶ 몽고청줄풍뎅이 168
콩허리노린재 ▶ 톱다리개미허리노린재 114
큰넓적송장벌레 ▶ 송장벌레 152
큰녹색부전나비 ▶ 노랑나비 302
큰수중다리송장벌레 ▶ 송장벌레 152
큰이십팔점박이무당벌레 184
큰이십팔점벌레 ▶ 큰이십팔점박이무당벌레 184
큰허리노린재 112
큰홍반디 ▶ 홍반디 176

타

털두꺼비하늘소 202
털매미 130
토종벌 ▶ 꿀벌 238
토고숲모기 ▶ 모기 246
톱다리개미허리노린재 114
톱다리허리노린재 ▶ 톱다리개미허리노린재 108
톱사슴벌레 156
톱하늘소 190

파

파리매 250
파파리반딧불이 ▶ 반딧불이 178
팔공여치 ▶ 갈색여치 78
팥중이 ▶ 콩중이 90
포도거위벌레 ▶ 거위벌레 210
포리 ▶ 쉬파리 260
표주박기생파리 ▶ 뒤영벌기생파리 262
풀무치 ▶ 콩중이 90
풀미끼 ▶ 날도래 266
풀색꽃무지 172
풀잠자리 136
풍뎅이기생파리 ▶ 뒤영벌기생파리 262
풍덩이파리매 ▶ 파리매 250
풍이 ▶ 점박이꽃무지 170

하

하늘가재 ▶ 톱사슴벌레 156
하늘소 194
하늘밥도둑 ▶ 땅강아지 82
하로사리 ▶ 하루살이 50
하루살이 50
하리사리 ▶ 하루살이 50
한줄꽃희롱나비 ▶ 줄점팔랑나비 290
항라사마귀 ▶ 사마귀 70
해기 ▶ 이 96
해변청동풍뎅이 ▶ 몽고청줄풍뎅이 168
호랑나비 296
호리꽃등에 254
호리병벌 228
호박벌 240
홍고치벌 ▶ 뽕나무하늘소 200
홍날개 186
홍다리파리매 ▶ 파리매 250
홍단딱정벌레 144
홍반디 176
홍조배벌 ▶ 배벌 222
홍줄노린재 120
화랑곡나방 ▶ 쌀바구미 212
황나각다귀 ▶ 각다귀 244
황띠배벌 ▶ 배벌 222
황모시나비 ▶ 모시나비 292
황세줄나비 ▶ 애기세줄나비 318
황오색나비 ▶ 왕오색나비 316
황철거위벌레 ▶ 거위벌레 210
흰나비 ▶ 배추흰나비 304
흰무늬왕불나방 284
흰잠자리 ▶ 밀잠자리 62
흰점박이꽃무지, 흰점박이풍뎅이
▶ 점박이꽃무지 170

학명 찾아보기

A

Acrida cinerea 방아깨비 88
Aeshnidae 왕잠자리과 56
Agapanthia pilicornis 남색초원하늘소 192
Aglaeomorpha histrio 흰무늬왕불나방 284
Aiolocaria hexaspilota 남생이무당벌레 180
Allomyrina dichotoma 장수풍뎅이 164
Amarysius altajensis 무늬소주홍하늘소 196
Ambulyx ochracea 점갈고리박각시 278
Ammophila infesta 나나니 236
Ampedus puniceus 진홍색방아벌레 174
Anax nigrofasciatus 먹줄왕잠자리 56
Anax parthenope julius 왕잠자리 56
Anomala mongolica 몽고청줄풍뎅이 168
Anthocharis scolymus 갈구리나비 306
Aphididae 진딧물과 134
Apidae 꿀벌과 238
Apis mellifera 양봉꿀벌 238
Appasus japonicus 물자라 102
Apriona germari 뽕나무하늘소 200
Aquarius paludum 소금쟁이 108
Asilidae 파리매과 250
Atractomorpha lata 섬서구메뚜기 84
Atrocalopteryx atrata 검은물잠자리 52
Attelabidae 거위벌레과 210

B

Baliga micans 명주잠자리 138
Biston panterinaria 노랑띠알락가지나방 270
Blattella germanica 독일바퀴 68
Blattellidae 바퀴과 68
Blitopertha orientalis 등얼룩풍뎅이 166
Bombus ignitus 호박벌 240
Bombylius major 빌로오도재니등에 252
Bombyx mori 누에나방 272
Bothrogonia japonica 끝검은말매미충 122

C

Caligula japonica 밤나무산누에나방 274
Camponotus japonicus 일본왕개미 224
Cerambycidae 하늘소과 192
Chromogeotrupes auratus 보라금풍뎅이 158
Chelonomorpha japana 얼룩나방 286
Chrysolina virgata 청줄보라잎벌레 206
Chrysomela populi 사시나무잎벌레 206
Chrysomelidae 잎벌레과 206
Chrysopa pallens 칠성풀잠자리 136
Chrysopidae 풀잠자리과 136
Cicindela japana 좀길앞잡이 142
Cicindelinae 길앞잡이아과 142
Cletus punctiger 시골가시허리노린재 110
Coccinella septempunctata 칠성무당벌레 182
Coenagrionidae 실잠자리과 54
Colias erate 노랑나비 302
Copris tripartitus 애기뿔소똥구리 160
Coptolabrus smaragdinus 홍단딱정벌레 144
Crocothemis servilia mariannae 고추잠자리 64
Cryptotympana atrata 말매미 126
Culex pipiens pallens 빨간집모기 246
Culicidae 모기과 246
Curculio sikkimensis 밤바구미 214
Cybister japonicus 물방개 146

D

Daimio tethys 왕자팔랑나비 288
Dolichomitus mesocentrus 그라벤호르스트납작맵시벌 220
Dolycoris baccarum 알락수염노린재 116
Dorcus titanus castanicolor 넓적사슴벌레 154
Drosophila melanogaster 노랑초파리 258

E

Ecdyonurus dracon 참납작하루살이 50
Ectophasia rotundiventris 중국별뚱보기생파리 264
Elateridae 방아벌레과 174
Ephemeroptera 하루살이목 50
Episyrphus balteata 호리꽃등에 254
Eristalis cerealis 배짧은꽃등에 256
Eristalis tenax 꽃등에 256
Eumenes pomiformis 애호리병벌 228
Eumeninae 호리병벌아과 228
Eusilpha jakowlewi 큰넓적송장벌레 152
Euurobracon yokohamae 말총벌 218

F

Forficulidae 집게벌레과 72
Formica japonica 곰개미 226

G

Gametis jucunda 풀색꽃무지 172
Gampsocleis sedakovii obscura 여치 76
Gastrimargus marmoratus 콩중이 90
Gonepteryx mahaguru 각시멧노랑나비 300
Graphosoma rubrolinneatum 홍줄노린재 120
Graptopsaltria nigrofuscata 유지매미 128
Gryllotalpa orientalis 땅강아지 82
Gyrinus japonicus 물맴이 148

H

Helicophagella melanura 검정볼기쉬파리 260
Henosepilachna vigintioctomaculata
큰이십팔점박이무당벌레 184
Hydrochara affinis 잔물땡땡이 150
Hydrophilidae 물땡땡이과 150

I

Ichneumonidae 맵시벌과 220
Indolestes peregrinus 가는실잠자리 54

Ischnura asiatica 아시아실잠자리 54

L

Laccotrephes japonensis 장구애비 98
Lamelligomphus ringens 노란측범잠자리 58
Lamiomimus gottschei 우리목하늘소 198
Lampyridae 반딧불이과 178
Leptura arcuata 긴알락꽃하늘소 192
Lethocerus deyrolli 물장군 104
Libythea celtis 뿔나비 312
Libelloides sibiricus sibiricus 노랑뿔잠자리 140
Luciola lateralis 애반딧불이 178
Luehdorfia puziloi 애호랑나비 294
Lycaena phlaeas 작은주홍부전나비 310
Lycidae 홍반디과 176
Lycostomus porphyrophorus 큰홍반디 176
Lymantria dispar 매미나방 282

M

Macroglossum bombylans 작은검은꼬리박각시 280
Mantidae 사마귀과 70
Massicus raddei 하늘소 194
Megacampsomeris prismatica 금테줄배벌 222
Meloe auriculatus 애남가뢰 188
Meloidae 가뢰과 188
Melolontha incana 왕풍뎅이 162
Moechotypa diphysis 털두꺼비하늘소 202
Molipteryx fuliginosa 큰허리노린재 112
Monema flavescens 노랑쐐기나방 268

N

Nemotaulius admorsus 우묵날도래 266
Nephrotoma cornicina 황나각다귀 244
Neptis sappho 애기세줄나비 318
Nilaparvata lugens 벼멸구 124
Notonecta triguttata 송장헤엄치게 106

O

Orthetrum albistylum 밀잠자리 62
Ophrida spectabilis 왕벼룩잎벌레 208
Oxya sinuosa 우리벼메뚜기 86

P

Pantala flavescens 된장잠자리 66
Papilio machaon 산호랑나비 296
Papilio macilentus 긴꼬리제비나비 298
Papilio xuthus 호랑나비 296
Paracycnotrachelus longiceps 왕거위벌레 210
Paratlanticus ussuriensis 갈색여치 78
Parnara guttatus 줄점팔랑나비 290
Parnassius stubbendorfii 모시나비 292
Pediculus humanus 이 96
Phaneroptera nigroantennata 검은다리실베짱이 74
Phasmatidae 대벌레과 94
Pieris rapae 배추흰나비 304
Placosternum esakii 얼룩대장노린재 118
Platypleura kaempferi 털매미 130
Polistes rothneyi koreanus 왕바다리 234
Polistinae 쌍살벌아과 234
Polygonia c-aureum 네발나비 314
Prionus insularis 톱하늘소 190
Promachus yesonicus 파리매 250
Prosopocoilus inclinatus 톱사슴벌레 156
Protaetia orientalis submarmorea 점박이꽃무지 170
Pseudopyrochroa rubricollis 애홍날개 186
Pseudozizeeria maha 남방부전나비 308
Pulicidae 벼룩과 242
Pyrochroidae 홍날개과 186

R

Ramulus irregulariterdentatus 대벌레 94
Ranatra chinensis 게아재비 100
Riptortus clavatus 톱다리개미허리노린재 114

S

Samia cynthia 가중나무고치나방 276
Sarcophagidae 쉬파리과 260
Sasakia charonda 왕오색나비 316
Scarabaeidae 소똥구리과 160
Scoliidae 배벌과 222
Sieboldius albardae 어리장수잠자리 60
Silphidae 송장벌레과 152
Sitophilus oryzae 쌀바구미 212
Sonata fuscata 참매미 132
Statilia maculata 좀사마귀 70
Sternuchopsis trifidus 배자바구미 216
Sympetrum eroticum 두점박이좀잠자리 64

T

Tabanus chrysurus 왕소등에 248
Tachina jakovlevi 뒤영벌기생파리 262
Teleogryllus emma 왕귀뚜라미 80
Tenodera sinensis 왕사마귀 70
Thyestilla gebleri 삼하늘소 204
Timomenus komarowi 고마로브집게벌레 72
Tipula patagiata 어리아이노각다귀 244
Tipulidae 각다귀과 244
Trichoptera 날도래목 266
Trilophidia annulata 두꺼비메뚜기 92

V

Vespa crabro flavofasciata 말벌 230
Vespula flaviceps 땅벌 232

X

Xylocopa appendiculata circumvolans 어리호박벌 240

분류 찾아보기

하루살이목
납작하루살이과
참납작하루살이 50

잠자리목
물잠자리과
검은물잠자리 52

실잠자리과
아시아실잠자리 54

청실잠자리과
가는실잠자리 54

왕잠자리과
먹줄왕잠자리 56

측범잠자리과
노란측범잠자리 58
어리장수잠자리 60

잠자리과
밀잠자리 62
고추잠자리 64
두점박이좀잠자리 64
된장잠자리 66

바퀴목
바퀴과
독일바퀴 68

사마귀과
왕사마귀 70
좀사마귀 70

집게벌레목
집게벌레과
고마로브집게벌레 72

메뚜기목
여치과
검은다리실베짱이 74
여치 76
갈색여치 78

귀뚜라미과
왕귀뚜라미 80

땅강아지과
땅강아지 82

섬서구메뚜기과
섬서구메뚜기 84

메뚜기과
우리벼메뚜기 86
방아깨비 88
콩중이 90
두꺼비메뚜기 92

대벌레목
대벌레과
대벌레 94

이목
이과
이 96

노린재목
장구애비과
장구애비 98
게아재비 100

물장군과
물자라 102
물장군 104

송장헤엄치게과
송장헤엄치게 106

소금쟁이과
소금쟁이 108

허리노린재과
시골가시허리노린재 110
큰허리노린재 112

호리허리노린재과
톱다리개미허리노린재 114

노린재과
알락수염노린재 116
얼룩대장노린재 118
홍줄노린재 120

매미충과
끝검은말매미충 122

멸구과
벼멸구 124

매미과
말매미 126
유지매미 128
털매미 130
참매미 132

진딧물과
진딧물 134

풀잠자리목
풀잠자리과
풀잠자리 136

명주잠자리과
명주잠자리 138

뿔잠자리과
노랑뿔잠자리 140

딱정벌레목
딱정벌레과
좀길앞잡이 142
홍단딱정벌레 144

물방개과
물방개 146

물맴이과
물맴이 148

물땡땡이과
잔물땡땡이 150

송장벌레과
큰넓적송장벌레 152

사슴벌레과
넓적사슴벌레 154
톱사슴벌레 156

금풍뎅이과
보라금풍뎅이 158

소똥구리과
애기뿔소똥구리 160

검정풍뎅이과
왕풍뎅이 162

장수풍뎅이과
장수풍뎅이 164

풍뎅이과
등얼룩풍뎅이 166
몽고청줄풍뎅이 168

꽃무지과
점박이꽃무지 170
풀색꽃무지 172

방아벌레과
진홍색방아벌레 174

홍반디과
큰홍반디 176

반딧불이과
애반딧불이 178

무당벌레과
남생이무당벌레 180
칠성무당벌레 182
큰이십팔점박이무당벌레 184

홍날개과
애홍날개 186

가뢰과
애남가뢰 188

하늘소과
톱하늘소 190
남색초원하늘소 192
긴알락꽃하늘소 192
하늘소 194
무늬소주홍하늘소 196
우리목하늘소 198
뽕나무하늘소 200

털두꺼비하늘소 202
삼하늘소 204

잎벌레과
청줄보라잎벌레 206
사시나무잎벌레 206
왕벼룩잎벌레 208

거위벌레과
왕거위벌레 210

왕바구미과
쌀바구미 212

바구미과
밤바구미 214
배자바구미 216

벌목
고치벌과
말총벌 218

맵시벌과
그라벤호르스트납작맵시벌 220

배벌과
금테줄배벌 222

개미과
일본왕개미 224
곰개미 226

말벌과
애호리병벌 228
말벌 230
땅벌 232
왕바다리 234

구멍벌과
나나니 236

꿀벌과
양봉꿀벌 238
호박벌 240
어리호박벌 240

벼룩목
벼룩과
벼룩 242

파리목
각다귀과
어리아이노각다귀 244
황나각다귀 244

모기과
빨간집모기 246

등에과
왕소등에 248

파리매과
파리매 250

재니등에과
빌로오도재니등에 252

꽃등에과
호리꽃등에 254
배짧은꽃등에 256
꽃등에 256

초파리과
노랑초파리 258

쉬파리과
검정볼기쉬파리 260

기생파리과
뒤영벌기생파리 262
중국별뚱보기생파리 264

날도래목
우묵날도래과
우묵날도래 266

나비목
쐐기나방과
노랑쐐기나방 268

자나방과
노랑띠알락가지나방 270

누에나방과
누에나방 272

산누에나방과
밤나무산누에나방 274
가중나무고치나방 276

박각시과
점갈고리박각시 278
작은검은꼬리박각시 280

독나방과
매미나방 282

불나방과
흰무늬왕불나방 284

밤나방과
얼룩나방 286

팔랑나비과
왕자팔랑나비 288
줄점팔랑나비 290

호랑나비과
모시나비 292
애호랑나비 294
산호랑나비 296
호랑나비 296
긴꼬리제비나비 298

흰나비과
각시멧노랑나비 300
노랑나비 302
배추흰나비 304
갈구리나비 306

부전나비과
남방부전나비 308
작은주홍부전나비 310

네발나비과
뿔나비 312
네발나비 314
왕오색나비 316
애기세줄나비 318

저자 소개

그림

권혁도

1955년에 경상북도 예천에서 태어나 추계예술대학교에서 동양화를 공부했다. 1995년부터 지금까지 세밀화로 곤충을 그리고 있다. 벌레들이 작고 보잘것없어 보이지만 생명까지 작은 것은 아니며 생명 그 자체로 귀하다는 마음으로 20년 넘게 곤충을 그리고 있다. 쓰고 그린 책으로 《세밀화로 보는 곤충의 생활》《세밀화로 보는 호랑나비 한살이》《세밀화로 보는 꽃과 나비》《세밀화로 보는 나비 애벌레》《세밀화로 보는 사마귀 한살이》가 있으며, 그린 책으로 《누구야 누구》《세밀화로 그린 보리 어린이 동물 도감》《세밀화로 그린 보리 어린이 식물 도감》 들이 있다.

글

김진일

성신여자대학교 교수를 지냈다. 쓴 책으로 《한국곤충명집》《한국곤충생태도감-딱정벌레목》《쉽게 찾는 우리 곤충》《우리가 정말 알아야 할 우리 곤충 백가지》 들이 있다.

신유항

경희대학교 교수를 지냈다. 쓴 책으로 《일반 곤충학》《한국 동·식물도감》《원색 한국나비도감》《한국 곤충 도감》《원색 한국나방도감》《호랑나비》《반딧불이는 별 아래 난다》《한눈으로 보는 한국의 곤충》《한반도의 나비》 들이 있다.

김성수

경희여자고등학교에서 생물 교사로 23년 근무했고, 현재 한국나비학회 회장을 맡고 있다. 쓴 책으로 《한국의 나비》《세계곤충도감》《한국 나비 생태도감》《필드가이드 잠자리》《우리가 정말 알아야 할 우리 나비 백가지》 들이 있다.

김태우

성신여자대학교 생물학 박사 과정을 마치고 환경부 국립생물자원관에서 일하고 있다. 쓴 책으로 《놀라운 벌레 세상》《재미있는 곤충 이야기》《떠나자 신기한 곤충의 세계로》《곤충, 크게 보고 색다르게 찾자!》들이 있다.

최득수(농림수산검역검사본부), **이건휘**(농촌진흥청 연구정책국), **차진열**(국립공원연구소 책임연구원), **변봉규**(국립수목원 산림생물분류연구실 연구사), **장용준**(생명다양성문화연구소), **신이현**(국립보건연구원 질병매개곤충과 보건연구관), **이만영**(농촌진흥청 농업연구관), **전동준**(한국환경정책평가연구원 연구원), **황정훈**(농림축산검역본부)

감수

김진일, 이건휘, 김성수, 배연재(고려대학교 환경생명과학부), 이흥식(농림축산검역본부), 이만영, 신이현, 최득수, 김태우
이영준(코네티컷대학교)

참고한 책

《곤충분류학》 우건석, 집현사, 1996

《나방 애벌레 도감》 허운홍, 자연과생태, 2012

《나비 도감-세밀화로 그린 보리 큰도감》 백문기, 옥영관, 보리, 2018

《동물 도감-세밀화로 그린 보리 큰도감》 김진일 외, 권혁도 외, 보리, 2014

《먹이식물로 찾아보는 곤충도감》 정부희, 상상의숲, 2018

《세밀화로 그린 보리 어린이 잠자리 도감》 정광수, 옥영관, 보리, 2016

《식물곤충사전》 백과사전출판사, 1991

《우리가 정말 알아야 할 우리 곤충 백가지》 김진일, 현암사, 2006

《원색 한국나방도감》 신유항, 아카데미서적, 2001

《하늘소 생태도감》 장현규 외, 지오북, 2015

《한국 곤충기》 김정환, 진선, 2008

《한국 곤충 총 목록》 백문기 외, 자연과생태, 2010